高效轧制国家工程研究中心先进技术丛书

棒线材生产创新工艺及设备

程知松　编著

北　京

冶　金　工　业　出　版　社

2023

内 容 简 介

棒线材作为钢铁产品中的重要产品，在国民经济建设中发挥着重要的作用。本书主要介绍热轧棒线材国内生产线创新的生产工艺、研制的新设备应用及对现有设备改造的经验。主要内容包括连铸坯直接轧制及热送热装、连铸坯在线表面检测、高刚度轧机及减定径机组应用、切分轧制及无孔型轧制、高速棒材轧制工艺、先进的线材精整设备应用、棒线材在线控制轧制和控制冷却工艺，同时还介绍了一些基础研究工作，如高速线材在线模拟铅浴淬火工艺、不锈钢和碳钢复合棒材轧制工艺等。对加热炉的发展也做了详细描述，重点介绍了适合不同钢种轧制工艺要求对应的加热炉结构形式。

本书可供从事棒线材轧钢工程设计、生产技术人员使用，尤其是对旧生产线改造具有一定的参考价值。

图书在版编目（CIP）数据

棒线材生产创新工艺及设备/程知松编著. —北京：冶金工业出版社，2016.10（2023.1重印）

（高效轧制国家工程研究中心先进技术丛书）

ISBN 978-7-5024-7355-6

Ⅰ.①棒…　Ⅱ.①程…　Ⅲ.①线材轧制—生产工艺②线材轧制—生产设备　Ⅳ.①TG335.6

中国版本图书馆 CIP 数据核字（2016）第 244496 号

棒线材生产创新工艺及设备

出版发行	冶金工业出版社	电　话	(010)64027926
地　址	北京市东城区嵩祝院北巷 39 号	邮　编	100009
网　址	www.mip1953.com	电子信箱	service@mip1953.com

责任编辑　李培禄　于昕蕾　美术编辑　吕欣童　版式设计　彭子赫
责任校对　石　静　责任印制　禹　蕊
北京建宏印刷有限公司印刷
2016 年 10 月第 1 版，2023 年 1 月第 2 次印刷
787mm×1092mm　1/16；13 印张；310 千字；192 页
定价 40.00 元

投稿电话　(010)64027932　投稿信箱　tougao@cnmip.com.cn
营销中心电话　(010)64044283
冶金工业出版社天猫旗舰店　yjgycbs.tmall.com
（本书如有印装质量问题，本社营销中心负责退换）

序言

　　高效轧制国家工程研究中心（以下简称轧制中心）自1996年成立起，坚持机制创新与技术创新并举，采用跨学科的团队化科研队伍进行科研组织，努力打破高校科研体制中以单个团队与企业开展短期项目为主的科研合作模式。自成立之初，轧制中心坚持核心关键技术立足于自主研发的发展理念，在轧钢自动化、控轧控冷、钢种开发、质量检测等多项重要的核心技术上实现自主研发，拥有自主知识产权。

　　在立足于核心技术自主开发的前提下，借鉴国际上先进的成熟技术、器件、装备，进行集成创新，大大降低了国内企业在项目建设过程的风险与投资。以宽带钢热连轧电气自动化与计算机控制技术为例，先后实现了从无到有、从有到精的跨越，已经先后承担了国内几十条新建或改造升级的热连轧计算机系统，彻底改变了我国在这些关键技术方面完全依赖于国外引进的局面。

　　针对首都钢铁公司在搬迁重建后产品结构调整的需求，特别是对于高品质汽车用钢的迫切需求，轧制中心及时组织多学科研发力量，在2005年9月23日与首钢总公司共同成立了汽车用钢联合研发中心，积极探索该联合研发中心的运行与管理机制，建组同一个研发团队，采用同一个考核机制，完成同一项研发任务，使首钢在短时间内迅速成为国内主要的汽车板生产企业，这种崭新的合作模式也成为体制机制创新的典范。相关汽车钢的开发成果迅速实现在国内各大钢铁公司的应用推广，为企业创造了巨大的经济效益。

　　实践证明，轧制中心的科研组织模式有力地提升了学校在技术创新与服务创新方面的能力。回首轧制中心二十年的成长历程，有艰辛更有成绩。值此轧制中心成立二十周年之际，我衷心希望轧制中心在未来的发展中，着眼长远、立足优势，聚焦高端技术自主研发和集成创新，在国家技术创新体系中发挥应有的更大作用。

高效轧制国家工程研究中心创始人

徐金梧 教授

2016年9月

序言二

　　高效轧制国家工程研究中心成立二十年了。如今她已经走过了一段艰苦创新的历程，取得了骄人的业绩。作为当初的参与者和见证人，回忆这段创业史，对启示后人也是有益的。

　　时间追溯到1992年。当时原国家计委为了尽快把科研成果转化为生产力（当时转化率不到30%），决定在全国成立30个工程中心。分配方案是中科院、部属研究院和高校各10个。于是，原国家教委组成了评审小组，组员单位有北京大学、清华大学、西安交通大学、天津大学、华中理工大学和北京科技大学。前5个单位均为教委直属，北京科技大学是唯一部属院校。经过两年的认真评审，最初评出9个，评审小组中前5个教委高校当然名列其中。最终北京科技大学凭借获得多项国家科技进步奖的实力和大家坚持不懈的努力，换来了评审的通过。这就是北京科技大学高效轧制国家工程研究中心的由来。

　　二十年来，在各级领导的支持和关怀下，轧制中心各任领导呕心沥血，带领全体员工，克服各种困难，不断创新，取得了预期的效果，并为科研成果转化做出了突出贡献。我认为取得这些成绩的原因主要有以下几点：

　　（1）有一只过硬的团队，他们在中心领导的精心指挥下，不怕苦，连续工作在现场，有不完成任务不罢休的顽强精神，也赢得了企业的信任。

　　（2）与北科大设计研究院（甲级设计资质）合为一体，在市场竞争中有资格参与投标并与北科大科研成果打包，有明显优势。

　　（3）有自己的特色并有明显企业认知度。在某种意义上讲，生产关系也是生产力。

　　总之，二十年过去了，展望未来，竞争仍很激烈，只有总结经验，围绕国民经济主战场各阶段的关键问题，不断创新、攻关，才能取得更大成绩。

高效轧制国家工程研究中心轧机成套设备领域创始人

　　　　　　　　　　　　　　　　　　　　教授

2016年9月

序言三

高效轧制国家工程研究中心走过了二十年的历程，在行业中取得了令人瞩目的业绩，在国内外具有较高的认知度。轧制中心起步于消化、吸收国外先进技术，发展到结合我国轧制生产过程的实际情况，研究、开发、集成出许多先进的、实用的、具有自主知识产权的技术成果，通过将相关核心技术成果在行业里推广和转移，实现了工程化和产业化，从而产生了巨大的经济效益和社会效益。

以热连轧自动化、高端金属材料研发、成套轧制工艺装备、先进检测与控制为代表的多项核心技术已取得了突出成果，得到冶金行业内的一致认可，同时也培养、锻炼了一支过硬的科技成果研发、转移转化队伍。

在中心成立二十周年的日子里，决定编辑出版一套技术丛书，这套书是二十年中心技术研发、技术推广工作的总结，有非常好的使用价值，也有较高的技术水准，相信对于企业技术人员的工作，对于推动企业技术进步是会有作用的。参加本丛书编写的人员，除了具有扎实的理论基础以外，更重要的是长期深入到生产第一线，发现问题、解决问题、提升技术、实施项目、服务企业，他们中的很多人以及他们所做的工作都可以称为是理论联系实际的典范。

高效轧制国家工程研究中心轧钢自动化领域创始人

孙一康　教授

2016 年 9 月

序言四

我国在"八五"初期，借鉴美国工程研究中心的建设经验，由原国家计委牵头提出了建立国家级工程研究中心的计划，旨在加强工业界与学术界的合作，促进科技为生产服务。我从 1989 年开始，参与了高效轧制国家工程研究中心的申报准备工作，1989~1990 年访问美国俄亥俄州立大学的工程中心、德国蒂森的研究中心，了解国外工程转化情况。后来几年时间里参加了多次专家论证、现场考察和答辩。1996 年高效轧制国家工程研究中心终于获得正式批准。时隔二十年，回顾高效轧制国家工程研究中心从筹建到现在的发展之路，有几点感想：

（1）轧制中心建设初期就确定的发展方向是正确的，而且具有前瞻性。以汽车板为例，北京科技大学不仅与鞍钢、武钢、宝钢等钢铁公司联合开发，而且与一汽、二汽等汽车厂密切联系，做到了科研、生产与应用的结合，促进了我国汽车板国产化进程。另外需要指出的是，把科学技术发展要适应社会和改善环境写入中心的发展思路，这个观点即使到了现在也具有一定的先进性。

（2）轧制中心的发展需要平衡经济性与公益性。与其他国家直接投资的科研机构不同，轧制中心初期的主要建设资金来自于世行贷款，因此每年必须偿还 100 万元的本金和利息，这进一步促进轧制中心的科研开发不能停留在高校里，不能以出论文为最终目标，而是要加快推广，要出成果、出效益。但是同时作为国家级的研究机构，还要担负起一定的社会责任，不能以盈利作为唯一目的。

（3）创新是轧制中心可持续发展的灵魂。在轧制中心建设初期，国内钢铁行业无论是在发展规模上还是技术水平上，普遍落后于发达国家，轧制中心的创新重点在于跟踪国际前沿技术，提高精品钢材的国产化率。经过了近二十年的发展，创新的中心要放在发挥多学科交叉优势、开发原创技术上面。

轧制中心成立二十年以来，不仅在科研和工程应用领域取得丰硕成果，而且培养了一批具有丰富实践经验的科研工作者，祝他们在未来继续运用新的机制和新的理念不断取得辉煌的成绩。

高效轧制国家工程研究中心汽车用钢研发领域创始人

王先进 教授

2016 年 9 月

序言五

1993 年末，当时自己正在德国斯图加特大学作访问学者，北京科技大学压力加工系主任、自己的研究生导师王先进教授来信，希望我完成研究工作后返校，参加高效轧制国家工程研究中心的工作。那时正是改革开放初期，国家希望科研院所不要把写论文、获奖作为科技人员工作的终极目标，而是把科技成果转移和科研工作进入国家经济建设的主战场为己任，因此，国家在一些大学、科研院所和企业成立"国家工程研究中心"，通过机制创新，将科研成果经过进一步集成、工程化，转化为生产力。

二十多年过去了，中国钢铁工业有了天翻地覆的变化，粗钢产量从 1993 年的 8900 万吨发展到 2014 年的 8.2 亿吨；钢铁装备从全部国外引进，变成了完全自主建造，还能出口。中国的钢材品种从许多高性能钢材不能生产到几乎所有产品都能自给。

记得高效轧制国家工程研究中心创建时，我国热连轧宽带钢控制系统的技术完全掌握在德国的西门子，日本的东芝、三菱，美国的 GE 公司手里，一套热连轧带钢生产线要 90 亿元人民币，现在，国产化的热连轧带钢生产线仅十几亿元人民币，这几大国际厂商在中国只能成立一个合资公司，继续与我们竞争。那时国内中厚板生产线只有一套带有进口的控制冷却设备，而今 80 余套中厚板轧机上控制冷却设备已经是标准配置，并且几乎全部是国产化的。那时中国生产的汽车用钢板仅仅能用在卡车上，而且卡车上的几大难冲件用国外钢板才能制造，今天我国的汽车钢可满足几乎所有商用车、乘用车的需要⋯⋯这次编写的 7 本技术丛书，就是我们二十年技术研发的总结，应当说工程中心成立二十年的历程，我们交出了一份合格的答卷。

总结二十年的经验，首先，科技发展一定要与生产实践密切结合，与国家经济建设密切结合，这些年我们坚持这一点才有今天的成绩；其次，机制创新是成功的保证，好的机制才能保证技术人员将技术转化为己任，国家二十年前提出的"工程中心"建设的思路和政策今天依然有非常重要的意义；第三，坚持团队建设是取得成功的基础，对于大工业的技术服务，必须要有队伍才能有成果。二十多年来自己也从一个创业者到了将要离开技术研发第一线的年纪了，自己真诚地希望，轧制中心的事业、轧制中心的模式能够继续发展，再创辉煌。

高效轧制国家工程研究中心原主任

教授

2016 年 9 月

前　言

长期以来，棒线材产品一直是我国国民经济建设中重要的、广泛应用的金属制品。我国棒线材生产线由中华人民共和国成立初期的苏联模式逐步发展到改革开放后的欧美模式，工艺技术及装备水平日益提升，一条生产线的年产能力由过去的几万吨发展到现在的一百多万吨，生产效率大大提高。

我国的棒线材生产技术及装备一直走的是引进—消化—吸收—提升这一路线。在冶金系统的各大设计院所及厂矿企业的共同努力下，目前我国的棒线材生产线装备水平总体处于国际先进水平，但与发达国家相比仍有一定的差距。

本书编写的目的旨在反映我国目前的棒线材生产工艺技术及装备最新发展状况，包括连铸坯直接轧制、高精度轧制、挖轧控冷、高速轧制等工艺技术的应用及相应设备的应用，同时还介绍了不同工艺要求下的加热炉发展状况，其中包括很多作者长期以来所做的业绩及作者个人的观点。由于作者水平有限，搜集的资料不尽完全，望广大同行给予批评指正，以便在以后的再版时补充完善。

本书由北京科技大学高效轧制国家工程研究中心程知松主编，第1章和第2章由程知松编写，第3章由高效轧制国家工程研究中心何春雨、程知松编写，第4章由合作单位石家庄市三阳工业炉有限责任公司王晓敏编写。在编写过程中得到了太重煤机有限公司设计院苏俭华院长、中冶东方长材公司董红卫总经理、首钢长治钢铁有限公司郭新文副总经理、哈飞工业机电设备制造公司龚林生总经理及合肥东方节能科技股份有限公司赵家柱总经理等同行的大力支持，并且受到北京科技大学原副校长钟廷珍教授的悉心指导，在此一并表示衷心感谢。

编　者

2016 年 7 月

目 录

1 轧 钢 工 艺

1.1 产品及坯料

1.1.1 产品

棒线材产品范围非常广，产品直径从 4.5～300mm，其中以盘卷形式交货的产品称为"线材"，以直条形式交货的产品称为"棒材"。

广义的线材概念包括两个意思：一是采用高速线材轧机生产的线材，产品直径从 4.5～25mm；二是采用棒材轧机生产的线材，或者称为大盘卷，产品直径从 16～50mm。

棒材产品按轧机规格不同，通常分为小型棒材、中型棒材及大型棒材。小型棒材产品直径从 6～50mm，中型棒材产品直径从 40mm～150mm，大型棒材产品直径从 120～300mm。

交货状态通常是热轧状态，对于特殊钢棒线材由于采用了先进的在线热处理工艺，产品可能是调质状态、退火状态、缓冷状态交货，对于大中型棒材产品可能是光亮材交货。

1.1.2 坯料

1.1.2.1 小棒材及线材

对于普碳钢厂，常规采用 150～165mm 方形连铸坯，个别厂家使用 170mm 方坯，粗轧机采用 $\phi(550～650)$ mm 轧机。坯料长度为 10～12m。对于特殊钢生产线，可能采用 120mm 方初轧坯或者更大断面的连铸坯。如天津荣程精品高线采用 $\phi250$mm 圆坯轧制钢帘线、钢绞线，粗轧后脱头，加保温罩，卷重达到 3t。武钢高线采用 6m 长的 200mm 方坯轧制钢帘线。首钢精品棒材选用 200mm 方坯，抚顺特钢、大冶特钢棒材选用 240mm 方坯，坯料长度为 6～8m。

1.1.2.2 中型棒材

中型棒材产品通常属于优特钢，考虑压缩比需要，通常采用 200～400mm 方坯、矩形坯或圆坯，粗轧机采用 $\phi(650～850)$ mm 轧机。如石家庄钢厂中型棒材连轧机采用 300mm×300mm 方坯及 300mm×360mm 矩形连铸坯。对于粗轧采用二辊可逆轧机的半连轧生产线，坯料断面可取较大值。

1.1.2.3 大型棒材

大型棒材产品属于优特钢较多，也包括部分管坯钢。通常采用 400～800mm 方坯或圆坯，粗轧机采用 $\phi(950～1250)$ mm 二辊可逆轧机。如江阴兴澄特钢采用 $\phi800$mm 连铸圆坯生产轴承钢。

1.1.3 钢种

棒线材产品种类几乎涵盖了所有钢种，具体钢种如下：

（1）各牌号碳素结构钢。代表钢种：Q195、Q215、Q235、ML20、H08A 等。

（2）各牌号低合金高强度结构钢。代表钢种：20MnSi、25MnSiV、82B 等。

（3）优质碳素结构钢。代表钢种：20 号钢、45 号钢等。

（4）合金结构钢。代表钢种：40Cr、20CrMnMo、20CrNiMo2A 等。

（5）易切削结构。代表钢种：Y12、Y15、Y20 等。

（6）弹簧钢。代表钢种：50CrV、72A、65Mn、60Si2Mn 等。

（7）滚动轴承钢。代表钢种：GCr15、GCr15SiMn 等。

（8）碳素工具钢。代表钢种：T8、T10 等。

（9）合金工具钢。代表钢种：Cr12MoV 等。

（10）高速工具钢。代表钢种：W18Cr4V 等。

（11）不锈钢。代表钢种：铁素体 Cr17、马氏体 2Cr3、奥氏体 1Cr18Ni9Ti、双相不锈钢 Cr17Ni2 等。

按钢铁产品的不同用途分类，一些钢号可能列在不同的钢种内，如焊条钢、弹簧钢。

1.1.4　生产规模

棒线材产量占钢铁产品总量的 40%~50%，通常一条半连轧生产线年产量为 30 万~60 万吨，一条全连轧生产线年产量为 50 万~120 万吨。高线单线年产量最高为 75 万吨，双线年产量为 120 万吨；棒材一般采用单线生产，普碳钢企业以钢筋生产为主的棒材生产线通过采用多线切分工艺将轧机能力提高到 120 万吨/年，采用高速精轧机组的单线棒材生产能力最高达到 75 万吨/年。以优特钢生产为主的生产线年产量取下限。

1.2　工艺流程描述

棒线材生产线根据轧机数量不同，通常分为几个机组进行描述，包括以下三类：

（1）大型棒材：粗轧和精轧。

（2）中、小型棒材：粗轧、中轧、精轧。

（3）高速线材：粗轧、中轧、预精轧、精轧。

对于中、小型棒材和高速线材生产线，可能还有减定径机组。对特殊钢棒线材，由于轧机数量较多，可能将中轧机组分为一中轧和二中轧，采用切头飞剪位置区分各机组。

热轧棒线材都是由三大工序完成的，即原料加热、轧制、成品精整收集。下面分别对不同类别的生产线典型实例进行工艺流程描述。

1.2.1　大型棒材

以 J 厂大型轧机为例，大型轧机由于生产能力较大，一般都肩负部分开坯能力。主要产品为优特钢棒材和用于小型棒线材生产线的 120~150mm 方坯。工艺流程分两部分进行描述。

1.2.1.1　轧制生产线

坯料供应采用热送和冷装两种方式。炼钢厂提供的热坯由辊道热送，经移钢台架送至入炉辊道；冷装料由汽车运输至原料跨，采用吊车吊至冷坯上料台架上，逐根移送至入炉辊道上，经人工目视检查、不合格钢坯剔除，合格连铸坯经称重、测长后由托钢机构送入步进梁式加热炉内进行加热。

为适应坯料的冷热温度不同和钢种的多样，便于灵活管理，轧钢车间设计了两座加热炉，钢坯单排布料，在炉内加热到1050~1200℃，加热好的钢坯由出料机逐根移出炉外，快速经过高压水除鳞后进入开坯轧机轧制。

轧件在φ1100mm/950mm二辊可逆式开坯轧机上往复轧制，并借助轧机前后推床和翻钢机完成翻移钢，根据坯料尺寸、钢种和温度的不同，经5~13道次轧成所需规格的中间坯。轧出的中间坯由热剪机切头或分段，需要轧成圆钢成品的由辊道输送到精轧机组轧制。由开坯轧机轧出的140mm×140mm方坯上翻转冷床冷却至200℃以下收集，保证其平直度。

轧件在精轧机组共6个机架中进行连续轧制，根据规格不同，选择合适的轧制道次和机架，最终成品为φ(120~280)mm圆钢。成品机架最大轧制速度为1.0m/s。

轧制成品件出开坯机组经液压热剪切头后，再进入六架精轧机轧制，为获得良好的产品表面质量和尺寸精度，精轧机组采用立、平交替布置，实现无扭轧制。并在精轧机组后预留测径仪在线连续监控产品尺寸精度。

轧制后进入编组台架进行成排。小规格轧件可由设在精轧机组后的倍尺飞剪切成倍尺，切成倍尺长度的轧件以及长度不大于80m的整根轧件由辊道送入横移编组台架编组成排后送到输出辊道，再由辊道输送到齐头挡板处齐头后送入锯机锯切。

φ150mm以下的圆钢在编组台架上成排后，由热锯锯切，φ150mm以上的圆钢单根锯切，2台固定式热锯机和1台移动式热锯机（预留）在2台定尺机的配合下将成排轧件锯切成定尺长度。第一台锯机负责把成排轧件切成倍尺，第二台锯机负责把第一台锯机锯切的倍尺轧件切成定尺。

切成定尺的轧件经辊道运至步进齿条式冷床进行冷却，冷却后的轧件经精整、打捆，收集入库。需缓冷的轧件快速过跨收集后，由吊车吊入缓冷坑缓冷，经精整处理后收集入库，发货时称量，采用行车吊运称重。

剪机和锯机切下的头、尾经溜槽落入收集筐中，其他轧制废品用火焰切割成小段装入收集筐中，用吊车将收集筐中废钢运至指定地点堆放，定期运至炼钢厂。

落入铁皮沟中的氧化铁皮经水冲至一次沉淀池，定期用抓斗抓入滤水池，滤干后运出厂外。

轧制生产线工艺流程见图1-1。

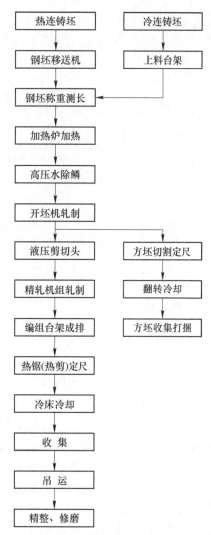

图1-1 大棒材生产线工艺流程

1.2.1.2 精整生产线

生产工艺过程包括上料、抛丸、矫直、倒棱、联合探伤（涡流、超声波）、修磨、打捆及收集等工序。需要精整的钢材由吊车吊到上料台架上，逐根送入抛丸机清除氧化铁皮，需矫直的圆钢送入斜辊矫直机矫直，矫直后的大部分钢材由矫直收集台架收集，要求较高质量的钢材继续进入后续工序检查处理。矫直后的钢材经缓冲台架送入倒棱机倒棱，钢材倒棱后，根据需要，可直接由倒棱收集台架收集，或进入联合探伤机组进行钢材表面和内部质量探伤检查，有缺陷的钢材被送入修磨台架人工处理，探伤合格的钢材在缓冲台架后打捆，成捆的合格钢材称重、收集入库。

精整生产线工艺流程见图 1-2。

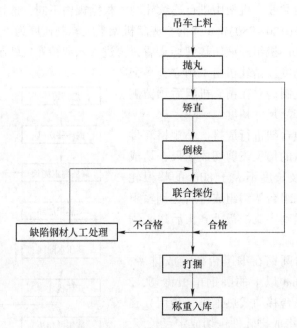

图 1-2   大棒材精整工艺流程

1.2.2   中、小型棒材

1.2.2.1   中型棒材

以 S 厂中型轧机为例，该轧机为全连续布置。也有的厂家采用半连轧布置形式，粗轧机采用二辊可逆轧机，对坯料规格的适应范围更广。

坯料供应采用热送和冷装两种方式。S 厂炼钢厂提供的热坯由辊道热送，经移钢台架及提升机送至入炉辊道（该厂轧机布置在 5m 平台上）；冷装料由汽车运输至原料跨，采用吊车吊至冷坯上料台架上，逐根移送至入炉辊道上，经人工目视检查、不合格钢坯剔除，合格连铸坯经称重、测长后由辊道送入步进梁式加热炉内进行加热。

全连轧生产线，钢坯在加热炉内单排料布置，在炉内加热到 1050~1200℃，出炉辊道把加热好的钢坯逐根送出炉外，快速经过高压水除鳞后进入粗轧机轧制。对半连轧生产线，由于坯料长度较短，通常钢坯在加热炉内双排布料。

轧件在粗轧机上轧制 5~7 道次，在粗轧和中轧之间实现脱头轧制。视轧件断面大小，可采用固定式剪切头，也可采用飞剪切头。

轧件在中轧机组和精轧机组共 10~12 个机架中进行连续轧制，根据规格不同，选择合适的轧制道次和机架，最终成品为 $\phi(40~150)\,mm$ 的圆钢。成品机架最大轧制速度为 5.0m/s。

为获得良好的产品表面质量和尺寸精度，轧机均采用立、平交替布置，实现无扭轧制。并在精轧机组后预留减定径机组，同时设置测径仪在线连续监控产品尺寸精度。

轧制后进入冷床进行冷却。小规格轧件可由设在精轧机组后的倍尺飞剪切成倍尺，切成倍尺长度的轧件以及长度不大于 70m 的整根轧件由辊道送入冷床，特殊钢种需要高温缓冷可将冷床输入侧的保温罩放平盖住棒材，需要中温缓冷，则使用冷床上的快移机构将成组棒材快速移至输出侧进行定尺锯切收集，在 400~600℃ 范围入坑。

圆钢成组锯切，1 台固定式和 2 台移动式金属锯在 1 台定尺机的配合下将成排轧件锯切成定尺长度。

切成定尺的轧件经辊道运至检验台架，经检验、打捆，收集入库。需缓冷的轧件快速过跨收集后，由吊车吊入缓冷坑缓冷，经精整处理后收集入库，发货时称量，采用行车吊运称重。

剪机和锯机切下的头、尾经溜槽落入收集筐中，其他轧制废品用火焰切割成小段装入收集筐中，用吊车将收集筐中废钢运至指定地点堆放，定期运至炼钢厂。

落入铁皮沟中的氧化铁皮经水冲至一次沉淀池，定期用抓斗抓入滤水池，滤干后运出厂外。

轧制生产线工艺流程见图 1-3。

精整线的探伤、修磨、倒棱等工序和大棒材类同。

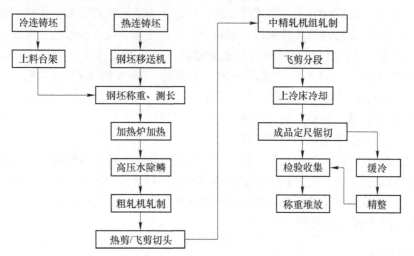

图 1-3　中型棒材生产工艺流程

1.2.2.2　小型棒材

以 S 厂小型轧机为例，该轧机为全连续布置，年产能力为 100 万~120 万吨。

连铸坯出连铸机后，经火焰切割成 12m 长定尺，一机六流。钢坯从炼钢连铸车间经热送辊道运至加热炉炉尾上料辊道上。当轧机处理事故时间较长时，辊道及热坯台架上的钢坯需作为冷坯处理，由天车从辊道和热坯台架上吊下，按炉号、钢号在原料跨内分批堆放。轧制冷坯或热坯均需保证一定的数量，便于控制加热温度。冷坯由天车吊至冷坯上料台架上，单根送至上料辊道。连续生产时，钢坯经辊道送入蓄热式加热炉内进行加热。待钢温加热至900~1150℃（低温轧制开轧温度900~950℃）时，由出炉辊道送出，钢坯被送入高压水除鳞箱中（预留），进行除鳞，然后由辊道送往 $\phi550mm\times4+\phi450mm\times2$ 六机架闭口式平、立交替粗轧机组轧制6道。在第一架550粗轧机入口处有一气动卡断剪，当粗轧机组内部出现堆钢事故时，卡断剪快速压下，将钢坯卡住，在轧机的轧制作用下将钢坯卡断。轧件出粗轧机组后，经曲柄式飞剪切头，送往中轧机组，曲柄式飞剪可根据生产的需要对轧件进行碎断（中、精轧机组出现堆钢事故时）。轧件经 $\phi450mm\times4+\phi350mm\times2$ 中轧机组轧制4~6道后，经回转式飞剪切头进入 $\phi350mm\times6$ 精轧机组，回转式飞剪可根据生产的需要对轧件进行碎断（精轧机组出现堆钢事故时）。轧件在精轧机组内轧制2~6道出不同断面成品，生产 $\phi12mm$ 螺纹钢筋时采用四切分轧制工艺，生产 $\phi(14~16)mm$ 螺纹钢筋时采用三切分轧制工艺，生产 $\phi(18~22)mm$ 螺纹钢筋时采用两切分轧制工艺，预留了生产 $\phi10mm$ 螺纹钢筋时采用五切分轧制能力。当采用切分轧制工艺时，需将精轧机组中的平立可转换轧机转为水平状态或甩掉机架。精轧机组内轧机之间共设5个立活套，中、精轧机组之间设1个立活套，便于控制成品精度（立轧机是否转换成平轧机及甩机架、甩活套程序根据不同产品轧制工艺确定）。轧制 $\phi(16~40)mm$ 圆钢时全部采用平立无扭、精轧无张力轧制工艺。在精轧机组前设穿水装置，目的是为了降低终轧温度，改善产品力学性能。当轧制Ⅲ级穿水螺纹钢时，成品需经过轧后余热处理装置进行高压水冷却及自回火（冷却水箱共4段，根据不同规格选用不同数量的冷却段）。不轧制Ⅲ级穿水螺纹钢时，精轧机和成品分段飞剪之间采用辊道连接，穿水水箱通过横移结构移出轧制线。成品经倍尺飞剪分段剪切后上步进式冷床进行冷却，当采用轧后穿水工艺时，成品分段飞剪需要启用前面的夹送辊将轧件尾段从水箱中拉出。成品分段上冷床的长度取决于冷床长度、用户要求的成品定尺长度、坯料及成品规格。成品在冷床上冷却到200℃左右下冷床，通过步进机构（动台面）将成品一步一步从冷床输入侧移到输出侧，由辊道送入1000t冷剪机进行定尺剪切。剪切后的成品由人工检验、短尺剔除、计数、对齐装置撞齐、预抱紧装置收紧、气动打捆机打捆、挂牌。采用电子秤称重，最后由天车将成捆的棒材吊入堆放场或直接吊至汽车上往外发运。

对于优特钢生产线，在粗轧和中轧之间可能需要脱头，以保证较高的咬入速度。在精轧出口设置减定径机组，实现热机轧制和精密轧制。对于需要缓冷的钢种，通过冷床输入侧的保温罩保温及床体快移机构实现棒材快速收集，保证以一定的温度入坑。

S厂轧制生产线工艺流程见图1-4。

1.2.3 高速线材

以G厂普碳钢高线轧机为例，该轧机为单线全连续布置，年产能力为60万~70万吨。

连铸坯由辊道从炼钢厂运送到本车间的原料跨内，根据生产工艺要求，如冷装炉，可由天车卸下堆放或者运至上料台架上，每吊4~6根 150mm×150mm×12000mm 连铸坯；如

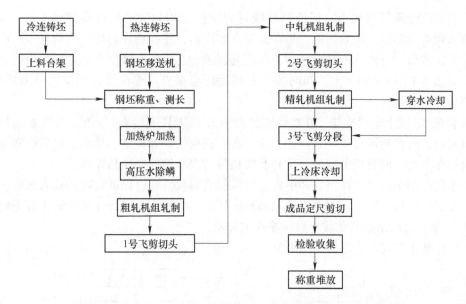

图 1-4 小型棒材生产工艺流程

热送热装，则可根据热送辊道和加热炉入炉辊道高度差，采用提升机或者横移台架将钢坯逐根输送到入炉辊道，然后送入炉内加热。

根据不同钢种的加热制度要求，钢坯在加热炉内加热到 950~1150℃。再根据轧制节奏的要求，由出炉辊道将加热好的钢坯逐根送出炉外。钢坯通过钢坯夹送辊夹送和高压水除鳞装置（普碳钢生产线可预留），以除去钢坯表面氧化铁皮。然后钢坯由机前工作辊道再送入粗轧机机组轧制。

主轧线轧机共 28 架，为连续布置，分为粗轧机组、中轧机组、预精轧机组、精轧机组。其中粗轧机 6 架、中轧机 6 架、预精轧机 6 架、精轧机 10 架，全线共 28 个轧制道次。轧件依次进入各机组，形成连轧关系。全轧线为无扭轧制，在预精轧机组前、精轧机组前及预精轧机组各机架间设活套装置，用于保证轧件的无张力轧制，以提高产品的尺寸精度。根据轧制程序表要求，$\phi(5.5~6.5)$mm 轧制 28 道次，其他规格则相应减少轧制道次。精轧机最高设计速度为 113.26m/s，保证速度为 90m/s（轧制 $\phi5.5~\phi6.5$mm）。

在粗轧机组后、中轧机组后及精轧机组前设飞剪（碎断剪），用于轧件切头切尾和事故碎断；在粗轧机组前、预精轧机组前、精轧机组前设气动卡断剪用于设备故障时卡断轧件，以保护设备。

在精轧机组前后分别设有水冷段对轧件进行控制冷却，将进入精轧机组的轧件温度控制在 850~950℃，以实现低温高速控温轧制。

轧出的高速线材，首先通过水冷段，根据生产要求将高速线材冷却至 800~900℃，然后再通过夹送辊送入吐丝机，形成螺旋状线圈，并落至散卷冷却线的辊道上进行冷却。

散冷线为辊式延迟型，共分 11 段，设有保温罩和 11 台大风量冷却风机。可根据所生产线材钢种、规格以及对性能要求的不同，调节冷却风机的开启台数和风量，调节保温罩开闭的数量，对散卷线材进行缓冷或自然风冷，以获得符合力学性能要求的线材。冷却风机中有 10 台带有佳灵装置，可以调节沿辊道宽度方向的风量分布；散冷线设有 3~5 个跌落段，以消除线圈搭接热点，保证整根线材力学性能均匀性。线材冷却到不高于400℃时，落入带有双芯棒的集卷筒内。集卷筒带有布圈器，使线卷在芯棒上均匀分布。当一卷线材收集完成后，分离爪闭合将浮动芯棒托起，承卷芯棒即旋转至水平位置，由运卷小车将盘卷运送至PF线的钩子上，同时另一芯棒旋转至垂直承卷位置，到位后分离爪打开，继续收集下一卷线材。

盘卷在PF线上继续冷却，并在运输过程中人工取样、修剪、检查。当盘卷运行至打捆机位置时，对盘卷进行压实、打捆。然后盘卷在电子秤处称重、挂牌。最后在卸卷站卸下，由吊车吊运，同时根据钢种、炉号及规格等按要求堆放在成品库内。

对于优特钢生产线，在粗轧和中轧之间可能需要脱头，以保证较高的咬入速度。在精轧出口设置减定径机组，实现热机轧制和精密轧制。优特钢生产线轧机数量比普碳钢生产线多2~6架，以满足高品质线材对压缩比的要求。

G厂轧制生产线工艺流程见图1-5。

图1-5 高速线材生产工艺流程

1.3 工艺平面布置

我国的棒线材生产线在20世纪80年代之前基本是横列式布置的落后轧机，自20世纪80年代末和90年代，近十几年引进国外先进的连轧机及直流电机、交流电机调速控制系统的快速发展，将我国的棒线材轧机引领到了世界先进行列。由钢锭一火成材（大规格棒材生产线）及二火成材逐渐过渡到连铸坯一火成材及二火成材（特殊钢生产线）。

图1-6为我国早期典型的棒线材轧机布置形式。

图1-7为J厂半连轧小型棒材工艺布置，这种形式存在于20世纪90年代，由于调速技术控制系统价格昂贵，是一些中小企业改造横列式轧机时为了节约投资而走的一条路。

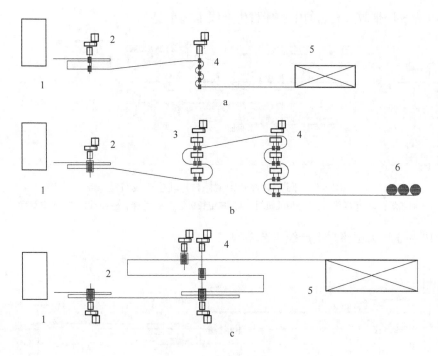

图 1-6　我国早期的横列式布置的棒线材轧机

a—小型棒材轧机；b—复二重线材轧机；c—由两列布置改进为布棋式的中型棒材轧机

1—加热炉；2—粗轧机；3—中轧机；4—精轧机；5—棒材冷床；6—线材卷取机

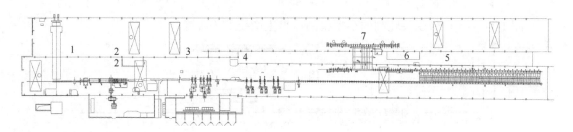

图 1-7　年产 30 万吨小型棒材半连轧生产线布置

1—加热炉；2—三辊粗轧机；3—中轧机组；4—精轧机组；5—冷床；6—冷剪；7—收集装置

图 1-8 为 T 厂典型的普碳钢全连轧小型棒材生产线工艺布置。

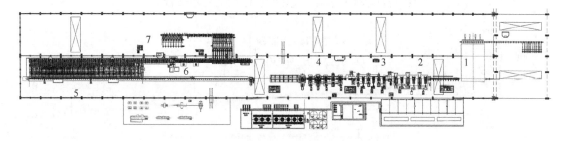

图 1-8　年产 60 万吨小型棒材连轧生产线布置

1—加热炉；2—粗轧机组；3—中轧机组；4—精轧机组；5—冷床；6—冷剪；7—收集装置

图 1-9 为 S 厂带脱头轧制的中型棒材生产线工艺布置。

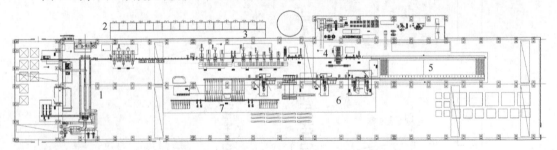

图 1-9　年产 60 万吨中型棒材连轧生产线布置

1—加热炉；2—粗轧机组；3—精轧机组；4—减定径机组；5—冷床；6—冷锯；7—收集装置

图 1-10 为 J 厂大型棒材生产线工艺布置。

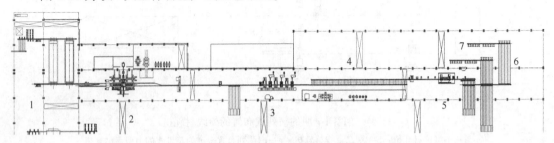

图 1-10　年产 80 万吨大型棒材连轧生产线布置

1—加热炉；2—粗轧机；3—精轧机组；4—编组台架；5—热锯；6—冷床；7—收集装置

图 1-11 为 J 厂带脱头轧制的小型精品棒材生产线工艺布置。

图 1-11　年产 60 万吨小型精品棒材连轧生产线布置

1—加热炉；2—粗轧机组；3—中、精轧机组；4—减定径机组；5—冷床；6—冷剪；

7—收集装置；8—缓冷材收集；9—连续退火炉

图 1-12 为 G 厂典型的普碳钢全连轧高速线材生产线工艺布置。

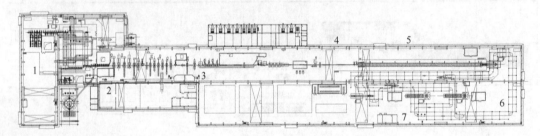

图 1-12　年产 60 万吨高速线材生产线布置

1—加热炉；2—粗轧机组；3—中、精轧机组；4—吐丝机；5—散冷辊道；6—PF 线；7—打捆收集

图 1-13 为 R 厂带脱头轧制的精品高速线材生产线工艺布置。

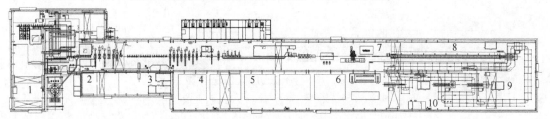

图 1-13　年产 60 万吨精品高速线材生产线布置

1—加热炉；2—粗轧机组；3—脱头辊道；4—中轧机组；5—预精轧及精轧机组；6—减定径机组；
7—吐丝机；8—散冷辊道；9—PF 线；10—打捆收集

图 1-14 为 C 厂带拐弯收集的高速线材生产线工艺布置。

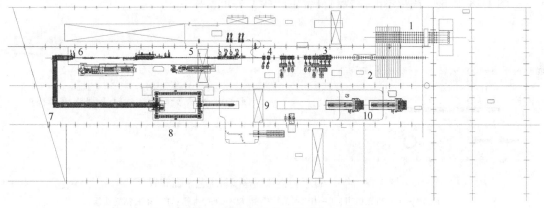

图 1-14　带拐弯的高速线材生产线布置

1—连铸机；2—感应加热炉；3—粗轧机组；4—中轧机组；5—预精轧及精轧机组；6—吐丝机；
7—拐弯散冷辊道；8—卷芯架；9—PF 线；10—打捆收集

图 1-15 为 T 厂棒材直接轧制（补温）的一种布置形式。

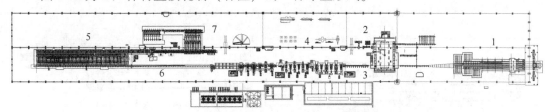

图 1-15　棒材直接轧制（带加热炉和感应补温）一种布置形式

1—连铸机；2—加热炉；3—感应加热器；4—棒材连轧机组；5—冷床；6—冷剪；7—收集装置

图 1-16 为我国 1996 年建成的 W 厂双高线工艺平面布置。

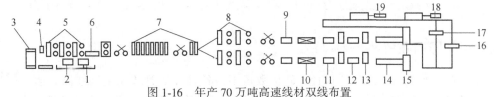

图 1-16　年产 70 万吨高速线材双线布置

1—上料台架；2—入炉辊道；3—加热炉；4—高压水除鳞；5—粗轧机 6 架；6—脱头/保温辊道；
7—中轧机 10 架；8—预精轧机 4 架两组；9—预穿水；10—顶交 45°精轧机组 10 架两组；
11，12—成品穿水；13—吐丝机；14—散冷辊道；15—集卷站；16，17—打捆机；18，19—卸卷站

图 1-17 为 H 厂普碳钢的棒线材复合布置。

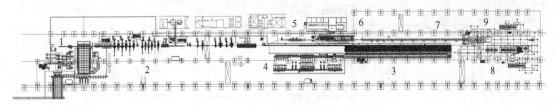

图 1-17　普碳钢的棒线材复合布置

1—加热炉；2—18 架棒材轧机；3—冷床；4—棒材打捆收集；5—线材精轧机组；6—吐丝机；
7—散冷辊道；8—PF 线；9—线材打捆收集

图 1-18 为 B 厂特殊钢的棒线材复合生产线工艺布置。

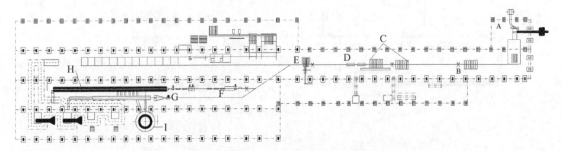

图 1-18　年产 60 万吨特殊钢棒线材工艺平面布置

A—加热炉；B—粗轧机组；C—中/预精轧机组；D—DSC 水箱；E—RSB 精轧机组；
F—线材精轧和减定径机组；G—大盘卷和线材卷取机；H—辊式运输机；I—环形炉

图 1-19 为普碳钢双线高速棒材生产线工艺布置。

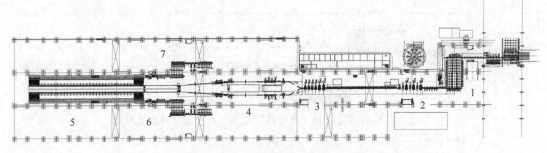

图 1-19　年产 100 万吨高速棒材生产线布置

1—加热炉；2—粗轧机组；3—中轧机组；4—精轧机组；5—冷床；6—冷剪；7—收集装置

1.4　车间竖向布置

棒线材生产线由于设备质量轻、轧机数量多，各种介质管线及电气线路较多，因此，轧机的竖向布置形式有零地坪、+3.5m 平台及+5.0m 平台三种。这三种形式各有优缺点，列于表 1-1。

表 1-1 棒线材车间竖向布置对比

轧机布置形式	零地坪	+3.5m平台	+5.0m平台
优 点	轧机基础坐落在-2.0m的土壤承重层上，轧机操作地面为零地坪，轧制线标高+0.8m，基础投资少。厂房高度低，棒材车间天车轨面标高+10.8m即可，线材车间由于线材集卷站高度原因要求天车轨面标高+12.6m，一般的棒线材复合车间按此标高即可满足。厂房投资少。另外，由于轧制线+0.8m，连铸机标高很容易和轧机匹配，连铸坯不需要提升便可直接进入加热炉或者由辊道直接送入轧机进行轧制，对于普碳钢企业来说，提高连铸坯温度进行热装热送或者直接轧制是企业节能增效的主要因数	轧机基础坐落在-2.0m的土壤承重层上，轧机操作地面为+3.5m平台，轧制线标高+4.3m。厂房高度+14m即可满足棒材或者线材轧机吊装要求。油站基础坑深-1.5m，仅步进式加热炉基础坑较深，为-4.5m，对推钢式加热炉基础基本在零地坪上，因此施工难度不大。另外对于电缆及介质管线经过合理的布置，平台下的高度空间基本满足要求，对于生产维护有很大帮助。对于棒材生产线，由于冷床基础位于零地坪上，自然通风条件非常好。油站位于半地下式，无须做通风设计	轧机基础坐落在-2.0m的土壤承重层上，轧机操作地面为+5.0m平台，轧制线标高+5.8m。厂房高度+(15~15.5)m才可满足棒材或者线材轧机吊装要求。油站基础基本在零地坪上，仅步进式加热炉基础坑深-3.0m，因此施工难度不大。另外对于电缆及介质管线经过合理的布置，平台下的高度空间能够满足小型机动车通行要求，对于生产维护有很大帮助。对于棒材生产线，由于冷床基础位于零地坪上，自然通风条件非常好。对于线材散冷辊道下面的冷却风机基础基本都在零地坪上，维护方便。同样的集卷站高度，散冷辊道的坡度小于前两种布置形式。油站位于地坪上，无须通风设计
缺 点	一是各种管线必须走沟或者直埋，生产维护难度较大。二是地下油站及加热炉基础坑较深，尤其是步进式加热炉，坑深至-8m，油站坑深至-4.5m，对于地下水位较高的地区，施工难度较大，对于离坑较近的厂房柱子基础需要做加深或者打桩处理。三是对于棒材来说，冷床坑在地下-2.0m，通风条件不好。油站需要做通风和消防设计	一是土建投资稍大。二是平台下空间稍紧张，有些桥架下面过人有点难度。三是连铸与轧钢衔接时要采用提升机将连铸坯提升至平台上，此处产生温降大于50℃。如采用天车吊运连铸坯，则由于厂房高度较高，天车操作工劳动强度较大	一是土建投资最大。二是平台下空间较高，所有管线均在+2.5m以上布置，施工难度较大。三是连铸与轧钢衔接时需要采用提升机将连铸坯提升至平台上，此处产生温降大于50℃。如采用天车吊运连铸坯，则由于厂房高度较高，天车操作工劳动强度较大

基于表 1-1 分析可看出，选择不同的竖向布置，一是看投资，二是看厂区地质条件，如地下水位较高，建议采用高架平台形式，平台的高度视具体情况确定。

1.5 轧制新工艺

1.5.1 连铸坯直接轧制

连铸坯直接轧制包含三种情形：一是有常规加热炉和感应加热同时存在；二是无常规加热炉，仅通过感应加热方式给连铸坯补温；三是不采取任何加热措施，而是利用连铸坯自身的温度直接进入轧机进行轧制。

如图 1-15 所示，连铸中心线和轧制中心线在同一条线上，连铸坯直接穿过加热炉，这种布置形式必须是棒材轧机布置在地坪上，加热炉出坯形式为辊道出钢，对于新设计的短流程生产线可以采用这样的平面布置，但对于改造项目，可能需要横移台架，并在炉头增加一组辊道实现钢坯绕过加热炉。连铸坯表面温度约为800℃，通过感应加热将钢坯温度提高到1050℃。这种布置的优点是当连铸和轧钢能力不匹配时，多余的冷坯定期采用加热炉加热轧制，组织生产较灵活。

在图1-14中，连铸机和轧机之间没有加热炉，仅有感应加热器给连铸坯进行补温。这种布置必须要求炼钢和轧钢能力严格匹配，轧机出现故障时甩出的冷坯只能外卖，生产组织难度较大，仅适合小时产量相当的几种规格产品。如果轧制小规格产品，可能甩出相当一部分冷坯。优点是投资省，没有了坯料跨和加热炉。

对于一条年产60万吨棒线材生产线，配备的感应加热器参数如下：

加热钢坯：150mm×150mm×12000mm；

额定加热温度：800~1050℃；

加热时间：45s；

额定功率：3000kW，两台；

进线电压：780V；

相数：3；

额定直流电流：3000A；

感应器电压：1350V；

额定频率：500Hz。

配套的变压器参数如下：

型号：6300-10(35)/0.78×2；

一次电压：10kV 或者 35kV；

二次电压：780V；

结构：二次侧△/Y 绕组，Y 型绕组中点引出。

整个加热系统由 PLC 控制，系统组成如表1-2所示。

表1-2 中频加热系统组成

序号	设备名称	规格型号	数量
1	中频电源	KGPS-3000-0.5	2 台
2	补偿电容	1.2-2000-0.55	2 组
3	感应加热器	150mm×140mm×1400mm	2 台
4	水冷电缆		4 根
5	控制台	带 PLC 及触摸屏	1 套
6	热金属检测器		2 个
7	导向装置		6 组
8	红外测温仪	双色	3 个
9	大字显示屏		3 个
10	变频器柜	内含 5 台 15kW 西门子变频器	5 台
11	制动电阻器		5 组
12	电流变送器		2 个

　　没有感应加热补温的直接轧制工艺目前是由东北大学刘相华科研团队联合国内几个钢铁企业开发的，其技术核心是在连铸切割区，让切割点位于凝固临界点，将常规的切割点前移，提高连铸坯自身温度。为此，他们做了大量的实验模拟工作，并在生产现场得到验证。

　　提高连铸坯温度采取的有效措施主要有：

　　（1）提高拉速。

　　（2）减少冷却水。

　　（3）在辊道上增加保温罩。

　　拉速的提高是和产量匹配的，还要保证不能拉漏，不能出现裂纹缺陷。减少冷却水和冷却过程是紧密联系的。运输辊道上增加保温罩主要看现场布置的距离。

　　模拟的结果切割点连铸坯断面温度分布为表面950℃，心部1275℃。为了保证不出问题，留有足够的安全距离确保钢水已完全凝固。钢坯在辊道上运输时间控制在2min内，温降应该小于50℃。如果辊道较长，可以加保温罩，钢坯在保温罩内表面温度得以回复，到轧机入口钢坯断面的平均温度能够达到1050℃。

　　图1-20为150mm方坯连铸二冷区温度模拟的结果。

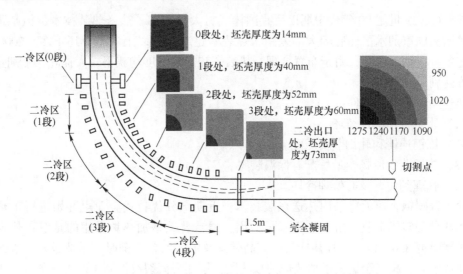

图1-20　二冷区凝固壳厚度变化与切断处温度分布的数值模拟结果

　　为了保证切断点处的连铸坯温度，对连铸过程进行温度闭环控制。根据表面温度来控制二冷区冷却水阀门组态，并根据实测温度对模型进行实时修正。温度高时增加水量，温度低时减少水量。图1-21为闭环控制原理图。

1.5.2　连铸坯热送热装

　　连铸坯热送热装是20世纪80年代国外兴起的一项钢铁生产新技术。为了实现这项新技术，首先要有足够数量的连铸坯，而且铸坯表面和内部质量均应符合要求。我国起源于20世纪90年代，先从普碳钢企业开始，随着连铸比不断提高，一些企业开始尝试热送热装，由于老国企布局存在先天不足，炼钢连铸和轧钢车间不是紧凑型短流程布置，于是出现汽车保温运输、加保温坑及长距离辊道运输，这种方式获得的热装温度不高，通常为

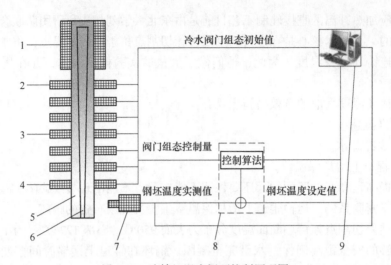

图 1-21　连铸坯温度闭环控制原理图

1—结晶器；2—冷却 1 区；3—冷却 i 区；4—冷却 n 区；5—坯壳；6—液芯；7—测温仪；

8—可编程序控制器（PLC）；9—工控机

300~500℃。20 世纪 90 年代中期以后我国棒线材大量采用了热送热装技术，但是距日本和一些欧美国家的水平还有较大的差距，热装率超过 60% 以上的企业还不多。2000 年之后新建的一些钢铁企业，由于布置合理，热装率和热装温度均获得较大提高，个别企业热装温度达到了 800℃。

热送热装的前提条件：

（1）质量合格的连铸坯。

（2）炼钢连铸和轧钢节奏匹配。

（3）热送路线流畅，最好配有保温装置。

（4）管理到位，及时处理冷坯。

除了普碳钢企业大量采用热送热装技术，近期部分优特钢企业也开始进行了热装尝试，尤其是普转优企业，由于先天不足原因，通常普碳钢加热炉采用的是双蓄热式加热炉，炉尾温度 850℃ 以上，加热冷的中、高碳钢及中碳低合金钢时容易造成表面裂纹，采用热装技术后，相当于延长了加热炉的预热段，钢坯表面裂纹得到了改善。如果不采用热装，就必须改造加热炉，如果现场条件不允许，就必须考虑热装，并且在连铸坯质量上多下工夫，增加连铸坯表面缺陷检测装置，对连铸坯进行实时监控。

与连铸坯冷装炉相比，热送热装具有以下优点：

（1）节约能源，连铸坯温度越高，节约能源效果越明显。热装温度每提高 100℃，节约燃料 5%~6%。

（2）提高了成材率。由于加热时间缩短，氧化铁皮少，成品表面质量好。氧化烧损降至 0.5%~0.7%。

（3）提高了加热炉产量。热装温度每提高 100℃，加热炉产量提高 10%~15%。

（4）简化了生产工艺流程，减少了钢坯堆放、再吊运至上料台架工序，缩短了产品生产周期。

（5）生产成本降低，经济效益显著。

用于棒线材生产的连铸坯收集包括两种形式，一是带翻转功能的步进式冷床，二是带拨爪的移钢机。其中，步进式冷床适合优特钢企业，连铸坯冷却均匀，表面质量好，但冷却时间长，对热装来说，连铸坯温度较低。而移钢机适合普碳钢企业，钢坯移动速度快，温降小，加热炉热装温度高，配合短流程布置，热装温度可以达到 800℃，甚至可以经过适当补温直接轧制。

连铸坯在输送过程中，热量散失的主要方式是辐射降温，占 90% 以上。常规的连铸坯切割点温度为 850℃，如果热送过程中时间控制在 10min 内，可保证连铸坯的热装温度达到 600℃。

单位时间（s）辐射降温（℃）计算公式如下：

$$\mathrm{d}T/\mathrm{d}t = \varepsilon C_s \times 0.000001 C_m \{[(T_m + 273)/100]^4 - [(T_h + 273)/100]^4\}/(A_m C_p \rho)$$

式中　ε——散发因子，约为 0.8；

　　　C_s——辐射常数，取 5.67；

　　　C_m——钢坯截面周长，mm；

　　　A_m——钢坯截面面积，mm^2；

　　　T_m——钢坯表面温度，℃；

　　　T_h——环境温度，℃；

　　　$C_p = 454.54 + 0.327T_m$，$J/(kg \cdot ℃)$；

　　　$\rho = (8.0332 - 0.0004833T_m) \times 0.000001$，$kg/mm^3$。

不同企业可参考此公式计算结果进行工艺路线优化及设备改造，缩短热送时间，提高热装温度。

为热送热装设计的短流程典型平面布置如图 1-22 所示。其中的横移及提升链根据不同厂家布置选择不同的横移距离及提升高度。图中的工艺布置是炼钢车间和轧钢车间垂直布置，工艺流畅。有些企业没有办法垂直布置，只能平行布置，这时需要采用带辊道的旋转台架将钢坯旋转 90°，钢坯在进出旋转台架时需要停止等待，散失部分热量。

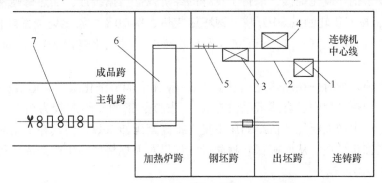

图 1-22　棒线材连铸连轧短流程典型布置

1—连铸坯冷床；2—热送辊道；3—横移及提升链；4—冷坯台架；5—剔除装置；6—加热炉；7—轧机

热送过程各区域设备运行速度如下：

（1）长距离输送辊道速度：2~2.5m/s；

（2）移钢机速度：0.3~0.4m/s；

（3）提升链速度：10~15m/min；

（4）旋转台架旋转 90°时间：1min；

（5）入炉辊道速度：0.5～1m/s。

随着炼钢工序的逐步稳产、顺产，高温连铸坯的热送热装率有了较大幅度的提高。在此基础上，又在生产实践中不断摸索，根据不同温度条件下的连铸坯，轧制不同规格棒材，制订出不同的温度制度和加热制度。当出现热—冷（冷—热）坯混装时，以某个料位为分界点实施升降温加热制度，同时均热段的温度也相应做出调整。表 1-3 是 S 厂棒材生产线加热炉温度控制参数。

表 1-3　S 厂 160mm×160mm×10000mm 连铸坯热送热装加热炉温度制度

连铸坯温度/℃	轧制规格/mm	加热炉温度/℃	均热段温度/℃	炉膛压力/Pa
300 以下 （执行冷坯加热工艺）	$\phi(12\sim14)$	1080	1180	0～5
	$\phi(16\sim18)$	1150	1220	0～5
	$\phi20$ 及以上	1200	1220	0～5
300～600	$\phi(12\sim14)$	1050	1160	0～5
	$\phi(16\sim18)$	1130	1200	0～5
	$\phi20$ 及以上	1180	1200	0～5
600～800	$\phi(12\sim14)$	1030	1150	5～10
	$\phi(16\sim18)$	1100	1180	5～10
	$\phi20$ 及以上	1150	1200	5～10
800 以上	$\phi(12\sim14)$	1000	1150	5～10
	$\phi(16\sim18)$	1080	1180	5～10
	$\phi20$ 及以上	1100	1200	5～10

通过对各段燃料流量、空气流量、炉压等进行控制和调节，保证各段炉温在设定范围。这样，既保证了钢坯加热质量（加热温度和温度均匀性），又大幅度降低了加热炉燃料单耗，减少了钢坯氧化烧损，取得了良好的经济效益。据统计，加热每吨钢坯可节约煤气 80m³ 左右，按照年轧制量 80 万吨、钢坯热装热送率 70%、氧化烧损率降低 0.6% 来计算，每年可节省高炉煤气近 4480 万立方米，并减少钢材氧化烧损 3360t，每年增效 1000 万元以上。

连铸坯冷装入炉时，在加热过程发生的 $\alpha\rightarrow\gamma$ 相变能够细化组织。但装炉温度高于 A_3 时，在随后的加热过程中没有或近乎没有 $\alpha\rightarrow\gamma$ 相变，钢的 γ 组织较为粗大。对于此类情况，在实际生产中增大粗轧各机组的压下量，提高其延伸系数，使其在再结晶区通过加大轧件变形量以细化晶粒，从而确保轧材质量。如果对大规格产品生产造成质量影响，建议采用 600℃ 热装温度较好。

1.5.3　切分轧制

1.5.3.1　切分轧制的发展概况

早在 18 世纪，切分轧制就已用于旧钢轨的利废方面，但是连续生产的切分轧制是 20 世纪 70 年代加拿大联合钢公司（Co-steel Group）创造的，随后，英国、美国、德国、日本等国也应用了这一技术。目前，世界上有许多国家正在研究连铸坯切分的连续性生产问题，在多线切分轧制的研究、开发及实际应用方面，日本、美国、加拿大、德国处于当今世界领先水平，均掌握了多线切分轧制的新技术并向世界各国推广。

我国很早就试用过切分轧制。早在 1955 年鞍钢就把废钢轨切分轧制成功，到 20 世纪 80 年代后才得到迅速发展。昆钢、首钢、邢钢等厂家将切分轧制技术在连续式、半连续式轧机成功应用同时，在横列式轧机上，鞍钢、涟源钢厂、新沪钢厂等厂家也取得了成功的经验，切分轧制技术取得了巨大的经济效益。特别是 1994 年，唐钢由意大利达涅利公司引进的棒材连轧生产线采用切分轮方法成功切分轧制出螺纹钢筋，开创了我国在新建连续式棒材轧机上切分轧制的先例。

切分轧制是近二十年来国内外广泛研究和应用的一项新技术。所谓切分轧制就是在轧制过程中，钢坯通过孔型设计轧制成两个或两个以上断面形状相同的并联件，然后经切分设备将坯料沿纵向切分成两条或两条以上断面形状相同的轧件，并继续轧制直至获得成品的轧制工艺。

1.5.3.2 切分轧制的特点

切分轧制有如下的优点：

（1）在轧钢主要设备相同的条件下，可以采用较大断面的原料或相同原料断面下，减少轧制道次。进而可以减少新建或改建的厂房面积，减少设备投资。常规设计的棒材生产线采用 18 架轧机及 3 台飞剪，而专业化钢筋生产线采用 16 架轧机及 2 台飞剪即可满足要求。

（2）减少坯料规格，提高小断面轧件产量。简化坯料规格和孔型设计，并使轧机生产不同规格时负荷均匀，产量达到最大。

（3）提高轧机生产率。采用切分轧制可以使坯料尺寸增加时不增加轧制道次和节奏时间。

（4）节约能源。获得同样断面轧件切分时道次少，温降小，变形功少，消耗的电能大幅降低。温降小，可降低开轧温度，节省燃料。

（5）使电机负荷分配合理，在多品种生产的轧机上，电机功率一般按大规格设计，小规格生产时电机处于轻负荷运行状态，采用切分轧制，可加大轧制小规格时电机负荷，使其效率趋于最佳。

（6）综合生产成本降低，可显著提高经济效益。

（7）改变孔型结构，变不对称产品为对称产品。

切分轧制的缺点是：

（1）切分部位带毛刺，切口不规则，轧后易形成折叠，影响轧材表面质量。因此，切分轧制多用于轧制螺纹钢和开坯道次。

（2）钢锭、连铸坯的缩孔、夹杂和偏析多位于中心部位，经切分后易暴露于表面，形成缺陷。

（3）当剪切方法分开并联轧件时，轧件易扭转，影响轧件质量。

（4）轧辊利用率降低，切分配辊需要切分线数和导卫宽度统一考虑，浪费部分辊环。

1.5.3.3 切分轧制切分方法

切分轧制的分类方法很多，如按切分工具划分有辊切法、切分轮法、圆盘剪切法、火焰切割法。

（1）辊切法。利用轧辊切分孔型使轧件在孔型中变形的同时被切分，适合大断面的中轧阶段切分。

（2）切分轮法。先通过孔型将轧件轧成两个或两个以上形状相同的并联件，然后再由安装在轧机出口侧的切分轮将轧件切开，适合成品切分，被广泛采用。

（3）圆盘剪切法。先将轧件轧成准备切分的形状，然后由安装在轧制线上的圆盘剪将轧件沿纵向切开。

（4）火焰切割法。先把钢坯轧成并联轧件，再利用火焰切割器从连接带处把并联轧件沿纵向剖分成单根轧件的切分方法。

按切分的实质划分的，可分为张力切分、剪力切分、轧制扭转切分三种。

1.5.3.4　切分轧制成功应用的关键技术

切分轧制在我国获得非常成功的应用，离不开两项关键技术，一是轧辊技术，二是导卫技术。

钢坯在轧制过程中，轧辊孔型磨损直接影响到料型尺寸精度。如果孔型磨损快，料型难以控制，切分过程工艺事故增加。因此，轧辊材质越来越被人们重视，尽管价格较贵，但节省了换辊时间，减少了换槽次数，稳定了产品质量，提高了作业率，提高了产量，生产综合成本降低。

目前硬质合金（WC 或高速钢）辊环广泛应用于切分轧制 K1 及 K2 轧辊，部分厂家也用于 K3 和 K4 轧辊。和铸铁轧辊相比，常规铸铁轧辊每个轧槽产量为 200~300t，更换硬质合金辊环后每个轧槽产量提高 5~10 倍。但是辊环配置也有它的缺点，一是配槽数量少，二是辊环修复困难，大部分轧钢厂一般不能修复孔型，需返厂修复，增加部分成本。图 1-23 为硬质合金辊环配置图，芯轴可以重复使用。

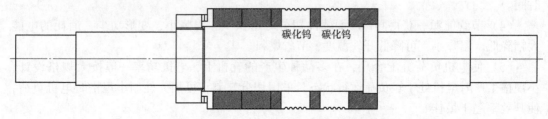

碳化钨　碳化钨

图 1-23　用于切分轧制的组合辊结构示意图

我国的导卫技术最初是在 20 世纪 80 年代引进国外先进的棒线材轧机时随机引进的导卫基础上经过消化、转化发展而来的。目前在多线切分导卫方面合肥东方节能科技有限公司（原合肥东方冶金设备有限公司）做得最好，在导卫的结构、材质方面申请了很多国家专利。导卫的结构设计需要保证拆装、调整方便、快捷，切分角设计合理，切分通道流畅，避免刮丝现象和堆钢事故。导卫材质切分轮普遍采用 Cr12MoV 模具钢系列，根据产品规格和使用环境不同，一次轧制量为 1500~3000t。切分刀作为切分轮的后续辅助工具，其设计也很重要。

切分过程首先是轧件在孔型轧制过程中慢慢变成几个包含连接带的基圆即 K3 孔型，连接带一般宽度为 1mm，厚度为 0.8~1.0mm，切分时利用切分轮的尖角扩张作用将基圆撕开，同时后面的切分刀进一步分离，然后进入最后两架轧机轧成成品。

轧件在切分导卫中的分离过程示意图如图 1-24 所示。根据最小阻力定律，先将外侧的基圆分离，再分离内部的基圆，实现多线切分。

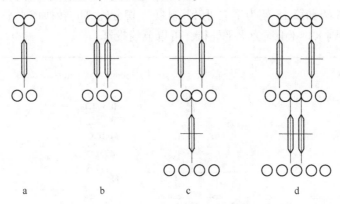

图 1-24 轧件在切分导卫中的分离过程
a—两切分；b—三切分；c—四切分；d—五切分

1.5.3.5 切分轧制在棒材生产上的应用

现代化的以钢筋为主的棒材生产线年产量一般为 80 万~120 万吨，广泛采用切分技术。目前成熟的技术是：

ϕ10mm——两切分、三切分、四切分、五切分、六切分，其中六切分仅承德钢厂一家使用过；

ϕ12mm——两切分、三切分、四切分；

ϕ14mm——两切分、三切分、四切分；

ϕ16mm——两切分、三切分；

ϕ(18~22)mm——两切分。

年产 100 万吨的棒材生产线，成品切分轧制速度为 10~16m/s，轧机小时产量为 100~180t/h。

切分孔型设计：

我国最早引进加拿大的两切分孔型采用的是菱-弧边方系统，那是 20 世纪 90 年代初，导卫技术不是很好，采用菱-方孔型是利用菱形轧件进入方孔型时自动对中这一特点而获得正确的弧边方料型，为后面准确切分做准备。随着滚动扭转和滚动入口导卫技术的日益成熟，两切分也有采用六角-弧边方系统及椭圆-弧边方系统，都能进行稳定的生产。后来随着三切分及四切分技术的引进，两切分也有采用类似三切分及四切分的扁平料型直接切分的孔型系统。两种孔型系统优缺点对比列于表 1-4。

表 1-4 两种孔型系统优缺点对比

孔型系统	弧边方切分	扁平料型切分
优 点	轧件容易对中，切分均匀，预切道次压下量小，适合大规格棒材切分	孔型加工容易，无须 45°扭转导卫
缺 点	方孔型加工难度大，轧件出方孔型时需要 45°扭转导卫辅助扭转	预切分孔型压下量大，轧辊磨损快。轧件对中孔型需要严格控制料型和导卫开口度

图 1-25 为 P 厂轧制 ϕ(10~50)mm 棒材孔型系统图。坯料采用断面为 150mm×

150mm~165mm×165mm，长度为 12m 的连铸坯。轧机组成通常为 18 架平立交替布置的连轧机，其中第 16 架和第 18 架为平立可转换轧机，切分轧制时转换成水平状态。如果是钢筋专业生产线，则 K1~K4 均为水平轧机，可以节约投资。

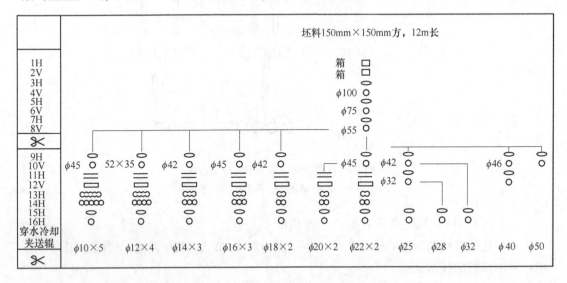

图 1-25　年产 100 万吨棒材轧制孔型系统图

1.5.3.6　双预切孔型系统的应用

对于切分孔型系统的选择，人们越来越喜欢使用扁平系，相对来说轧辊加工容易，导卫简单。但是由于预切分孔型压下量较大，孔型磨损快，换辊频繁，影响了轧机作业率，因此，作者尝试过双预切孔型轧制，通常在 18 架连轧机上都能实现。

目前国内外存在两种工艺路线，一是采用一个预切分道次，二是采用两个预切分道次，两种技术各有优缺点，分述如下。

A　单预切轧制

甩掉中轧 7 号~10 号任意两架轧机，即采用 16 架轧机轧制。

优点：换辊少、备量小、操作简单。

缺点：轧件在预切孔型中不均匀变形严重，切分楔处压下系数大于槽底压下系数，轧槽磨损严重。另外由于压下量大，易造成轧制不稳定。

B　双预切轧制

甩掉精轧 14 号轧机，即采用 17 架轧机轧制。优点：

(1) 采用第一预切能为下一道次的再次切分做准备，减少了轧件对第二预切的冲击力。

(2) 能均匀地分配压下量，使轧件变形均匀，轧槽磨损少并且轧件咬合性好。

(3) 由于箱型孔的修边，线差易调整。

(4) 能有效地降低预切分孔型及切分孔型切分楔的磨损，提高轧件的尺寸精度。

实施对象是国内 X 钢厂二棒车间的 18 架轧机，分粗、中、精轧三个机组，每个机组各 6 架轧机，平立交替布置，其中精轧机组 16 号和 18 号轧机为平立可转换轧机。我们将 φ12mm 四切分轧制工艺采用双预切 17 道次轧制。孔型设计原则确定为：中轧 9 号轧机为单半径椭圆孔型；10 号轧机原则上应设计为圆形，为减少压下量，扩充宽展，将 10 号轧机设计为立椭圆孔；11 号轧机为平辊，12 号轧机为立箱孔型，13 号轧机为第一预切分孔型，甩 14 号轧机，15 号轧机为第二预切分孔型，16 号轧机为切分孔型，17 号轧机为并联椭圆孔型，18 号轧机为成品孔型。图 1-26 为该厂 ϕ12mm 螺纹钢四切分孔型系统图。

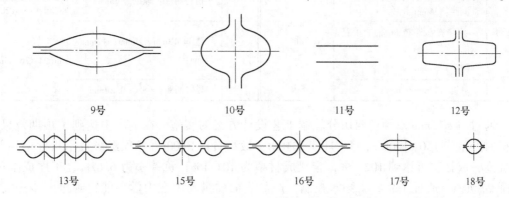

图 1-26　ϕ12mm 螺纹钢四切分双预切孔型系统图

在轧制 ϕ12mm×4 生产过程中，多次对设计料型尺寸及导卫进行修改和完善，总结出了适合实际轧制的工艺参数。表 1-5 为各架轧机的料型尺寸，表 1-6 为配套的切分导卫尺寸。

表 1-5　ϕ12mm×4 各架轧机料型尺寸

机架	孔型	料型/mm		机架	孔型	料型/mm	
		高	宽			高	宽
1 号	箱形	111	165	10 号	立椭	53	33.5
2 号	方形	117	126	11 号	平辊	17.5	65
3 号	椭圆	80	142	12 号	箱形	58.5	19
4 号	圆	96	97	13 号	一预切	17.4	62
5 号	椭圆	56	115	14 号	—	—	—
6 号	圆	71	72	15 号	二预切	15.5	64
7 号	椭圆	40	87	16 号	切分	14.3	16.2
8 号	圆	52	52	17 号	平椭	8.2	21
9 号	椭圆	29	69	18 号	螺纹	12	12

表 1-6　ϕ12mm×4 各架轧机导卫配置

机架	进　口	出　口	机架	进　口	出　口
13 号	前夹板：24mm×61.5mm	28mm×78mm	16 号	前夹板：21mm×66mm	前轮间隙：0.3mm
	平导辊尺寸：82mm　间距：33mm			平导辊：82mm　间距：22mm	
	立导辊：外径 86mm，内径 54mm　间距：59.5~60mm			立导辊：外径 86mm，内径 52mm　间距：66mm	后轮间隙：1.2mm
	鼻锥：25mm×61mm			鼻锥：18.5mm×66mm	

机架	进 口		出 口	机架	进 口		出 口
15 号	前夹板：21mm×66mm		26mm×78mm	17 号	进口：17.8mm×18.2mm 扭转角度：理论为 23°		出扭转管：φ28mm
	平导辊尺寸：82mm 间距：26mm						实际：15°~20°
	立导辊：外径 86mm，内径 54mm 间距：64mm			18 号	进口 13mm×26mm；12mm×27mm		φ(24~26)mm
	鼻锥：22mm×65mm				导辊间距：(8.0±0.2)mm		

通过对 φ12mm 双预切四切分轧制工艺设计方案的实施，在生产中达到了预期效果，其机时产量为 150~160t/h，平均日产 3100t，最高日产 3400t，各项经济技术指标得到普遍提高，成材率可达到 102.5%，定尺成材率为 101.1%，负差率为 6.62%，工序成本可下降 27 元/t。通过成品后弱穿水控制，产品表面质量及内在力学性能得到进一步提高。由于双预切精轧机轧辊磨损减小，换辊次数减少，大大缩短了停机时间，减少了工艺事故，从而提升了小规格的产能。该技术特别适合料型厚的大规格棒材如 φ20mm、φ22mm 的两切分扁平孔型系统。

1.5.3.7   切分轧制在线材生产上的应用

切分轧制在棒材生产上已广泛使用，能够大幅度提高产量，但对于线材生产却应用很少，原因一是担心产品质量，二是线材盘重难以达到国家标准 2t 的要求。作者曾经在河北 X 厂做过实际生产试验，该厂设备布置如图 1-27 所示。

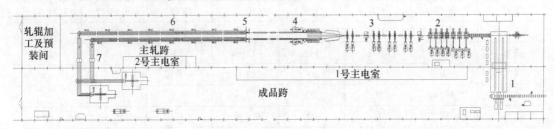

图 1-27   年产 40 万吨普碳钢高线工艺平面布置
1—加热炉；2—粗轧机组；3—中轧机组；4—精轧机组；5—吐丝机；6—散冷辊道；7—精整收集

该车间建于 2004 年，主导产品是 φ6.5mm、φ8mm、φ10mm 线材，坯料为 150mm×150mm×6000mm 连铸坯，钢种主要是 Q195、Q215 及 Q235。轧机组成：粗轧 φ550mm×3+φ450mm×4 共 7 架闭口式轧机，中轧 φ350mm×4+φ300mm×4 共 8 架短应力线轧机，精轧两组 φ152mm×8 共 16 架悬臂辊环式侧交 45° 摩根三代高线轧机，全线共 31 架轧机，全部由直流电机驱动，实现微张力和无张力连续轧制，共设置三个立活套，两个侧活套。最高终轧速度为 60m/s。

钢坯在粗轧机上经过 7 道次轧制出 60mm×60mm 中间坯，经过飞剪切头后，经过中轧 6 道次轧制切分出 φ20mm 基圆，再经过 2 道次轧制出 φ16mm 圆，进入精轧机轧制 8 道次出 φ6.5mm 线材成品。中轧孔型系统如图 1-28 所示。预切分之前采用六角-弧边方孔型。

该生产线可以采用单线生产，最高单线年产量为 36 万吨。采用切分生产年产量将提

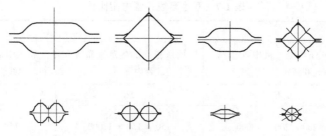

图 1-28　中轧切分孔型系统

高到 60 万吨。

经过几千吨的试生产，主要存在以下几个问题：

（1）产品中偶见有折叠。这是因为轧机弹跳大，孔型磨损快造成连接带增厚，或者是切分轮磨损了，经过切分轮的撕裂会出现不均匀的切分面，多出的"肉"被轧成折叠。解决办法是定期检查轧机刚度，摸索切分轮寿命，更换轧辊材质为耐磨材质，及时更换切分轮。大多数的取样结果表明，轧件切分后经过 10 道次的轧制，切分痕迹基本没有，表面焊合良好。

（2）线卷单重小，拉丝用户不愿意接受。这点可在新建的轧机中考虑使用大坯料解决。如采用 200mm×200mm×13000mm，质量 4t，切分轧制后线卷单重仍能保证 2t，达到国家高线标准。

线材采用两切分技术，与采用双线生产的设计相比，具有投资少的优点。目前采用双线生产的生产线布置有两种形式，如图 1-29 所示。三种方案比较见表 1-7。

a

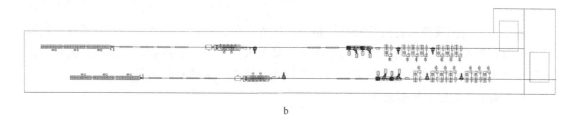

b

c

图 1-29　双线高线生产工艺布置

a—采用两切分工艺；b—两条独立轧线布置在一跨内；c—脱头轧制双线

表 1-7　双线高线布置方案比较

方　案	a	b	c
布置形式	切分轧制，粗中轧单线、预精轧和精轧双线生产	两条独立的生产线布置在一个主轧跨内	粗、中轧机组共用，脱头。粗轧单线、中轧之后双线
轧机数量/架	42	56	44
使用坯料 /mm×mm×mm	200 × 200 × 13000	150 × 150 × 12000	150 × 150 × 12000
产量/万吨·年$^{-1}$	110	120	110
主轧跨宽度/m	27	36	27
优　点	天车操作视线好；投资省；轧件头尾温差小，质量均匀；轧辊利用率高，生产成本低；全线轧机平立布置，无扭轧制	工艺事故少；生产灵活，两条线可以同时生产不同规格产品，互不影响；适合优钢生产；轧辊利用率高；全线轧机平立布置，无扭轧制	天车操作视线好；投资省；生产成本低
缺　点	粗、中轧轧机规格稍大；对操作工要求较高，实时掌控切分效果，包括切分均匀性和表面质量；工艺事故稍多，一线出问题影响另一条线；仅适合普碳钢生产	天车操作视线不好，处理事故和换辊操作困难；投资多；生产成本稍高	脱头距离较长，达到 73m，轧件头尾温差大，需采取保温措施。中轧机组双线扭转轧制，工艺事故较多，一线出问题影响另一条线。中轧轧辊配置双线孔型，辊环利用率较低；仅适合普碳钢生产

1.5.4　无孔型轧制

无孔型轧制是在不刻轧槽的平辊上，通过方-矩形变形过程，完成延伸孔型的任务，并减小断面到一定程度，再通过数量较少的精轧孔型，最终轧制成方、圆、扁等简单断面轧件。

近年来，我国线棒材轧机数量和产量均居世界首位，但技术装备水平参差不齐。线棒材基于节省资源和环保要求，钢材的生产也越来越重视先进技术和装备的使用。无孔型轧制技术作为一项可以优化棒线材生产的先进技术，越来越受到业内的关注。

1.5.4.1　无孔型轧制优点

与传统的孔型轧制相比，无孔型轧制技术具有如下优点：

（1）由于轧辊不刻槽，轧辊辊身和硬度层被充分利用，辊面利用率可提高 20%～30%，轧辊耐磨性好、磨损小，一般可延长轧辊使用寿命 2~4 倍，提高作业率 8%，成材率提高 0.4%。

（2）由于轧辊不带孔型，对于不同规格的坯料只须调整辊缝来改变压下量，就可实现不同规格坯料的共用，尤其对于优钢生产线，轧制小规格圆钢时采用小坯料，轧制大规格圆钢时采用大坯料，无孔型轧制无须换辊，通过调整辊缝即可获得需要的料型。轧辊的共用度高，储备量显著减少。

（3）轧辊车削量小且简单，节省了车削工时，可减少轧辊车床，降低加工成本。

（4）无须轴向调整，导卫可实现共用、调整简单，并减少了换辊、换孔型和导卫的次数，可提高轧机作业率，节约生产成本。

（5）轧辊直径小，单位吨钢轧辊消耗低。

（6）轧机负荷降低，可节省电耗 1.2kW·h/t 钢，能耗低。

（7）无孔型轧制没有孔型侧壁的限制，氧化铁皮脱落干净，在提高钢材表面质量方面无孔型轧制优于孔型轧制。

1.5.4.2 无孔型轧制缺点

无孔型轧制技术具有如下缺点：

（1）无孔型轧制对导卫的设计及控制精度要求非常高，强调使用贯通式导卫，即前后导卫用与轧机辊缝值相当的贯通板相连接成整体，或者使用紧贴轧辊辊环的导板尖，从而防止轧件窜移脱方扭转。

（2）由无孔型机架轧出的方形中间坯进入下游带孔型的轧机时需要设计过渡孔型。

（3）对调整工技术要求较高，轧机必须是平立交替布置。

（4）对已有生产线改造，存在轧机开口度小的问题，特别是粗轧机，造成轧辊直径过小，第一架轧机咬入条件不好，轧辊利用率不高，容易断辊。

1.5.4.3 无孔型轧制应用

世界上第一次进行无槽轧制的实验是从轧制铜线开始的，源于瑞典，时间是 1967 年。我国的无槽轧制试验是 1983 年首钢采用断面 100mm×100mm 钢坯代替原 85mm×85mm 钢坯来轧制 $\phi(10\sim12)$mm 的螺纹钢和圆钢，仅 1 号、2 号轧机采用平辊。1989 年唐钢高线 4 架平-立交替布置的紧凑式粗轧机的无槽轧制，将边长 135mm 的连铸方坯轧成具有 88mm×44mm 的粗轧矩形轧件。1998 年马钢从意大利 POMILI 公司引进的棒材连轧生产线，粗轧机组由 6 架轧机平-立交替布置，其中前 4 架轧机采用无孔型轧制。新疆八一钢厂自 1999 年开始，对其三条棒材、两条高线分别进行无孔型试验，棒材于 2005 年 11 月实现除 K1 以外的全连续无孔型轧制，高线于 2007 年实现粗中轧及精轧 19 号、21 号无槽轧制，经济效益显著。

目前，国内棒线材轧机无孔型轧制的钢种主要为碳素钢、优质碳素结构钢、低合金结构钢等工业和建筑用钢。采用此项技术一般都是从粗轧区开始，逐步过渡到中轧区，甚至精轧区。图 1-30 为 X 厂棒材无孔型轧制孔型系统图，坯料为 150mm×150mm×12000mm 连铸坯，轧机 18 架，平立交替布置，其中 16 号和 18 号轧机为平立转换轧机。

部分规格无孔型轧制机架及孔型配置见表 1-8。

1.5.4.4 无孔型轧制设计理念

无孔型轧制技术要点是保证料型不扭转、不脱方。经验统计，轧件宽高比最大可达到 1.8，通常小于 1.4~1.7（粗轧可大一些），充分利用粗轧时的大断面稳定性好这一特点，将轧件延伸分配规律在粗轧-中轧-精轧不同机组确定为大-中-小，不同于常规孔型轧制时的中-大-小分配原则。同时精确的宽展计算和断面积计算是保证连轧关系的前提条件，否则不正常的堆拉关系无法进行无孔型轧制。表 1-9 列出了一套小型连轧机组使用无孔型轧制 ϕ18mm 带肋钢筋的典型轧制参数。

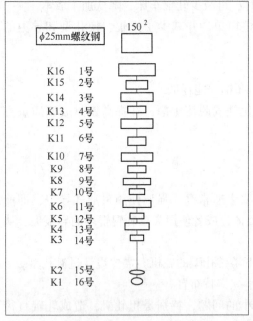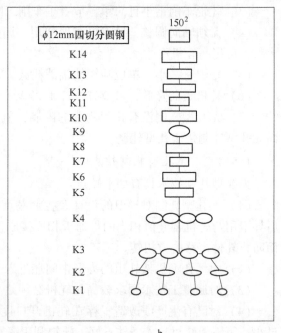

图 1-30 棒材无孔型轧制孔型系统

a—单线轧制；b—切分轧制

表 1-8 $\phi(18\sim36)$ mm 带肋钢筋无孔型轧制孔型配置

产品规格	机 架																	
/mm	1	2	3	4	5	6	7	8	9	10	11	12	13	14	15	16	17	18
$\phi18\times2$	—	—	—	—	—	—	—	—	—	—	—	—	—	—	预切	切分	椭圆	圆
$\phi20$	—	—	—	—	—	—	—	—	—	—	—	—	—	—	空过	空过	椭圆	圆
$\phi22$	—	—	—	—	—	—	—	—	—	—	—	—	—	—	空过	空过	椭圆	圆
$\phi25$	—	—	—	—	—	—	—	—	—	—	—	—	椭圆	圆				
$\phi28$	—	—	—	—	—	—	—	—	—	—	—	—	椭圆	圆				
$\phi32$	—	—	—	—	—	—	—	—	—	—	空过	空过	椭圆	圆				
$\phi36$	—	—	—	—	—	—	—	—	—	—	空过	空过	椭圆	圆				

注：—代表无孔型。

表 1-9 切分轧制 $\phi18$mm 带肋钢筋时的无孔型轧制工艺参数

道 次	轧件断面积/mm²	轧机速度/m·s⁻¹	断面收缩率/%	轧辊直径/mm
0	22500	—	—	—
1	16763.7	0.275	25.5	$\phi505$
2	12540.0	0.374	25.2	$\phi490$
3	9509.0	0.516	24.2	$\phi440$
4	6916.0	0.677	27.3	$\phi410$
5	5367.5	0.864	22.4	$\phi440$
6	3990.0	1.201	25.7	$\phi420$

续表 1-9

道 次	轧件断面积/mm²	轧机速度/m·s⁻¹	断面收缩率/%	轧辊直径/mm
7	2829.1	1.636	29.1	φ350
8	2276.7	2.142	19.5	φ340
9	1841.4	2.663	19.1	φ360
10	1414.5	3.280	23.2	φ350
11	空过	—	—	—
12	空过	—	—	—
13	1191.0	4.013	15.8	φ290
14	1014.6	4.536	14.8	φ290
15	858.7	5.604	15.4	φ290
16	781.2	6.467	9.0	φ290
17	678.0	7.935	13.2	φ290
18	522.3	10.545	23.0	φ290

无孔型轧制时由于翻平宽展的存在，使轧件的四个角每道次都是变化的。实践中证明，由于设计了合理的轧制参数，在翻平宽展和鼓形宽展的作用下，轧件角部是由圆弧和直线构成的圆边钝角。这种圆边钝角能有效地避免应力集中和产生裂纹。通过对不同钢种的粗轧轧件的检测结果为轧件的4个角部始终大于90°。粗轧轧件角部状况见图1-31。对于裂纹敏感的钢种，也可在孔型系统中适当配置2~3个圆孔型。

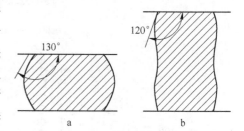

图 1-31　无孔型轧制轧件角部特征
a—单鼓形轧件；b—双鼓形轧件

1.5.5　单一孔型轧制

棒线材单一孔型轧制技术是基于减定径机组的应用出现的，常规的孔型系统更换不同规格产品时，需要更换精轧机组乃至中轧机组的孔型及轧辊，而减定径机组可以出所有规格的产品，根据来料需要，仅需甩开前面的若干个机架空过即可，空过的机架采用替换辊道连接。因此，单一孔型轧制具有以下优点：

（1）减少了换辊、换导卫的时间，提高了作业率。

（2）轧辊及导卫备件数量减少，管理费用及财务费用降低。

棒材的减定径机组通常有3~5机架组成，以4机架应用较多。粗轧至精轧只用一套孔型，减定径机组内部只需更换少量孔型即可轧制不同规格产品，减定径机组内部还可以通过调整在某个规格范围内实现自由尺寸轧制。

图1-32为X厂棒材轧机单一孔型系统图，棒材产品φ(15~75)mm全部从减定径机组轧出。

图1-33为A厂线材轧机单一孔型系统图，线材产品φ(5~26)mm全部从减定径机组轧出。

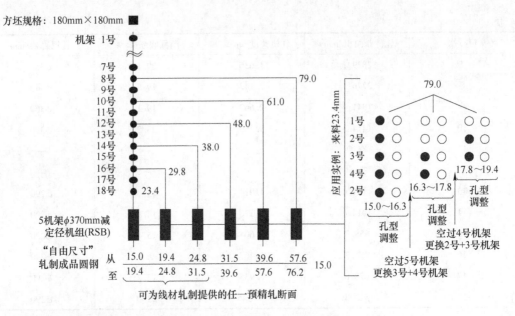

图 1-32 棒材轧机单一孔型系统图

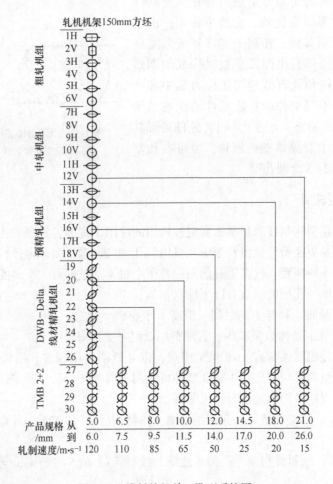

图 1-33 线材轧机单一孔型系统图

1.5.6 碳钢和不锈钢复合轧制棒材

根据相关数据显示，2001~2011 年，美国用于维护各类钢筋混凝土结构桥梁的费用为 63 亿美元。每年墨西哥有 330 座桥梁需要对钢筋的腐蚀情况作详细的检查，65 座桥梁亟待维修。我国沿海区域许多海港码头因长期遭受海水的侵蚀而导致寿命明显缩短；我国北方地区由于使用化冰盐，致使许多桥梁和路面都出现了严重的锈蚀问题；北京和天津的很多立交桥因为锈蚀问题而不得不进行维修。从以上这些可看出，钢筋结构的腐蚀问题已是一个令当今世界困扰的难题，如何进行钢筋结构的腐蚀防护也成为人们关注的一个重点问题。面对这些情况，我国相关部门于 2004 年 5 月提出：在特别严重的腐蚀环境下，要求确保 100 年以上使用年限的特殊重要工程，可选用不锈钢钢筋。这是我国对不锈钢钢筋应用的首次许可，也是有效提高结构使用年限的重大战略举措，但是使用全不锈钢钢筋会使工程建筑费用大大增加。为了增强钢筋的耐腐蚀性，同时降低成本，各种耐腐蚀复合钢筋的研发成为一项必要的工作，特别是不锈钢/碳钢复合钢筋，由于其高的防腐性能和性价比优势而受到广泛的关注。

早在 1982 年国外就提出了复合棒材的概念，开始有企业和学者对不锈钢复合钢筋进行研究和大量生产，20 世纪末，国外才有企业突破了不锈钢/碳钢复合钢筋在技术和成本方面的瓶颈，其各种产品开始推广并应用到海港建筑、滨海电站建筑、海岸堤坝建筑、海洋隧道、桥梁建筑和海上油气田陆地终端等领域，形成一系列比较成熟的产品，具有很好的应用前景。与国外不同，我国至今鲜有企业对锈钢/碳钢复合钢筋进行大量生产，一方面是因为不锈钢复合钢筋一直存在着复合率、工序成本等方面的技术难题，限制了该项产品的推广和研发进度；另一方面国内对于钢筋防腐蚀还是习惯性地采用比较传统的钢筋阻锈剂、阴极保护、环氧涂层钢筋、镀锌钢筋和全不锈钢钢筋等方法，而忽视了这些方法在应用中存在的局限性和弊端。

1.5.6.1 不锈钢/碳钢复合钢筋性能

不锈钢/碳钢复合钢筋是一种心部为普通碳素钢、外部覆层为不锈钢，利用加工工艺使两部分金属达到冶金结合的一种性能优越的钢筋。不锈钢/碳钢复合钢筋因为外部覆层使用不锈钢材料，可以有效地抵抗外部环境的腐蚀，心部则采用合适的碳素结构钢，能满足工程上的力学性能要求。与普通钢筋相比，不锈钢/碳钢复合钢筋的抗腐蚀能力得到了巨大的提升；与全不锈钢钢筋相比，不锈钢/碳钢复合钢筋又有绝对的性价比优势。

不锈钢/碳钢复合钢筋的力学性能基本由心部碳钢决定，其热传导系数和磁性等物理性能与普通钢筋相似，拉拔试验中也显示出了明显的固态加工特点，即和一些碳纤维合成材料类似，心部断裂面呈现出木纹状断口，径缩产生的三维应力使不锈钢和碳钢结合区局部在心部断裂之前已出现部分或全部断裂现象，同时其高径缩比显示了其韧性较好。

在防腐蚀性能研究方面，20 世纪末，拉希达扎法等人经过长时间的研究和对比试验，分别将使用普通碳钢、镀锌、环氧树脂涂层以及不锈钢复合钢筋的混凝土试样暴露在热侵蚀环境中 7 年，同时将混凝土中水泥氯化物的含量分别设计成 0.6%、1.2% 和 4.8% 三个级别，得到如下试验结果：

（1）普通碳钢和镀锌钢筋在三个氯化物含量级别中都可以观察到严重的锈蚀破坏现象，镀锌钢筋只是起到了延迟腐蚀的作用。

（2）环氧树脂涂层钢筋在0.6%和1.2%两个级别中表现出色，但在4.8%级别中出现了严重腐蚀现象，混凝土呈现出破坏性发裂。

（3）不锈钢/碳钢复合钢筋表现出色，具备较好的持久抗蚀效果，在三个级别的试验中均没有出现腐蚀痕迹。

通过上述对比试验得出以下结论：在钢筋混凝土结构中采用不锈钢/碳钢复合钢筋的抗腐蚀性能是最好的。不锈钢/碳钢复合钢筋具有优异的抗腐蚀性能，并且完全满足工程中的需要，其成本相对实心不锈钢钢筋要低廉很多，能够取代在工程中所使用的实心不锈钢钢筋等其他防腐蚀钢筋。在这些基础上国内外一些公司和学者对不锈钢/碳钢复合钢筋进行了研究开发和生产。

1.5.6.2 不锈钢/碳钢复合钢筋的复合技术

A 喷射沉积+复合轧制

美国SMI-TEXAS公司开发出了采用喷射沉积工艺生产不锈钢/碳钢复合钢筋的方法。首先，将经过表面处理的碳钢棒材坯料加热到1100℃，同时，在还原炉中将不锈钢加热至熔化，然后用氮气把熔化的不锈钢液喷雾沉积到加热的碳钢棒材表面，经多道次热轧最终成型。用这种方法生产复合钢筋需要使用高温还原炉熔化不锈钢，并且需要用到专用的喷涂设备。这种方法制得的不锈钢/碳钢复合钢筋的质量和均匀性较好，结合强度高。存在的问题是相对能耗高，致使成本较高，而且相对来说效率较低，降低了其竞争力。

B 中间层液相扩散复合

大连交通大学刘世程、陈汝淑等利用铜箔做中间层，通过瞬间液相扩散复合法将碳钢、不锈钢进行复合，研究结果证实碳钢与不锈钢可以实现良好的冶金结合。在瞬间液相扩散复合过程中，碳钢、液相黄铜、不锈钢界面上的原子间发生相互扩散，在促进不锈钢、碳钢间冶金结合的同时，引起界面附近一系列成分、组织、性能变化。实验中用此方法生产的不锈钢/碳钢复合钢筋能达到良好的抗剪强度，但这种方法能否应用于不锈钢/碳钢复合钢筋的大规模实际生产还有待进一步研究。

C 拉拔+旋转减径机轧制复合

日本黑川宣幸、中筋和行等人采用旋转减径机轧制出不锈钢复合钢筋。他们将经表面处理的碳钢钢筋穿入到内表面经处理的不锈钢管中，拉拔使之紧配合，经高频加热，进入旋转减径机轧制成型。这种方法轧制的覆层钢筋的不锈钢壁厚均匀，产品质量好；界面能达到冶金结合，结合强度高。这种方法需要在现有的钢筋生产线上增加一道拉拔的工序及配套的设备。存在的问题是这种轧机限制了轧制速度，使其并不适应现代高速连续轧制的发展要求。随着配套轧制技术的改进和轧制速度的提高，这种方法也可能应用于大规模的工业化生产。

D 废铁屑、不锈钢的压缩结合+轧制复合

20世纪末开始，美国STELAX公司就开始采用压缩+热轧复合的方法生产NUOVINOX不锈钢外部覆层钢筋，获得了良好的效果，同时期的英国威尔士轧钢企业阿巴尼斯钢铁公司也已经开始采用类似的方法生产不锈钢覆层钢筋。NUOVINOX不锈钢外部覆层钢筋的碳钢内芯是由抗拉强度较高的废钢余料通过固态熔合技术，在全自动连续废钢处理设备上转换而成的；不锈钢管是由不锈钢卷通过焊管机焊接而成的。将处理后的碳钢与不锈钢钢管在 600t 全自动产品压力机上压合，利用现有的热轧小型材生产工艺过程，通过加热—轧制—剪切等工序，将上述复合坯料轧制成不锈钢/碳钢复合钢筋，实现不锈钢和内部碳钢的冶金结合。其产品出厂前一般要进行外观及端部处理，表面进行酸洗除鳞，端部则一般采取不锈钢焊接、不锈钢端帽或塑料端帽等方式进行保护。

NUOVINOX 不锈钢外部覆层钢筋具有很好的耐腐蚀性能以及较高的抗拉强度，其屈服强度和伸长率基本符合美国目前执行的 ASTM A615、ASTM A955 及 AASHTO 标准，这些标准在进一步完善和修改后将得到进一步的推广和应用。而我国由于对复合钢筋的研究使用较晚，现在还没有出台一套正式的标准，希望随着复合钢筋应用领域的不断扩展，我国能尽早地出台相关的标准以规范复合钢筋的生产。

在生产成本方面，如果以同类型普通碳钢钢筋成本为基数 1，通过对各钢种市场价格的计算对比，不锈钢/碳钢复合钢筋与全不锈钢钢筋的相对成本之比为 2.7/5.5＝0.49，即不锈钢/碳钢复合钢筋的成本大约相当于全不锈钢钢筋的 1/2 左右。可见同样性能及使用要求条件下，不锈钢/碳钢复合钢筋的成本竞争优势非常明显，并且其固态碳钢内芯的生产过程中大量使用了各类废钢余料，使该产品符合当前绿色工艺制造和循环经济理念。

此种工艺生产中可能存在如下的问题：由于要经过多道次孔型轧制过程，会产生侧向拉应力，在拉应力的作用下容易导致碳钢和不锈钢界面结合强度降低，在使用中易出现腐蚀的缺陷；由于采用孔型轧制，如果孔型设计不合理易产生不锈钢壁厚不均匀，影响不锈钢外部覆层复合钢筋的使用性；同时这种方法用到的是碳钢铁屑，这类废钢主要产生于汽车、造船等行业的车削料或边角料，其市场存量、价格及成分稳定性等还需进一步分析；另外，此类产品在弯曲、焊接性能方面能否满足工程需要，还有待在实践中进一步研究和证实。其中侧向拉应力作用导致的结合强度降低，壁厚不均匀等缺陷是在其他不锈钢/碳钢复合钢筋生产方法中共同存在的问题。

E 焊接+轧制复合

作者所在的北京科技大学冶金工程研究院的科研人员，开展了耐腐蚀复合螺纹钢筋的研究，采用焊接+轧制的工艺方法进行复合钢筋轧制实验，并同时应用有限元软件对复合轧制进行模拟研究。实验首先拟采用焊接的方法使碳钢芯棒与不锈钢覆层形成简单的物理结合，再经过多道次的无孔型轧制和孔型轧制形成冶金结合，最终得到成品。实验工艺流程如图 1-34 所示。模拟的结果和实验结果相吻合，方坯在无孔型轧制时边部结合很好，四个角部出现疏松。但到最后的精轧孔型轧制成螺纹钢时，内部疏松消失，说明经过一定的孔型轧制后内部裂纹焊合了。

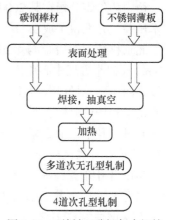

图 1-34 不锈钢/碳钢复合钢筋焊接+轧制实验研究流程

综合上述几种复合技术，作者认为采用焊接+轧制复合技术最可靠，最实用，容易普及和推广。该项技术主要有以下几个关键点：

(1) 焊接质量要求较高，需要一套快速、高质量的机器自动焊机满足大生产要求。

(2) 需要一套抽真空设备。

(3) 复合钢坯在轧制的不同阶段，变形量分配与传统的轧制不同，采用的孔型系统也不是单一的种类，而是综合的结果，因此需要一个对孔型设计非常有经验的技术人员掌控。

（4）钢坯加热制度不同于普碳钢，也不同于不锈钢。

1.5.7　连铸坯轻/重压下工艺

连铸坯轻压下工艺（SR）最早是 20 世纪 80 年代在板坯上实现的，后来在大方坯上也成功应用了该项技术，对于棒线材轧机使用的小方坯 150mm×150mm ~ 200mm×200mm 断面，应用较少，但随着人们对该项技术的深入研究，小方坯的压下技术很快就会工程化。

连铸坯在凝固末端是最容易出现缺陷的位置，此处也正是拉矫辊的位置，如何在拉矫辊上做文章，来改善连铸坯质量，一直被人们关注。大部分人的观点都是在 1 号 ~ 6 号拉矫辊上施以较小的压下量连续变形，近期有人尝试采用单辊大压下量一次变形也获得较好效果。

连铸坯压下技术优点主要是改善连铸坯内部质量，消除缩孔、改善疏松和偏析，提高中心致密度，细化晶粒，提高等轴晶比例3%以上，特别适合优特钢生产，可以替代现有的二火成材及大断面连铸坯一火轧制棒线材的大压缩比工艺，降低生产成本，节约生产线的建设投资。以优钢线材为例，马钢、宝钢、鞍钢及邢台钢厂走的是二火成材工艺路线，采用大连铸坯经过开坯机轧制成 120mm×120mm ~ 150mm×150mm 中间坯，送至线材车间再加热轧制；武钢和天津荣程钢厂走的是大断面连铸坯一火成材工艺路线，武钢高线采用 200mm×200mm×6000mm 连铸方坯，天津荣钢高线采用 φ250mm×6000mm 连铸圆坯。

新兴铸管公司 2001 年在其炼钢厂 1 号连铸机安装了轻压下设备，使用结果表明：采用轻压下技术可明显减少 120mm×120mm 铸坯中心线 C、P、S 的偏析和中心疏松。

德国萨尔钢公司在其 2004 年 4 月投产的 S0 号 6 流弧形小方坯连铸机上进行了轻压下技术试验，并取得了成功。

北京科技大学冶金与生态学院与中冶连铸北京冶金技术研究院针对 55 钢 150mm× 150mm 连铸小方坯中心疏松、缩孔和中心偏析等常见质量缺陷进行了轻压下试验。通过比较不同压下总量以及拉速下铸坯的低倍组织和中心偏析，提出了合适的连铸工艺方案。试验结果和理论分析表明，在现有设备与工艺条件下轻压下工艺可有效改善 55 钢小方坯内部质量。其中，中心缩孔和疏松可以降至 0.5 级和 1 级以下，凝固中心偏折指数可降至 1.1，并仍具有优化提升空间。

2013 年中冶连铸在一个小方坯改造项目上，成功地完成了轻压下和重压下的对比试验，取得了重压下集成技术的经验积累。试验连铸坯断面为 180mm×180mm，拉速为 1.5m/s，钢种为 C72D2，中包温度为 1495℃。

一般来说，小方坯压下技术难度大于大方坯，因为大方坯断面大，温度高，压下基本在凝固的糊状区完成，产生裂纹的可能性很小。而小方坯温度低，压下过程是在糊状区末端开始，在凝固区结束的。如果压下位置、压下总量和压下量分配不合理容易出现裂纹。因此，必须通过计算机模拟找到裂纹敏感区，合理分配压下量。图 1-35 是两种工艺的区别。

中冶连铸所做的小方坯单辊重压下试验结果显示：随着单辊压下量的增大，铸坯中心缩孔和疏松明显改善；在未完全凝固的 4 号辊压下 17mm 后，依然有残留的缩孔存在；在完全凝固的 6 号辊压下，缩孔和疏松的整体效果要好于 4 号辊压下，当压下 17mm 后，中心缩孔完全消除。

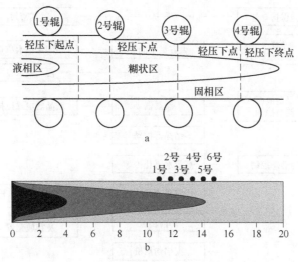

图 1-35　大方坯和小方坯轻压下位置比较
a—大方坯；b—小方坯

压下工序在连铸过程中的位置见图 1-36。不同于常规拉矫，压下技术的加入大大增加了拉矫机部分设备和控制系统的复杂度，包括拉矫机本体、液压和电气自动化等方面。

具有压下功能的拉矫机设计应具有以下特点：

（1）结构紧凑，实现小间距布置，既能满足传统轻压下要求，也能实现重压下功能。

（2）每台拉矫机能单独控制上辊，实现上辊单独压下功能，是实现动态辊缝的基础。

（3）每台拉矫机上、下辊的中心均布置在矫直曲线的法线上，压下时铸坯始终受正压力，保证压下效率和铸坯质量。

（4）在一套设备上同时满足送引锭、拉坯、矫直、动态压下及脱坯功能，不再另外设置脱坯机构，降低投资成本。

（5）每台拉矫机上辊可与液压缸、液压缸支座、传动装置、滑座一起单独抽出，易于拆装、检修，提高检修效率，备件消耗量少。

单辊重压下需要压辊机架具有较高的强度和刚度，适合新建连铸机；多辊轻压下适合旧线改造。

1.5.8　无头轧制

无头轧制技术是指将粗轧前的钢坯在出炉辊道上前后两根焊合起来，并连续不断地通过棒线材连轧机的一种技术。通常是前一根钢坯已经进入轧机，其尾部和后一根钢坯头部经过快速熔化金属压合。

无头轧制技术最早是在带钢生产上实现的，棒线材的无头轧制技术是 20 世纪 90 年代在参考带钢生产经验的基础上开发的，目前掌握这项技术的主要是意大利 DALIENI 公司的 EWR（Endless Welding Rolling）技术和日本 NKK 公司的 EBROS（Endless Bar Rolling

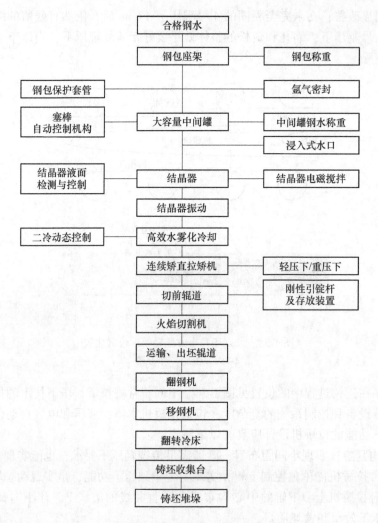

图 1-36　连铸生产工艺流程

System）技术。其中装备 EWR 技术的生产线较多，包括泰国 BSI、马来西亚 SSB、墨西哥 Deacero Celaya、法国 ALPA、希腊哈利沃尔加公司的棒线材生产线及中国的唐山钢铁公司、新疆八一钢厂、涟源钢铁公司，装备 EBROS 技术的生产线较少，包括芬兰的芬达钢公司和中国的邢台钢铁公司。

无头轧制作为一项新技术，具有以下优点：

（1）可大幅度提高盘条的盘重和轧机产量。由于消除了每根轧件在各机架咬入瞬间引起的动态降速，连轧过程稳定，张力波动减小，从而为进一步提高轧制速度创造了条件。

（2）由于消除了两根相邻轧件之间的间隙时间，消除了轧件的切头切尾，消除了棒材生产线上的短尺/短尾或线材盘卷头尾修剪，轧机利用率提高 3% 以上，生产能力提高 2%～5%；盘条的盘重可根据要求用飞剪任意调节。

（3）消除了咬入时因堆拉钢造成的断面尺寸超差和中间轧废，并大量减少切头、切尾的金属消耗，从而使金属收得率提高 3% 以上。

（4）减少了温度较低的轧件头、尾部分对轧辊和导卫装置的频繁冲击，减少了轧辊磨损，有利于轧机及其传动装置的平稳运转。

（5）连续稳定的轧制给整个生产过程的自动控制创造了有利条件，没有了活套辊频繁起套和收套动作。由于咬钢次数的减少，使堆钢事故出现的可能性更小，减少了停机时间，大大提高了产品产量和质量，成材率比常规生产时提高 1.3%~1.5%，降低了生产成本，获得了可观的经济效益。

（6）由于是采用熔化母材基体焊合工艺，焊缝质量良好，各项性能指标与母材基本一致。焊接成功率高于 98%。

无头轧制之所以没有获得大面积推广，一定是存在一些问题。因为棒线材轧制和板带生产不一样，轧机数量多，容易出现问题的故障点多，速度快，轧制流程长，一旦出现堆钢事故或者焊缝拉断事故，将损失 2~3 根钢坯。综合两方面因素计算，一是浪费的钢坯对提高成材率的影响，二是处理事故时间对产量的影响，如果经济上不合理，即不能投入运行。

（1）EWR 工艺描述。焊接过程开始于小方坯加热炉出口处。出加热炉的小方坯首先进行除鳞，而后其前端与已经在粗轧机中轧制的小方坯的尾端实施闪光对焊过程。

运动式焊接头周期从静止位置开始算起，然后其加速直至达到与小方坯相同的速度。随后其通过与第一机架轧制速度相匹配的速度运动着的两个夹紧装置将后一小方坯的头部锁定到前一小方坯的尾部，而后启动闪光对焊机开始焊接。

控制系统可实现夹紧小方坯的自动对中，使夹具和小方坯四个面完全接触，从而获得更为均匀的焊接电流。

焊接过程首先使用直接（DC）大电流将两个小方坯的端部进行熔化，而后利用外力将两个熔化断面挤压焊接到一起，正是由于这种挤压过程，使得端部所含任何夹杂物随着熔融金属的溢出而溢出。

焊接计划根据钢种、熔化温度、端部状况以及断面尺寸而选择。

焊接设备安装于移动小车上，可对 100~200mm 的方坯或圆坯进行焊接，所能焊接的钢种包括碳钢和合金钢（包括不锈钢）。

（2）EBROS 工作原理。焊接过程从加热炉出口开始，钢坯在加热炉出口经高压水除鳞后，其前端与已进入粗轧机的前一根钢坯的尾部闪光对焊在一起。具体程序如下：

1）脉冲发生器落下，测量已进入粗轧机的钢坯尾部的运行速度，光电管测出钢坯头尾出现的时间，焊机启动，加速至钢坯的运行速度，即与第一架轧机的咬入速度一致。

2）两套夹钳分别将两根钢坯两端部夹紧。

3）脉冲发生器抬起，焊接开始，钢坯定位调整—预热打火—闪光焊接—金属熔化—沿钢坯轴向施以很大的挤压力。

4）分别沿水平/垂直方向去除焊瘤。

5）夹钳打开，焊机减速。

6）焊机返回到起始位置，光电管探测钢坯尾部，准备下一次焊接周期。

此时，对接在一起的两根钢坯作为一根钢坯进入粗轧机完成轧制过程。

以上两种技术虽有区别，但设备组成类似，平面布置如图 1-37 所示。对于 12m 长的钢坯从加热炉出口到第一架轧机中心距约为 28m，对于老厂改造需要考虑距离是否满足使用要求。距离根据坯料长度及焊接周期计算。

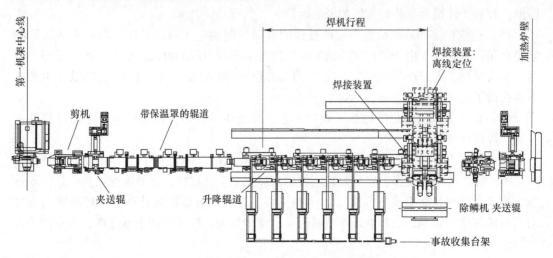

图 1-37　无头轧制钢坯焊接区域设备布置

焊接时间长短取决于轧制钢种、钢坯断面大小及钢坯温度。对于 130mm×130mm 方坯，焊接周期约为 25s，单纯闪光焊接时间约为 7s。

1.5.9　高速棒材生产

我国的棒材标准中规定棒材产品规格下限为 φ6mm，而目前常规的多线切分工艺生产最小规格为 φ10mm，轧制速度 13m/s 时，四切分小时产量能够达到 100t/h，四根棒材通过辊道和裙板制动上冷床。对于 φ6mm 和 φ8mm 棒材，由于断面小，在上冷床的通道上极易出现乱钢事故，导致无法进行正常生产。因此，小规格棒材不宜采用多线切分+裙板制动上冷床工艺。为了实现轧机产量均衡，就必须走单线高速工艺路线。通常高速棒材产品范围确定为 φ(6~14)mm，φ16mm 以上采用辊道加裙板制动上冷床，因为 φ16mm 规格轧制速度 13m/s 时两切分产量达到 120t/h，三切分产量达到 180t/h，能够满足年产60 万~100 万吨生产能力要求。

棒材区别于线材的主要特点是直条交货，线材的收集通过吐丝机成功实现了 120m/s 的高速轧制，棒材的高速轧制必须要解决的三个问题即精轧机、分段飞剪及冷床上钢制动系统。

常规二辊轧机由于滚动轴承转速及轧机振动等因素限制，轧制速度最大为 18m/s，超过 18m/s 速度只能采用油膜轴承轧机。对于小规格棒材，由于其直径和线材相当，轧制任务自然落到了线材精轧机上了，即采用 6~10 架悬臂辊环的线材精轧机作为高速棒材的精轧机。我国的酒泉钢铁公司及马钢二钢轧的高速棒材生产线均是利用原高速线材轧机改造的，轧制 φ8mm 棒材最大速度达到 40m/s。由于棒材制动原因，目前世界上最高速度也只是 50m/s，因此精轧机形式无论是侧交 45°、侧交 75°/15°、顶交 45° 还是平立 90° 交叉的悬臂辊环轧机均能满足要求，但主流机型还是顶交 45° 轧机，因为这种机型成熟、机组重心低，运行稳定。

常规的棒材生产线分段飞剪采用的是回转曲柄复合式，高速状态采用回转结构，最大剪切速度为 20m/s，采用的起停工作制不能满足高速棒材生产需要。因此，高速状态只能采用连续运转工作制的圆盘飞剪，借助于剪前转辙器进行剪切控制，剪后棒材依次进入两个通道。剪区设备包括剪前夹送辊、转辙器及飞剪本体三部分。

经过分段后的高速棒材由双通道分别送至冷床，在冷床入口，设置两台夹送辊用于夹尾制动，将高速运行的棒材制动到4m/s以下的速度，然后靠通道内的摩擦阻力制动，前后两根依次落入冷床齿条的不同齿上。

1.5.9.1 产量计算

目前高速棒材根据产量要求不同，存在单线生产和双线生产两种模式，其中双线生产包括两种形式，一是粗轧机组共用，中、精轧机组双线生产；二是仅精轧机组双线生产，中轧末架采用切分工艺。采用切分工艺的双线生产线投资省，但成材率及产量稍低。不同规格产量计算列于表1-10。

表1-10 $\phi(6\sim14)$ mm高速棒材产量计算

棒材直径/mm	轧制速度/m·s^{-1}	钢坯断面边长/mm	钢坯长度/mm	钢坯质量/kg	棒材单重/kg·m^{-1}	产品总长/m	轧制时间/s	间隙时间/s	轧制周期/s	小时产量/t·h^{-1}	年产量/t	轧制时间/h·a^{-1}	咬入速度/m·s^{-1}
$\phi6$	40	120	12000	1550	0.22	7030	175.8	4	179.8	29.5	50000	1695	0.08
$\phi8$	36	120	12000	1550	0.392	3955	109.9	4	113.9	46.6	100000	2147	0.13
$\phi10$	36	150	12000	1550	0.616	2517	69.9	4	73.9	71.7	100000	1394	0.13
$\phi12$	32	150	12000	2066	0.888	2327	72.7	4	76.7	92.1	100000	1085	0.16
$\phi14$	25	150	12000	2066	1.2	1722	68.9	4	72.9	97.0	50000	516	0.17
合计											350000	6837	

由表1-8可看出轧制$\phi6$mm棒材时即使采用120mm×120mm断面钢坯，连轧机第一架咬入速度也达不到要求，因此，轧制$\phi6$mm棒材只能采用两切分工艺，钢坯可以放大到150mm方坯。如果采用粗轧后脱头，中、精轧双线轧制的方式，由于轧制时间太长，达到3min，尾部温降造成头尾温差太大，无法保证产品质量，可以考虑缩短坯料长度如改为6m长也是一种办法。轧制$\phi8$mm棒材时采用120mm×120mm~130mm×130mm断面钢坯，连轧机第一架咬入速度能够满足要求，而采用150mm方坯时不能满足要求，只能采用两切分工艺或者缩短坯料采用粗轧后脱头，中、精轧双线生产工艺。$\phi(10\sim14)$mm棒材单线生产连轧机咬入条件没问题。如果轧机产量要求达到50万吨/年以上，则$\phi10$mm棒材必须采用双线生产，可以是两切分工艺，也可以是两个钢坯同时轧制的双线工艺。因此，具体采用什么工艺，需要根据产品大纲确定，年产30万吨高速棒材采用单线生产即可。

1.5.9.2 典型布置

A 单线高速棒材

$\phi(6\sim14)$mm规格棒材单线轧制在连续布置的粗、中、精轧机组（精轧机为高速精轧机组）完成轧制后，通过一套双通道（双导槽）高速输送系统双线输送到冷床，双通道（双导槽）上钢装置典型工艺平面布置见图1-38。坯料尺寸（120mm×120mm~150mm×150mm）×12000mm，全线24架轧机，平立交替布置（也可根据$\phi(12\sim22)$mm规格切分轧制的需要设置两架 H/V 平立转换轧机），其中粗轧 6 架，中轧 6 架，预精轧 4 架，精轧 8 架（两架单独传动，6 架集体传动）。对于轧制速度 $v \leqslant 18 \mathrm{m/s}$ 的 $\phi(16 \sim 50) \mathrm{mm}$ 规格棒材，采用裙板制动上冷床，低速倍尺飞剪分段。对于轧制速度 $v \leqslant 40 \mathrm{m/s}$ 的 $\phi(6 \sim 14) \mathrm{mm}$ 规格棒材，采用双通道（双导槽）高速上冷床系统生产，倍尺剪切采用高速圆盘飞剪（连续运行制）进行定尺及优化剪切。每台圆盘剪后，作业线变为双线，进行双通道（双导槽）输送。其中剪前转辙器的主要作用是将轧件适时地导入到剪切位或者通过位（左路或者右路导槽内），以便连续飞剪切头和倍尺剪切及轧件的通过。夹尾制动器使棒材制动，使高速棒材在很短的时间内降速，准确进入转毂或"C"型输送器，落入冷床。

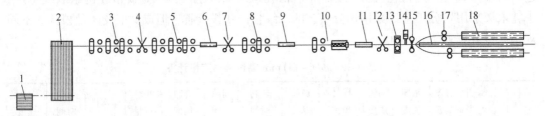

图 1-38　高速棒材单线双通道工艺布置

1—上料台架；2—加热炉；3—粗轧机组；4—1 号飞剪；5—中轧机组；6—中间穿水；7—2 号飞剪；
8—预精轧机组；9—预穿水；10—精轧机组；11—成品穿水；12—3 号飞剪；13—夹送辊；
14—转辙器；15—高速圆盘剪；16—制动裙板上钢辊道；17—夹尾制动器；18—高速上钢装置

B　双线带切分的高速棒材

$\phi(6 \sim 14) \mathrm{mm}$ 规格棒材两线切分轧制，在预精轧机架最后一架完成小规格棒材切分轧制后在独立设置的 4 道次或 10 道次高速精轧机组上完成精轧，然后分别通过两套独立的双通道（双导槽）系统高速输送到冷床。

全线轧机在 22 架以上，具体数量根据坯料及成品规格确定。对于轧制速度 $v \leqslant 18 \mathrm{m/s}$ 的 $\phi(16 \sim 50) \mathrm{mm}$ 规格棒材，在冷床入口侧采用裙板辊道制动上冷床，采用启停式低速倍尺飞剪。对于轧制速度 $v \leqslant 40 \mathrm{m/s}$ 的 $\phi(6 \sim 14) \mathrm{mm}$ 规格棒材，精轧后高速输出的棒材（$v = 40 \mathrm{m/s}$）经剪前夹送辊、转辙器、高速圆盘飞剪对棒材进行倍尺剪切、双通道（双导槽）输送，并通过冷床前的尾部制动器对棒材尾部进行制动，使倍尺棒材从高速减到 $4 \mathrm{m/s}$ 以下，准确进入转毂或"C"型输送器，落入冷床。局部工艺布置见图 1-39。

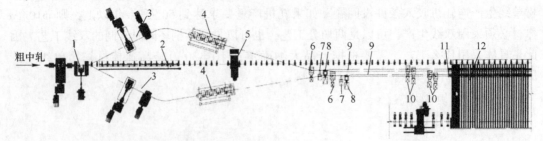

图 1-39　高速棒材两切分四通道（四导槽）局部工艺布置

1—预精轧机组（末架 H/V 轧机）；2—穿水装置；3—精轧机组前两架；4—高速精轧机组；
5—启停式飞剪；6—夹送辊；7—转辙器；8—高速圆盘剪（2 台）；9—双通道输送系统；
10—尾部制动器（4 台）；11—高速上钢系统（四通道）；12—带裙板的步进式冷床

1.5.9.3 国内实例

A 马钢二钢轧高速棒材生产线

马钢二钢轧高速棒材生产线产品为 $\phi(8\sim16)$ mm 光面圆钢和带肋钢筋，年产能力为50万吨，主要钢种有碳素结构钢和低合金钢；坯料尺寸为 150mm×150mm×12000mm，整条轧线共有26架轧机，粗轧6架、中轧6架、预精轧4架、精轧10架（实际利用前8架，精轧机组为原马钢高线改造后拆除的一组10机架侧交45°无扭精轧机组），粗、中轧机和预精轧机为短应力线轧机，平立交替布置；生产 $\phi8$mm 规格时，保证轧制速度为38m/s，设计最大速度为40m/s，精轧后的成品由夹送辊、转辙器、高速圆盘剪进行倍尺剪切，倍尺剪切后由单线变成双线导槽运输，其后由尾部制动器夹尾减速，由双转毂上钢装置抛入步进齿条式冷床。高速区剪切和冷床上钢设备全部由西马克公司引进。

B 酒钢高速棒材生产线

酒钢高速棒材生产线是在原高速线材精轧机后增加一套高速上钢装置以及冷床、收集等设备改造而成，生产 $\phi(8\sim14)$ mm 圆钢和带肋钢筋设计最大轧制速度为40m/s。生产工艺：钢坯经粗轧、中轧及预精轧机组轧制后，进入线材精轧机轧制，出精轧机的轧件通过精轧后第二段水箱冷却，由运输导槽弯曲导送，进入直条棒材生产线并通过高速上钢装置进入冷床。生产 $\phi8$mm 规格时，保证轧制速度为35m/s。

该生产线新增加的高速上钢装置从西马克公司引进，主要由剪前夹送辊、转辙器、高速圆盘剪、双通道导槽、夹尾制动器以及双转毂上钢导槽等组成，改造后的局部工艺布置见图1-40。

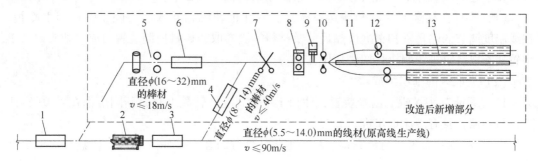

图 1-40 酒钢高速棒线材复合生产线局部布置

1—高线预精轧机组；2—高线精轧机组；3—高线穿水冷却装置；4—小规格（$\phi(8\sim14)$mm）棒材穿水装置；
5—大规格棒材精轧机组；6—大规格棒材穿水装置；7—低速倍尺飞剪；8—夹送辊；9—转辙器；
10—高速圆盘剪；11—制动裙板上钢辊道；12—夹尾制动器；13—高速上钢装置

1.5.9.4 高速棒材卷取收集工艺

随着钢筋强度等级的提高，小规格钢筋使用量越来越多。国外的建筑市场已基本实现机械化，而且由于劳动力成本等问题，使得客户越来越多地面向加工配送中心订购螺纹钢深加工制品，而不是直接向钢厂订货。这样客户可以根据自己的建设进度，要求螺纹钢加工线每天运来定制的螺纹钢制品。国内的大型工程也在朝这个方向发展，大量使用钢筋焊网，提高施工效率。

钢筋焊网加工生产线主要追求两个指标，一是生产效率，二是金属利用率。大量使用机械自动化生产线是提高生产效率的有效途径。由于钢筋焊网使用很多规格尺寸的钢筋，因此，如果采用直条棒材，剪切头尾短尺将造成很大的浪费。通常他们更喜欢使用盘卷钢筋。

钢筋焊网加工线使用的盘卷钢筋，不同于线材生产线生产的盘螺，因为盘螺是由吐丝机成卷的，线材在吐丝机中螺旋扭转成型，因此线材盘螺在开卷矫直过程中出现旋转扭结现象，无法进行正常矫直操作。而盘卷钢筋采用的是无扭卷取机收集，在开卷矫直过程中不会出现旋转扭结现象。配合高速棒材轧机生产，精轧之后的局部布置如图 1-41 所示。设计最大速度为 40m/s，轧制 ϕ8mm 棒材保证 35m/s，卷取范围为 $\phi(6\sim32)$mm，卷重最大达到 5t。通常一套单线高速棒材轧机配两台无扭卷取机交替运行。

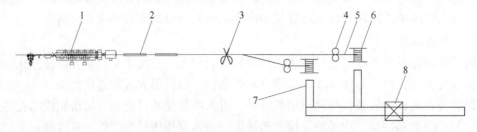

图 1-41　高速棒材卷取工艺布置

1—精轧机；2—穿水装置；3—高速圆盘飞剪；4—夹送辊；4—布料器；5—无扭卷取机；
6—盘卷运输机（达涅利型带翻转机构）；7—运输辊道；8—立式打捆机（四道）

无扭卷取机又称工字轮式卷取机，精整区域设备组成如下：

（1）棒材在线温度控制和输送系统，安装在精轧机和卷取区之间。由一套水冷箱、在线温度调节的输送段和根据产品尺寸及材料等级卷取的棒材控制装置组成。切头剪在工字轮式卷取装置进线侧执行切头切尾任务。

（2）卷取区的基本组成：

1）"智能"夹送辊和活套装置，使得工字轮式卷取转鼓上每一新圈层都在"微张力"下进行卷取，且有规律地步进。

2）棒材供料系统，可整齐地、均匀地将轧件分布在工字轮式卷取机使盘卷成型更加完美。

3）两个卷取装置交替运行，一个用于棒材卷取，另一个用于盘卷卸载，反之亦然。每台装置基本上是由盘卷成型用的转鼓和开始卷取周期用的棒材头部夹紧/导向装置组成。转鼓装配有膨胀断面，以便抽出盘卷。

4）机器人化的操纵机，用于从转鼓中抽出盘卷，并垂直堆放在输出侧的盘卷运输机上。

5）盘卷在打捆机处停止，由立式打捆机在相互垂直的两个方向同时进行打捆 4 道。

高速棒材盘卷钢筋生产线使用无扭卷取机优点：

（1）厂房面积较传统冷床布置的厂房小，节约厂房投资。

（2）设备数量少，节约设备投资。

（3）线卷密度高，打捆时无须压紧装置，外形美观。

（4）提高成材率，金属收得率最多可提高 6%。

（5）成卷交货有利于降低运输成本。

（6）用户开卷简单，矫直过程无扭转，钢材利用率高，生产成本降低。

目前国外无扭卷取机存在两种形式，一是达涅利型，二是西马克型。达涅利型为卧式，卸卷简单，但卸卷之后需要一套翻转机构将盘卷转为立式状态运输和打捆，而西马克型立式卷取，卸卷过程复杂，但不需要翻转机构。由于国内对盘卷钢筋认识不够，无扭卷取机使用不多，有两家引进了西马克型卷取机，一家是山东日照钢厂棒材厂，没有投产；一家是福建吴航不锈钢有限公司，不是钢筋生产线。另有一家天津钢厂于 2006 年引进达涅利工字轮卷取机，可以卷取 $\phi(12\sim40)$ mm 螺纹钢及圆钢，最大卷重为 3.5t。

2 生产线设备创新

2.1 轧机

2.1.1 概述

我国的棒线材轧机量大面广，棒线材产量占钢材总产量 40% 以上，在国民经济建设中占有相当重要的地位。轧机的种类繁多，在 20 世纪 80 年代以前，基本是横列式轧机主导，通常是粗轧机为三辊开口轧机，精轧机为二辊开口轧机，产品质量很差。自 20 世纪 80~90 年代我国一方面大量引进国外先进的棒线材轧机，并消化移植；一方面支持以钟廷珍教授等为主导开发研制国产的高刚度短应力线轧机，用以改造落后的横列式轧机。

2.1.1.1 棒材轧机

经过三十多年的发展，目前棒材轧机种类归结起来为三大类，即闭口式二辊轧机、短应力线轧机和悬臂辊环轧机。其中闭口式二辊轧机又包括达涅利型、摩根型及西马克型（含德马克型），达涅利后来主推短应力线轧机和悬臂辊环轧机，闭口轧机放弃了，在我国仅安阳钢铁公司引进一套全水平闭口轧机。德马克型闭口轧机在酒泉钢铁公司引进一套，用于高线粗中轧机组，全水平轧机，扭转轧制。由于结构简单，刚度高，机架能够横移，被推广应用于几十条生产线上。后来，西马克兼并了德马克，闭口轧机由西马克进一步改进，用于平立连轧机组。摩根型闭口轧机通过引进、消化，已成功应用于国内上百条生产线上。短应力线轧机引进机型为达涅利型和波米尼型，后来西马克和摩根也开发了类似的短应力线轧机，我国各大研究院所针对达涅利型和波米尼型两种机型的不同特点，综合研制出自己品牌的短应力线轧机，国内几百条棒线材生产线上均有应用。悬臂辊环轧机仅达涅利开发，我国引进不多，如莱芜钢铁公司棒材厂、唐山钢铁公司棒材厂等，用于粗轧机组。

闭口式二辊轧机机架牌坊采用材质为 16Mn 厚钢板经数控切割后加工而成，制作简单，强度高，刚度大。上下轴承座之间设有弹性阻尼体平衡装置，轧机压下装置采用液压和手动压下，上辊压下装置是通过蜗轮、蜗杆和压下螺丝连续完成。压下量显示设有可视的刻度盘。轴承座装配可整体快速更换。水平轧机换辊通过液压缸直接在轧机底座上进行。立式轧机换辊是将机架推出轧线，然后用吊车将轧辊辊系从机架内吊出后进行。水平机架可以用液压缸直接实现机架的横移，以保证轧线不变，机架用夹紧装置卡紧在底座上。立式机架可以用提升装置提升或下降机架来实现轧制线不变。机架用夹紧装置夹紧在水平或立式底座上，夹紧采用弹簧夹紧，液压松开。闭口轧机由于换辊时间较长，因此一般仅用于棒线材生产线的粗、中轧机组。

短应力线轧机的特点是：机架由 4 根拉杆承受轧制力，轧制力分布在很短的回路内和较大的面积里。此外，为了保证轴承座的刚度和从圆柱轴承到拉杆的短距离，使机架和轴承座弯曲最小，对机架的拉杆位置进行了优化。无牌坊机架可靠性高，轴向径向刚度高，对实施低温轧制有利，且产品尺寸公差小，换辊时间短，对称调整性能好。适用于棒材生产中的中、精轧机组。随着机型的放大，也被用于粗轧机组。机架形式有水平式机架、立式机架、平/立可转换式机架。

悬臂式轧机采用芯轴加套 NiCrCo 热处理辊环，油膜轴承支撑结构，机架形式有水平式机架、立式机架。这种机型的特点是：轧辊辊颈直径增大约 30%，断面积增加约 65%，增强了关键部位的强度，减少了应力集中；该机型有固定的轧制线；易于更换辊环；维护及更换导卫方便；质量轻，可节约投资，尤其是厂房高度低。这种机型适于作为小型棒材或高线轧机的粗轧机架，只需配置一种孔型即可。

棒材减定径轧机是安装在棒材精轧机组后用于提高产品尺寸精度、改善产品性能（通过控制温度轧制）的一种机型，主要用于优特钢棒材。减定径轧机区别于普通轧机主要表现在三点：一是采用带速比的离合器，使其能够适应所有产品不同轧制速度需要；二是采用最小轧机中心距，减少微张力轧制带来的尺寸影响；三是采用单一孔型的硬质合金辊环，轧辊为双支撑，保证足够的刚度以适应很宽的产品规格范围。目前国内引进的机型包括两种：一种是二辊轧机，另一种是三辊 Y 轧机。二辊轧机主要是波米尼型和达涅利型，有三机架平-立-平布置和四机架平-立-平-立布置两种形式，轧机辊系采用的是高刚度的短应力线轧机框架结构，单一孔型轧制线不变，轴向固定在线不调整，仅辊缝能够调整。三辊 Y 轧机主要是 KOCKS 型和西马克型，通常由 3~5 个机架组成，轧辊孔型呈 Y-△交替布置。轧辊采用硬质合金辊环，一个轧辊只能刻一个孔型。二辊减定径机组引进只有两套波米尼型在使用中，还有一套摩根型没有投入使用。三辊减定径机组引进了十几套，其中西马克型仅两套。KOCKS 减定径机被认为是技术最优的机型，国内各大研究院所已开发出类似 KOCKS 三辊减定径技术，但还没有应用实例。

2.1.1.2　线材轧机

我国的线材轧机发展要追溯到 20 世纪 80 年代，由第一代最高速度 36m/s 的侧交 45°悬臂辊环轧机逐步发展到 50m/s，后来通过消化摩根三代技术提升至 60m/s，在 90 年代末我国引进了几套摩根五代轧机，辊环为顶交 45°配置。通过联合制造及转化，将国产高线速度提升至 90m/s。2000 年之前引进的还有德马克的侧交 75°/15°机型（酒钢）、达涅利垂直 90°平立交替机型（南钢、唐钢）及西马克侧交 45°机型（马钢），英国阿希洛顶交 45°机型（邯钢），这些机型的综合优势不如摩根五代顶交 45°机型，因此没有得到发展。西马克公司和达涅利公司后来也将机型改为顶交 45°了。2000 年之后，我国又引进了一批六代机型，即线材减定径机组，轧制速度提高到 120m/s。在近 20 年的高速线材生产线建设中，摩根机型占 90% 以上。

高线轧机五代机型基本组成为预精轧 4 架悬臂辊环轧机，油膜轴承支撑，平立交替布置无扭轧制，轧机独立驱动，采用直流或者交流电机调速控制，机架间设置立活套。在预精轧机组入口有侧活套。在预精轧后是预穿水装置、切头及事故碎断飞剪、精轧机组前侧活套、卡断剪。精轧机组由 10 架顶交 45°悬臂辊环轧机组成，油膜轴承支撑，辊环相互垂直交叉布置无扭轧制。10 架轧机由一台交流电机集体驱动，变频调速。精轧机组后布置了成品穿水装置、夹送辊及吐丝机。产品范围为 $\phi(5.5 \sim 16)$ mm。

预精轧机组技术参数如下：

轧机机型：4 架 ϕ285mm 悬臂辊环式；

辊环尺寸：$\phi285mm/\phi255mm\times95mm/70mm$；

辊环材质：碳化钨；

最大轧制力：280kN；

轧制速度：最大18m/s；

速比：1.501，1.239，1.1，0.938。

精轧机组技术参数如下：

轧机形式：悬臂辊环式轧机；

机架数量：10架（1~5架为$\phi230mm$轧机，6~10架为$\phi170mm$轧机）；

布置方式：顶交45°，10机架集中传动；

辊环尺寸：前5架，$\phi228.3mm/\phi205mm\times72mm$；后5架，$\phi170.66mm/\phi153mm\times57.35mm/70mm$；

轧制力：$\phi230mm$轧机，270kN；$\phi170mm$轧机，155kN；

轧制力矩：$\phi230mm$轧机，5.03kN·m；$\phi170mm$轧机，1.38kN·m；

设计速度：113m/s；

保证速度：90m/s；

速比：前5架，1.1162/0.9008/0.7259/0.5856/0.4775；后5架，0.289/0.2278/0.1838/0.1466/0.1183。

线材减定径机组是为了适应控轧控冷、提高产品尺寸精度而开发的，原10架精轧机组改为8架精轧机+4架减定径机，中间设置穿水装置实现线材低温终轧。减定径机组前两架为重型轧机，进行低温大压下改善产品性能；后两架为轻载轧机，采用小压下轧制提高产品尺寸精度。目前世界上只有三种机型，我国均有引进，分别是摩根型、达涅利型和西马克型，它们的各自特点如下。

摩根型减定径机（TEKISUN）由1台交流电机通过1个组合齿轮箱驱动2架减径机和2架定径机组成。组合齿轮箱中有9个离合器，轧制不同规格产品时，变换9个离合器位置可组合出满足工艺要求的速比，再通过设定合理的辊缝，从而得到高精度产品。为保证轧制精度，定径机设有轴向夹紧装置，可在线调整对中轧制线。摩根型减定径机采用椭—圆—圆—圆孔型系统，设计速度为150m/s，保证速度为120m/s。

西马克型减定径机（FRS）与摩根型类似，也是由1台交流电机通过4个组合齿轮箱驱动4架轧机组成。组合齿轮箱中有10个离合器，轧制不同规格产品时，变换10个离合器位置可组合出满足工艺要求的速比，再通过设定合理的辊缝，从而得到高精度产品。西马克型减定径机其减径、定径为一体，无须调整对中轧制线。西马克型减定径机采用椭—圆—椭—圆孔型系统，设计速度为140m/s，保证速度为110m/s。

达涅利型减定径机组简称双模块机组（TMB），将四架轧机组合成两两一组，两个模块各有两个离合器，速比数2+2，结构简单，采用两台电机驱动，结合电机调速组合出不同伸长率满足减定径工艺要求。采用椭—圆—椭—圆孔型系统，设计速度为140m/s，保证速度为110m/s。

在摩根型和西马克型的减定径机变速箱中，挡位齿轮内支撑轴承易损坏是减定径机共有的问题，该轴承使用寿命只有半年，它挂挡承载时承受静载荷，轧件咬入时齿轮的冲击载荷和滚动体振动的锤击作用，使轴承滚道极易被滚动体压出塑性压痕而损坏；它不挂挡时，高速轻载使滚动体与滚道间产生滑移而造成磨损损坏，为此，西马克新开发了单独驱动的减定径机，四台轧机由四台电机驱动，由于电控系统的限制，速度低于90m/s，特别适合轧制速度要求不高的特殊钢线材轧制。而达涅利的双模块轧机由于传动系统简单，机械故障少，加之电控系统日趋成熟，双模块之间的堆钢事故大大减少，人们对减定径机组的认识又转移到双模块机型上了。国内已有企业开发出来样机，还没有应用实例。

由于减定径机组投资较大，而且要实现控温轧制，需要精轧机和吐丝机之间需要有足够的距离，这对老厂改造提出了很大的难题。一种新型的双机架线材 MINI 轧机由哈尔滨飞机制造有限公司研制成功，并在国内成功应用两家。这种 MINI 轧机安装在现有的 10 架精轧机和吐丝机之间，可以将 φ5.5mm 线材速度由原来的 90m/s 提高到 105m/s，能够提高小规格线材的产量，同时还可实现部分控温轧制。这种轧机投资少，非常适合老线改造。

2.1.2 对摩根立式轧机高度优化改造

我国的现代化棒线材轧机基本是通过引进消化及转化国外的技术，粗、中轧机采用闭口轧机较多，包括摩根型和西马克型，布置形式为平立交替。

棒线材车间的设备最高点就是粗轧 2V 及 4V 立式轧机顶部，轧机的高度决定厂房高度，厂房高度越高，投资越大。

粗轧机通常选 4~6 架 550 轧机，平立交替布置，其对齿中心距为 550~570mm，摩根和西马克都有类似的机型，它们的轧辊参数见表 2-1。

表 2-1 550mm 闭口轧机轧辊参数

机 型	轧辊直径/mm	辊身长度/mm	轧辊中心到传动端端面/mm	轴承形式	轴承尺寸/mm
摩根型	610/520	800	1626	四列短圆柱	φ340/φ(450~250)
西马克型	600/520	700	1320	四列圆锥滚子	φ305/φ(412~267) FAG511736A
改进西马克型	600/520	800	1565	四列短圆柱	φ340/φ(450~250)

早期的西马克轧机，采用了圆锥辊子轴承同时承受轧制力和轴向力，没有采用球轴承克服轴向力，轧辊轴向尺寸较短。辊脖子直径也不如摩根轧机大，因此，承受的轧制力较小。另外，由于四列圆锥滚子在拆装轧辊时比较麻烦，加工轧辊时仅拆除轴承座，轴承还是附着在轧辊上，而摩根轧机的轧辊加工时，可以拆除轴承座、轴承外圈及滚子，仅保留内圈，因此西马克经过改进后轧辊参数几乎和摩根一样。

立轧机列高度以 2V 为例，轧制线标高+800mm，竖向尺寸列于表 2-2，对比图如图 2-1 所示。

表 2-2 机列竖向尺寸对比

机 型	齿轮箱顶部标高/mm	万向接轴长度/mm	万向接轴回转直径/mm	轧制中心线到万向接轴上端面距离/mm	减速机中心线到万向接轴上端面距离/mm
摩根型	8073	2440+620	490	5163	1500
西马克型	6660	2190+680	440	3975	1325
改进西马克型	7045	2190+780	440	4292	1408

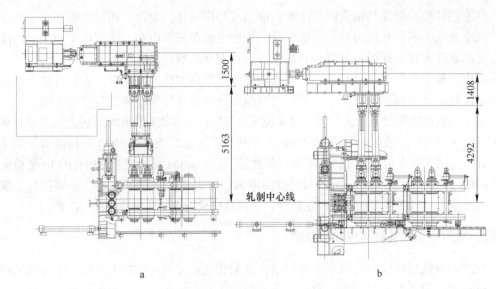

图 2-1 两种闭口立轧机对比
a—摩根型；b—改进西马克型

由图 2-2 可看出，造成高度差的主要原因就是万向接轴托架形式。摩根型托架采用两个气缸驱动托架，托住轧辊轴套，整个托架固定在水平悬挑的混凝土基础下面。西马克型托架采用一个气缸驱动托架，托住轧辊轴套，整个托架固定在侧底座上。两种机型的换辊最高位不一样，摩根型比西马克型高了 190mm。

综合以上因素，造成摩根型 550mm 立轧机列最高点（减速机最高点）比改进西马克型高出 1028mm，同样的机型，450mm 立轧机摩根型比改进西马克型高约 1000mm。

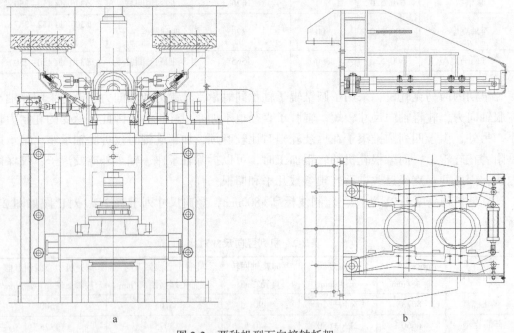

图 2-2 两种机型万向接轴托架
a—摩根型；b—改进西马克型

参考改进西马克型万向节轴托架结构，对摩根型立轧机进行修改设计，将托架支撑点由原来的基础框架横梁下面移至侧边的底座上。改进后的摩根型立轧机既保留了它原有的皮实耐用、结构简单、轧辊拆卸方便等优点，又降低了轧机基础高度及厂房高度，为企业节约了投资。

一架550立轧机基础混凝土量比改进前减少约12.5m³，一架450立轧机基础混凝土量比改进前减少约10m³。如果一条生产线使用550立轧机2架，450立轧机3架，则减少的钢筋混凝土量约为55m³。

厂房投资减少，按主轧跨400m长计算，如果厂房钢柱降低1m高，钢结构将减少约20t。

2.1.3 立式短应力线轧机轴向窜动优化改进

短应力线轧机采用整体换辊，缩短了在线换辊时间；轧辊轴承座用4根拉杆拉在一起，取消了机架，使得应力回线大大缩小，应力回线短，刚度系数高，轧制精度高；采用机器手拆装轧辊，预调性好，在线拆装省时，劳动强度低，提高生产作业率；辊缝对称调整，操作简单方便；轴承和轴承座的受力状况好，提高轴承和轴承座的使用寿命。随着近几年国内企业对短应力线轧机特点的不断了解和认识，使得短应力线轧机得到了广泛的应用。但短应力线轧机的轴向窜动问题一直是困扰生产者的一个难题。

2.1.3.1 轴向窜动的危害

从现场调试中发现，轧机的轴向窜动造成的危害主要表现是轧辊孔型轴向错位，孔型错位使轧件产生弯曲、扭转、耳子、轧槽磨损不均、轧制不稳定、堆钢等问题。轴向窜动出现在不同的架次，所表现的危害不同：精轧机组成品机架窜动，主要问题是出耳子和尺寸偏差大；连轧机组中间架次轴向窜动，主要问题是孔型充不满和出现折叠。在实际生产中，轴向窜动带来的影响不仅影响产品质量，而且危及设备运转的稳定性和工件的寿命。

2.1.3.2 轴向窜动原因分析

造成轴向窜动的主要原因有两类：第一类是原始设计存在不足，包括工作零件之间的配合公差的选取，也就是原始的装配间隙；轴承结构选型及轴承游隙类型确定；主要零件的结构设计。第二类是制造、装配、安装、调试、维护存在不足，如使用过程中有关零件的磨损和变形没有得到及时的更换、传动轴在传动过程中，由于托架的问题、轧制过程中斜齿轮产生的轴向力因素产生的振动没有及时处理，特别是当磨损和振动同时存在时，轴窜的问题会更加严重。

目前短应力线轧机广泛用于型钢、棒材连轧及线材生产线的粗中轧机组，大约90%用于型钢、螺纹钢棒材及高线生产线，对轧辊轴向窜动不敏感，而对于优特钢企业，轧制圆钢产品对轧辊轴向窜动就显得非常敏感，并且通常是立轧机出成品，这一问题一直困扰着企业，个别企业不得不采用水平轧机出成品或者增加三辊减定径机组（引进非常昂贵）来解决立轧机出成品不合格问题。

立轧机轧辊轴向窜动大主要是由辊系本身的重力作用引起的，以半支撑点为轴心轧机操作侧和电机侧辊系发生偏移，形成平行四边形，原因是整个拉杆装配部件之间存在的间隙部分消除及内外两侧质量不平衡造成的，如图2-3所示。

2.1.3.3 改进措施

上述第二类问题，我们可以通过产品质量过程控制制度、设备的安装、调试规程、设

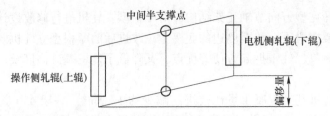

图 2-3 立式短应力线轧机出现的平行四边形示意

备的维护保养手册严格执行来得到控制。但第一类问题，属于原始设计问题，如不能从理论根源上消除引起轴向窜动的因素，那结果就是设备在使用过程中，随着使用时间的增加，轴向窜动会更加严重。下面就对轴向窜动与原始设计有关的几个因素分析如下。

A 轴承选型

承受轴向载荷的轴承不同的设计制造单位选型不同，有选背靠背或面对面配对使用的组合单列角接触球轴承，有选择四点接触球轴承，但目前选择较多的是双列角接触球轴承。双列角接触球轴承（接触角 40°）比起上述两种轴承可以承受较大的轴向负荷，该轴承以承受较大的径向、轴向联合负荷，主要用于限制轴或外壳两面轴向位移的部件中，允许极限转速较高。该轴承与四列圆柱滚子轴承配套使用，可以限制轧辊的轴向窜动。同四点接触球轴承相比，可承受较大的轴向负荷。同背靠背或面对面配对使用的组合单列角接触球轴承相比，安装简单，轴向游隙不需要调整。该轴承根据安装有双半外圆和双半内圆，目前选用较多的是双半内圆。

在实际生产过程中，选用双列角接触球轴承最大的优点是安装简单，轴向游隙不需要调整，轴承的内外圈（如图 2-4 所示序号 4~7）全部压死，图 2-4 序号 1 前端旋合螺纹和

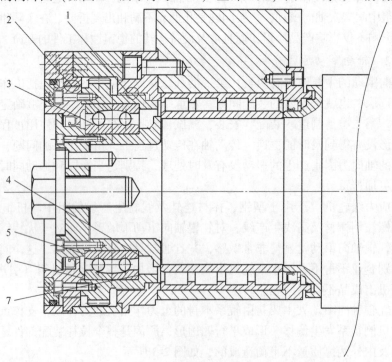

图 2-4 轴向调整端装配

1—前端旋合螺纹；2—后端旋合螺纹；3—双列角接触球轴承；4—轴承内圈前端；

5—轴承内圈后端；6—轴承外圈后端；7—轴承外圈前端

序号 2 后端旋合螺纹在初始装配时，两螺纹侧面 E 调整为无间隙，消除螺纹间隙的方法如图 2-5 所示。从图 2-5 可以看出，轴向窜动量理论上就是轴承的轴向游隙。在选取轴承时，没有特别要求都是按基本组游隙供货，对于棒材精轧机，基本组游隙是 0.14 ~ 0.2mm，C2 组游隙是 0.08 ~ 0.16mm。所以在设计图纸上必须注明轴承游隙类型才能保证轴向窜动量小于成品的尺寸公差要求。在实际生产过程中，即使轴承游隙选好后，还存在轴向窜动量不等的问题。有的轧机上线使用轴窜就小，有的轧机轴窜就大些，我们分析原因就是在轴承游隙选取上和轴承批次上要严格控制。另外尽量在上线的精轧机组上用同一批次的轴承。每个批次的轴承质量是有差异的。通过采取采用小游隙轴承和保证同批次精轧机组装配同批次轴承，棒材精轧机组的轴向窜动问题得到了有效的控制。

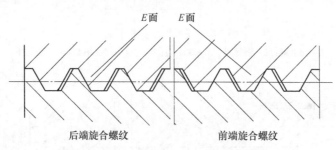

图 2-5　消除螺纹间隙的方法

E 面—在装配时消除间隙

B　拉杆装配方式

在进口和国产的棒材短应力线轧机上，球面垫和拉杆、轴承座的配合方式主要有两类，第一类是达涅利型（DANIELI），见图 2-6；第二类是波米尼型（POMINI），见图 2-7。通过现场使用和理论分析，改进后的拉杆装配结构如图 2-8 所示。

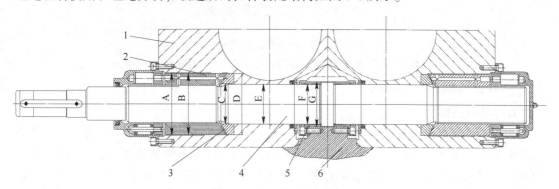

图 2-6　达涅利型拉杆装配

1—轴承座；2—铜螺母；3—球面垫；4—拉杆；5—铜套；6—半支撑

从图 2-6 和图 2-7 可以看出，为了适应在轧制过程中轧机的弹跳，在装配的初期，拉杆上的装配件之间都留有适当的配合间隙，特别是球面垫内孔和拉杆之间留有较大的间隙，这样就会给轴承座绕半支撑整体位移引起轴窜（形成平行四边形）提供了机会。通过反复研究试验，把球面垫外径和轴承座孔的配合、球面垫内孔和拉杆的配合、适应弹跳的球面结构形式改成如图 2-8 所示的形式，改进后的轧机上线使用后，轴向窜动量由原来

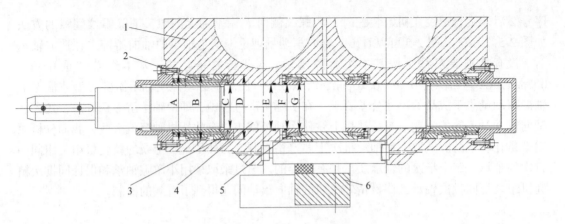

图 2-7 波米尼型拉杆装配

1—轴承座；2—铜螺母；3—球面垫；4—拉杆；5—铜套；6—半支撑

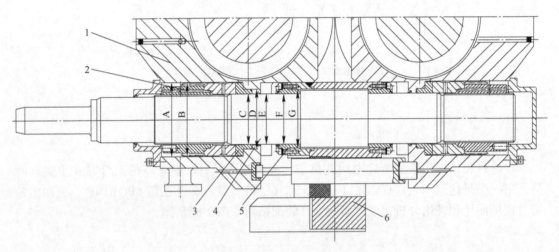

图 2-8 改进型拉杆装配

1—轴承座；2—铜螺母；3—球面垫；4—拉杆；5—铜套；6—半支撑

的 0.2~0.3mm 减少至 0.1mm。

C 球面垫结构

原来的球面垫结构形式如图 2-9 所示，改进后的球面垫形式如图 2-10 所示。改进后的球面垫有以下几个优点：（1）球面的加工简单；（2）球面垫的弧线方向平行轧制线，更适应轧制变形方向；（3）由原来的面接触改为线接触，避免了面接触时，如果两配合面配合不好带来的不稳定假接触。

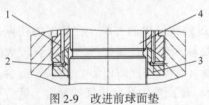

图 2-9 改进前球面垫

1—铜螺母；2—轴承座；3—球面垫；4—拉杆

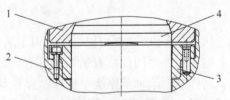

图 2-10 改进后球面垫

1—铜螺母；2—轴承座；3—球面垫；4—拉杆

D　轧机拉杆装配

棒材精轧机拉杆装配尺寸不能太松，也不能太紧。新设计的装配尺寸和其他两种机型的配合形式对比列于表 2-3。

表 2-3　拉杆装配关键零件改进前后的配合形式　　（mm）

机型	A	B	C	D	E	F	G
达涅利型	φ159	φ155	φ102/φ100f6 (−0.036/−0.058)	φ155H8/f7 (+0.063/0) (−0.043/−0.083)	φ104/φ100f6 (−0.036/−0.058)	φ100H7/f6 (+0.035/0) (−0.036/−0.058)	φ115H7/g6 (+0.035/0) (−0.012/−0.034)
波米尼型	φ163	φ160	φ113/φ109/f9 (−0.036/−0.123)	φ160H7/g6 (+0.04/0) (−0.014/−0.039)	φ112/φ109f9 (−0.036/−0.123)	φ109H9/f9 (+0.087/0) (−0.036/−0.123)	φ127H7/h6 (+0.04/0) (0/−0.025)
改进型	φ163	φ160	φ110 H8/f8 (+0.054/0) (−0.036/−0.09)	φ130H7/f6 (+0.04/0) (−0.043/−0.068)	φ112.3/φ110f8 (−0.036/−0.09)	φ110H8/f8 (+0.054/0) (−0.036/−0.123)	φ127H7/h6 (+0.04/0) (−0.012/−0.034)

注：A—轴承座孔；B—铜螺母外径；C—轴承座孔和球面垫外径配合；D—球面垫内径；E—轴承座孔与拉杆外径配合；F—铜套内径与拉杆配合；G—半支撑孔与铜套外径配合。

E　立轧机平行四边形解决方案

多年来，人们对轴向调整的改进做了大量工作，包括轴向零件加工精度、装配精度、固定和锁紧方式、调整方式等。对于水平轧机，轴向窜动基本解决，但不知道为什么同样的辊系安装在立轧机上，就出现难以调整的窜动。这是因为工程技术人员没有跳出轴向窜动思路，他们通常是就轴向问题解决轴向问题。从图 2-3 可看出，通常操作侧是下垂的，电机侧是上翘的，这是因为操作侧有一个调整蜗轮箱，其质量造成整个辊系围绕半支撑点失去平衡，如果拉钢装配间隙较大，平行四边形造成的窜辊量大于轴向调整极限量，这时候怎么也调不了，无法轧出合格的圆钢。因此，作者认为必须跳出旧的思路，从以下三个方面考虑：

（1）新设计的轧机，首先要选择合理的拉杆装配形式及装配精度；其次是尽量减小压下蜗轮箱的体积和质量，增大下轴承座质量，使得以半支撑点为中心上下质量基本平衡，减少平行四边形现象的出现。

（2）对操作侧轴承座增加支撑点，在辊系预装水平状态时施以一定的支撑力。

（3）如有条件，安装一台型钢轮廓仪，实时监控圆钢断面形状变化，如果窜辊引起的断面不圆，立即调整成品轧机，如果轴向调整机构满足不了孔型对中要求，则必须将辊系重新拆装或者更换尺寸精度较高的拉钢装配件。在生产中经常出现正常运行两个小时或者一个班即出现窜动现象，这是因为运行过程中的轧机振动使得拉钢装配间隙部分消除，出现了平行四边形。

2.1.4　对波米尼平立转换轧机改造

波米尼小型棒材轧机最早是在 20 世纪 90 年代由马钢引进的，其精轧区 350 平立可转换轧机由于转换机构设计合理，操作人员可以很方便地进行转换操作。当实现棒材单线轧制时，将轧机转为立式状态，进行平立无扭轧制；当实现多线切分轧制或者轧制扁钢、角钢时，将轧机转为水平状态。后期由唐钢引进的达涅利棒材轧机，其平立转换轧机和波米尼型类似，只不过将立轧机框架转换液压缸由地面上改为地面下，维护不方便。这两种机型国内均已转化，并已成功应用多家。波米尼机型两种状态如图 2-11 所示。

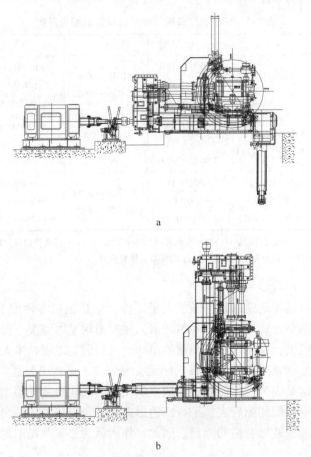

图 2-11　波米尼型小型棒材平立转换轧机

a—水平状态；b—立式状态

　　机列由主电机、联轴器、离合器、换向锥齿轮箱、锥箱长轴、中间长轴、分配齿轮箱、万向接轴、短应力线轧机、C 型旋转底座及轧机旋转框架组成。在轧机入、出口安装在 C 型底座上的两个液压缸推动轧机旋转框架将轧机由水平状态翻转至立式状态，立式状态轧机驱动通过轧机框架内的一根中间长轴将动力由电机传递给轧机。

　　由图 2-11 可看出，轧机处于水平状态时，换向的锥箱及其长轴处于悬空状态，当轧机处于高速轧制时，轴的末端处于自由状态，该轴以和主电机相同的转速高速旋转，甩动较大，引起轧机振动。特别是多线切分轧制时，影响产品精度，严重时影响轧制速度，不得不降速轧制，影响轧机产量。

　　作者和国内某机械厂合作，针对国内 N 钢厂年产 100 万吨棒材生产线在设备订货时就对精轧 350 平立转换轧机进行了改进设计，将框架内的长轴与分配齿轮箱输入轴连接处由联轴器连接改为离合器连接，离合器由一个液压缸驱动，这样在轧机操作机旁箱上的按钮即可操作。当轧机处于水平状态时，将离合器打开，电机的旋转传递不到中间长轴和锥箱了。由于锥箱只是起换向作用，其速比是1，因此该离合器的设计规格和主电机轴端的离合器相同。

改进后的轧机装配图如图2-12所示。需要注意的是轧机停机时必须做到轧辊定位停机，这由机上的接近开关和电控系统实现。只有保证了定位停机，离合器的操作才能自动实现。

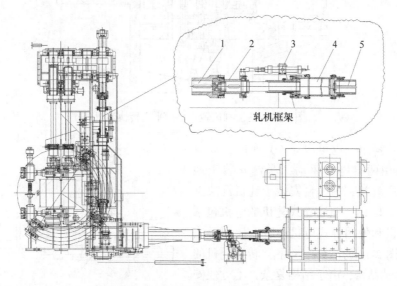

图 2-12　增加了中间离合器的轧机装配图
1—分配齿轮箱轴头；2—离合器；3—驱动液压缸；4—长轴；5—锥箱轴头

改进前轧机的稀油润滑对象包括分配齿轮箱、锥齿轮箱及其长轴端头的轴承，如果轧机坐落在零地坪上，轧制线标高+0.800m，则水平状态锥箱长轴端标高为−3.000m，由于轧机旋转，此处的润滑回油管均为软管，为了保证回油顺畅，必须要有一定的落差，通常为1.2m以上，由此导致了精轧机组稀油润滑站的基础坑非常深，土建工程量非常大。通过我们增加离合器的改进，在水平状态运行时锥箱不旋转了，也就不需要润滑，直接关闭进油阀门。由于没有回油问题，轧机的基础坑可以抬高1m，包括水沟的起始点标高都可以抬高1m。

改进后的效果：轧机振动明显减小；基础内的水沟深度及稀油站基础坑底标高可以提高1m以上，节约土建费用。

以上改进的成功经验同样适用于达涅利机型。达涅利小型平立转换轧机结构如图2-13所示。

2.1.5　新型固定式平立转换轧机

中小型型钢的平立转换轧机形式种类很多，大体分为三类：一是固定式；二是移动式；三是旋转式。其中固定式适合大、中、小各种规格轧机，而后两种仅适合小型轧机。

固定式又包括单电机驱动和双电机驱动两种。单电机驱动即采用一台电机安装于地面，通过换向齿轮箱及连接轴将电机动力在轧机水平状态和立式状态之间切换，换向齿轮

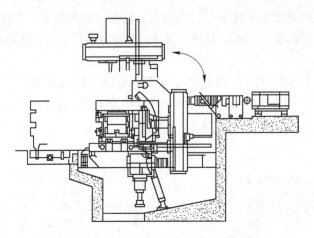

图 2-13　达涅利旋转式小型平立转换轧机

箱可以是 45°斜角，也可以是 90°换向；双电机驱动即采用两台电机驱动，一台安装于地面，驱动水平轧机，另一台安装于轧机框架上面，驱动立式轧机。驱动立式轧机的电机包括使用立式电机和使用卧式电机两种，使用卧式电机较多。图 2-14 为适合中型平立转换轧机的45°斜角传动轴结构，由于结构复杂，不方便安装离合器，因此，无论是水平状态还是立式状态使用轧机，两套轧机万向节轴均处于运转状态，不适合高速运行，在小型轧机上很少应用。

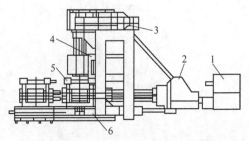

图 2-14　带 45°斜角传动的固定式平立转换轧机
1—主电机；2—减速机；3—立轧齿轮箱；
4—轧机侧底座；5—轧机；6—水平底座

　　移动式平立转换轧机，顾名思义即指通过移动轧机机架来实现平立转换，如图 2-15 所示。该轧机实际是两套轧机重合在一个轧制点，根据需要切换。两套轧机具有两套独立的驱动，当使用立轧机时，水平轧机横移离开轧制线，再沿着平行于轧制线的轨道移至一边，立轧机在此轨道上的另一边移至轧机轴线上，被液压缸拉进轧制线。当使用水平轧机时，立轧机离开轧制线，再沿着平行于轧制线的轨道移至一边，水平轧机在此轨道上的另一边移至轧机轴线上，被液压缸拉进轧制线。

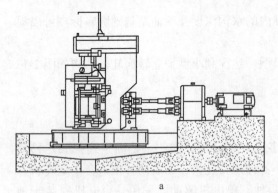
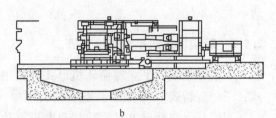

　　　　　　　　a　　　　　　　　　　　　　　　　　　　　b
图 2-15　移动式平立转换轧机两种状态
a—立轧状态；b—水平状态

旋转式即通过液压缸将轧机机架旋转90°并锁紧，实现平立转换。波米尼型平立转换轧机见图2-11，达涅利型旋转式平立转换轧机见图2-13。

三种轧机各有优缺点，列于表2-4。

表2-4 三种平立转换轧机特点比较

形式	固定式	移动式	旋转式
优点	(1) 适合中、小型轧机； (2) 转换方便，液压系统自动完成	(1) 轧制线上设备简单； (2) 转换方便，液压系统自动完成	(1) 转换方便，液压系统自动完成； (2) 一套驱动，投资省
缺点	(1) 两套传动机构复合在一起，安装维护空间小，难度大； (2) 如采用双驱动形式，则投资大。目前大都采用单驱动形式，只是传动机械部件稍复杂	(1) 仅适合小型轧机，因为立轧机整体质量较大，移动难度大； (2) 两套独立机构，投资较大； (3) 由于机架是整体离开，因此所有管线必须采用快速接头连接，工人劳动强度大； (4) 立轧机换辊只能在轧制线上完成，耽搁时间	(1) 仅适合小型轧机，因为旋转部件质量大，旋转难度大； (2) 每次旋转完成对接精度难以保证，对设备安装精度要求较高； (3) 立轧状态换辊必须在线转换成水平状态才能换，耽搁时间； (4) 基础太深，土建费用大

图2-16为作者与国内某机械厂合作开发的固定式平立转换轧机，该轧机的主电机及减速机坐落在地面，换向锥箱安装在轧机框架内，水平轧机的万向节轴也在框架内，立轧机的减速及分配齿轮箱安装在框架上面。框架可以是钢结构，也可以是钢筋混凝土结构。通常$\phi(250\sim350)$mm轧机按钢结构做，$\phi(400\sim500)$mm轧机按钢筋混凝土结构做。

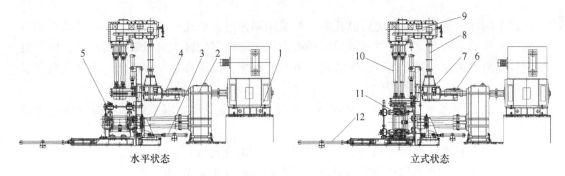

水平状态　　　　　　　　　　　　　　立式状态

图2-16 固定式平立转换轧机
1—主电机；2—主减速机；3—水平轧机换辊液压缸；4—水平轧机万向节轴；5—水平轧机；
6—带离合器的连接轴；7—锥箱；8—长传动轴；9—立轧减速机；10—立式轧机万向节轴；
11—立式轧机（和水平轧机互换）；12—立式轧机换辊液压缸

由表2-4可看出，移动式缺点较多，已很少应用。旋转式由于旋转一次费时费力，对设备安装精度要求较高，时间长了旋转底座容易变形，造成旋转不到位，现场操作人员劳动强度较大。而固定式轧机皮实耐用，因此固定式平立转换轧机具有很好的应用前景。

2.1.6 棒材减定径机组

棒材减定径机组形式主要包括两种，即二辊式和三辊式。二辊式代表为达涅利型和波米尼型，如图 2-17 所示。三辊式代表为 KOCKS 型和西马克型，如图 2-18 所示。

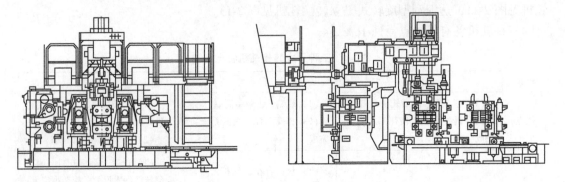

图 2-17   三机架平立平二辊减定径机组

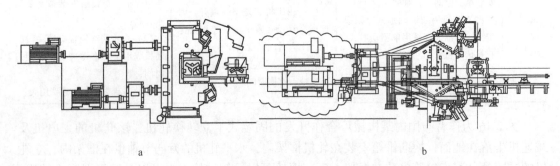

a   b

图 2-18   三辊减定径机组（3~5 架独立组合）
a—KOCKS 型；b—西马克型

以上两种机型均可以实现低温轧制，均采用调速电机单独驱动以适应单一孔型轧制对不同道次变形量的变化。虽然三辊减定径机组比二辊减定径机组机械制造成本高，但三辊减定径机组工艺技术具有优于二辊减定径机组的特性，操作成本大大降低，主要表现在以下方面：

（1）轧件宽展较小，变形效率较高，能耗较低（能耗比二辊系统降低约 30%）和温升较少。

（2）沿轧件横截面变形均匀，并对轧件横截面的变化进行自动补偿。

（3）具有精确公差的自由定径轧制，具有较宽的孔型调节范围。

（4）轧辊和轧件之间速度差较低，孔型磨损减少。

（5）辊环质量小、机加工简单。

如图 2-19 所示，对二辊和三辊轧机孔型进行比较，由于轧辊几何形状原因，三个轧辊及来自三面作用在轧件上的轧制力将宽展限制在三个非常窄的 60°楔型孔型断面处，使得三辊孔型的宽展百分数大大低于二辊孔型，其结果是三辊孔型的变形效率更高，三向压应力的作用使得该机型更适合难变形的金属轧制。

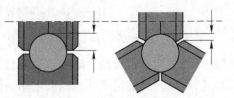

图 2-19   二辊轧机和三辊轧机孔型对比
（左边二辊，右边三辊）

二辊孔型与三辊孔型间另一个基本的差别在于轧辊磨损。孔型中轧辊与轧件接触的不同情况导致三辊孔型轧辊与轧件之间的速度差别更小。这使得与采用二辊孔型相比，采用三辊孔型不仅轧件表面质量更好，孔型磨损更小，且轧辊成本更低。

与传统三辊轧机相比，KOCKS 三辊减定径机组的特点是：

（1）机架刚性高，具有大压下变形能力；机架布置形式为"Y"（辊轴与辊轴呈 120°）与倒"Y"交替布置。

（2）传统三辊轧机，每台机架只有 1 根传动输入轴，其他两根辊轴的动力靠机架内部的伞齿轮传递。三辊 KOCKS 轧机，机组内所有机架相同且可互换，每架轧机由 1 台电机传动 1 台具有双速比的减速机，减速机的出轴接至 C 型传动模块的联合齿轮系统，该联合齿轮系统有 3 根传动输出轴，分别驱动 3 根辊轴，因为取消机架内部的传动伞齿轮从而改善了机架内部结构，机架允许轧制力和轧制力矩比传统机架高 30%左右。

（3）KOCKS 三辊轧机机架的 3 根辊轴都装在可同步旋转的偏心套内，通过远程控制同步偏心套实现辊缝的同步无级调节（MORGAN 与 DANIELI 设计的产品级差为 0.5mm）。孔型调整方便，轧辊利用率高，实现"自由规格轧制"。

（4）KOCKS 三辊轧机每台机架分别由 1 台主电机及传动系统单独驱动，每台机架的轧制速度可分别设定和调整，易于张力控制，并且提高了轧辊利用率（轧辊可多次重车）。

（5）辊环通过 1 根用 1 个螺母固定的预应力液压拉杆夹紧在 2 个辊轴法兰之间，3 个辊环都可以借助于液压更换工具在 30min 内进行更换。辊环可分别在标准车床或磨床上进行机加工，无须专用车床。

（6）每 1 台 3 辊机架由 C 模块传动轧辊。在 1 个机组内对于每 1 个机架位置而言这些 C 模块相同，固定在一个共享顶部框架的基础框架上，形成一个紧凑机组，马达和相应的减速齿轮交替安装在上下位置，节约了空间。

（7）3 辊机架定位在一个共享的支撑框架上，该框架装有液压机架夹紧和移动系统。更换系统时，将上、下机架联轴器液压后退，也可以将所有的机架或单个机架通过一个液压缸移出机组放到更换小车上。因此，该系统可以根据轧制程序表同时更换机组中的若干个机架。装有若干旧机架的小车先被移到一个暂存地再移至轧辊间（专用），而装有下一规格范围新机架的小车则被移到机组前方。在将新机架推入到轧制线后，轧制继续进行，暂存的旧机架被拉到轧辊间，换一次机架时间约为 15min。

（8）在自由定径范围内换品种必须尽快精确地调整轧机的轧辊和导卫。其调节装置由伺服马达和减速齿轮组成，组装在 1 个垂直纵向伸缩的安全盖中，在盖板闭合时，调节轴与马达啮合。轧辊和导卫的调整数值由一个轧机配置程序（BAMICON）进行计算并远程控制，该程序由所要求的成品决定。在最大坯料间隙（1min）内进行，精度为 0.02mm。

（9）在轧辊间更换辊环之后，借助于激光光源和一架 CCD 摄像机的计算机光学装置进行机架的适当调整。并通过一个专门的计算机程序（CAPAS）对 CCD 摄像机信号进行评估，并将径向和轴向轧辊调整值显示在监视器上，精度为 0.02mm。

从图 2-18b 可看出，西马克型三辊减定径机组传动结构与 KOCKS 型完全不同，没有 C 型传动模块，主电机通过带变速比的减速机输出三根轴分别驱动三个轧辊，辊箱放置在六角框架内，水平轧辊由中间传动轴直接驱动，上下交叉120°轧辊通过伞齿轮换向驱动，相隔交叉的不同轧机的六角框架及辊箱完全相同，即1号轧机和3号轧机相同，2号轧机和4号轧机相同。其他如自动换辊及辊缝自动调节功能等与KOCKS相似。

正是由于三辊减定径机组比二辊减定径机组有更多优势，因此，国内一些研究院所已开发类似产品。这里主要介绍北京科技大学高效轧制国家工程研究中心开发的BKD型棒材减定径机组，该机组结构介于KOCKS和西马克之间，如图2-20所示。

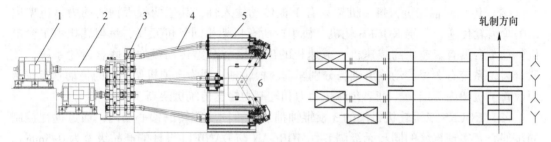

图 2-20　BKD 型棒材减定径机组
1—主电机；2—过渡轴；3—带离合器的主减速机；4—传动轴；5—C 型架；6—辊箱位置

根据国内制造水平，将减定径轧机做成两两一组，前两架轧机用于减径轧制，后两架轧机用于定径轧制。采用三根长传动轴分别驱动三个轧辊，避开 KOCKS 轧机复杂的 C 型齿轮传动模块，保留 C 型框架，但简化结构，避开西马克的六角框架结构。BKD 型机组也可以称为棒材"双模块"减定径机组，首先开发了 300 机组，将来计划开发系列化，如 380 机组、480 机组等，为棒材减定径机组国产化贡献一份力量。

BKD-300 型棒材减定径机组技术参数如下：

辊箱总数：8。

机座上的辊箱位数量：4。

两机架间距：620mm。

两模块间距：900mm。

轧制线标高：+0.800m。

辊箱夹紧缸数量：3。

辊箱夹紧缸压力：25MPa（3 个缸大约提供 400kN 夹紧力）。

标称轧辊直径：最小 305mm，最大 315mm。

平均标称轧辊直径：310mm。

轧辊材质：常规辊环材质（球墨铸铁、工具钢、碳化钨等）。

辊环宽度：58mm（球墨铸铁或工具钢），30mm（工具钢或碳化钨）。

轧制温度：750~1050℃或者根据产品规格与等级由程序计算。

辊环（辊箱）调节范围：径向，最大 10mm；轴向，±0.5mm。

偏心半径：$E = 5$mm。

可调整角度：$\alpha = \pm 30°$。

成品棒材最小直径：ϕ12mm。

成品棒材最大直径：ϕ60mm。

设计轧制速度：最大 18m/s。

主电机功率：1000kW/1250kW/1000kW/500kW。

减定径机组能够实现精密轧制除了轧机设计精度和在线调整精度高，最关键还是线外预装精度高。因此开发轧机同时，必须开发一套高精度的预装检测设备。

为了对三辊辊箱的轧辊和滚动导卫进行轴向和径向的高精度调整，开发了一套计算机辅助孔型调整系统 CAPAS（Computer Aided Pass Adjusting System）。通过这套用户界面友好的计算机控制系统，正常情况下可以快速可靠地完成轧辊和导卫的调整。系统的工作原理如图 2-21 所示。

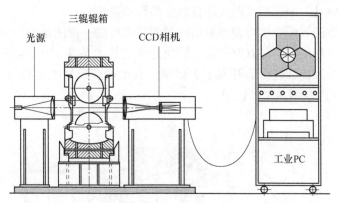

图 2-21　轧辊装配检测系统

系统由三个部分组成：

（1）两个工位，每个工位有各自的光学组件，包括光源和瞄准器。

（2）两台 CCD 相机，安装在固定支架上。

（3）两台工业 PC（包括键盘、显示器）和一台打印机。

这套系统可以同时放置两个辊箱，或者一个辊箱和一个导卫。在放置导卫时，需要在调整机构上增加一个适配器。

调整工作进行时，光源发射一束平行光柱，透过由三个轧辊形成的孔型后，将孔型轮廓投影到和光源对应的 CCD 相机上，相机再将获得的信号通过接口传送到计算机中进行计算。显示器在调整过程中可以显示经计算机处理后的图像，同时提供相应的数字修正值。用户可以根据系统提供的这些信息对孔型进行调节。

由于采用了高分辨率的光学系统，这套系统的调整精度可以达到 0.02mm。当误差调整到允许范围之内后，系统会提示孔型调整完成。

2.1.7　线材减定径机组

减定径轧机最早由摩根公司于 1991 年投入制造，是将四架 V 型辊箱（轧机）并为一组，采用椭—圆—圆—圆孔型轧制工艺，以获得高精度的成品。其传动系统由一台电机集中传动，通过变速箱、分速箱、减定径传动箱实现机械连锁与轧件秒流量的匹配。随着摩根公司工艺成熟和业绩的不断提高，其他公司也纷纷研制开发新一代轧制工艺和轧制设备。达涅利公司在此基础上推出的双模块轧机，其总体结构为 4 道次两个模块，每个模块 2 道次。其核心部分是保证高速、高产、高精度轧制的要求。同样它也把两架 V 型辊箱合并为一个模块，采用椭—圆—椭—圆孔型轧制工艺。为适应高精度的要求，双模块轧机被分为重型模块和轻型模块，前一个模块为重型模块，重型模块适宜重载，重型模块的辊箱与精轧机的辊箱完全一致且可以互换。后一模块为轻型模块，它比较适宜高速高精度，轻型模块的辊箱与重型模块的辊箱外形尺寸有所不同，不能互换使用。传动系统由电机驱动变速齿轮箱，再由变速箱驱动双模块，通过电气连锁实现两模块间的轧制速度匹配。变速箱为单输入轴双输出轴，并且在输入轴和其中一根输出轴上装有离合器，通过离合器操作杆变换两个不同的工作位置，得到相应的传动比，从而满足不同产品所需的轧制速度。变速齿轮箱双输出轴通过快速联轴器直接与双模块辊箱的输入轴连接，轴通过圆锥齿轮和圆柱齿轮传动分别驱动一个辊箱，形成各自独立的传动系统。

由于达涅利型的双模块结构较摩根型或者西马克型的一拖四结构简单很多，维护费用降低，电控系统日趋成熟，足以保证两个模块之间连轧关系在 120m/s 的轧制速度下维持不变，因此国内几家设计院所均开发了类似达涅利型的双模块减定径机组。图 2-22 为国内某设计院开发的 CD 型减定径机组。

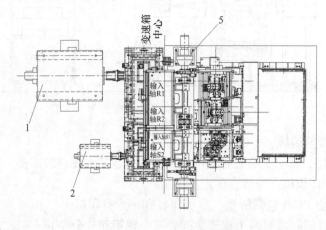

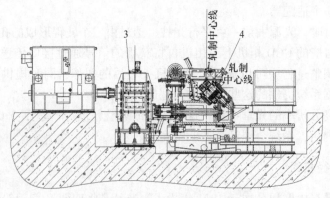

图 2-22　国内开发的双模块减定径机组

1—减径模块主电机；2—定径模块主电机；3—可变速比的减速机；4—辊箱；5—安全罩驱动

2.1.7.1　CD 型减定径机组结构

机组由 2 架 230 轧机和 2 架 150 轧机组成，成 V 形 45°布置。2 架 230 轧机共享一个模块，2 架 150 轧机共享一个模块，每个模块连接一个变速箱，每个变速箱由 1 台电机带动。变速箱的速比可变，每个变速箱各设有 2 个离合器，轧制不同规格产品时，变换 4 个离合器位置可以组合出 16 种速比，可以满足 $\phi(5.0\sim25)$ mm 规格线材的无间隙轧制（每隔 0.1mm 进位）。孔型系统采用椭圆—圆—椭圆—圆，前两架延伸大，为减径轧制，后两架延伸小，为定径轧制。

每个离合器有三个位置：W 为工作侧、N 为中间位、D 为驱动侧。离合器的位置根据离合器配置及速比的要求确定。操作工根据轧制表，选择离合器配置方案，在现场的变速箱离合器控制柜上面进行操作，指令通过 PLC 控制 S120 变频器，变频器驱动伺服电机完成离合器换挡。

辊箱为双模块轧机的主要组件，其拆装为抽屉式装置，辊箱集检测组件、油气润滑、稀油润滑、水冷系统、气动密封为一体的箱式结构。辊箱通过定位销和紧固螺栓安装于传动箱上。辊箱中的两个齿轮辊轴分别与传动箱中两根齿轮轴啮合。两个装有辊箱的传动箱都可通过快速更换小车实现快速更换。为满足快速更换的目的，在模块上装有集电气、润滑、液压、油气、水、气等快速连接板，它可以自动与管网进行快速连接或断开。快换接头可实现电气信号的连接与分离，主要包括热电阻、辊缝编码器、润滑液压压力开关及振动传感器（如有）。

辊箱主要部件包括：辊箱体 1 个，齿轮辊轴 2 根，传动侧角接触轴承 2 套（组），工作侧油膜轴承 2 个，传动侧油膜轴承 2 个，偏心套 2 个，辊缝调整机构 1 套，辊环锁紧机构 2 套，止推块 2 个。2 个偏心套安装于轧机辊箱体内，在辊缝调整机构的带动下，它可以在辊箱体内对中旋转一定的角度，从而达到齿轮辊轴中心距的变化。

在偏心套内传动侧还装有一套（组）角接触轴承，它主要承受轴向载荷和防止辊轴在偏心套内轴向位移。辊轴安装在油膜轴承内，在轧机辊箱内部分形成悬臂辊轴，利用辊环锁紧机构可以将辊环锁于悬辊轴上。在轧机辊箱的传动侧安装有止推块，止推块嵌入偏心套传动侧的凹槽内，用它来控制和调整偏心套的轴向窜动和辊环垫板轴向尺寸，从而达到辊环槽孔的对中。

偏心套为调整辊缝的装置，结构紧凑，调整简单，所占位置空间小，可以满足辊环中心距调节的需要。偏心套由传动侧半套、中间连接套、工作侧半套组成，传动侧半套与中间连接套用螺栓紧固形成刚性连接，工作侧半套与中间连接套通过齿套定位，螺栓压紧蝶簧的方式形成柔性连接。

辊轴理论中心距：减径机 222mm，定径机 150mm；

偏心套偏心距：减径机 15mm，定径机 7mm。

减径机入口侧、减径机出口侧、定径机入口侧、定径机出口侧的辊缝由偏心套装置手动调节。每个辊缝检测装置均安装有绝对编码器，在 HMI 上显示辊缝值。轴承上装有热电阻，在 HMI 上显示每个热电阻的温度，以监测每个油膜轴承的温度。

辊箱油膜轴承温度设定：

报警温度：130℃；

停机温度：140℃。

2.1.7.2 CD 型减定径轧机主要性能参数

来料温度：≥750°（根据钢的品种确定）。

轧制钢种：碳钢、优质碳素钢、低合金钢、合金钢、焊条钢、冷镦钢。

机架数量：4 架（2 架为 ϕ230mm 轧机，2 架为 ϕ150mm 轧机）。

布置方式：顶交 45°，两架轧机单独传动。

轧制力：230 轧机 330kN，150 轧机 130kN。

轧制扭矩：230 轧机 6.15kN·m，150 轧机 1.22kN·m。

辊环尺寸：ϕ230mm 轧机：ϕ228mm/ϕ205mm；

$\qquad\qquad$ ϕ150mm 轧机：ϕ156mm/ϕ142mm。

传动电机：减径机：功率 4000kW，交直交变频同步电机，900r/min/1800r/min；

$\qquad\qquad$ 定径机：功率 1000kW，交直交变频异步电机，900r/min/1800r/min。

设备噪声：不大于 90dB（距设备外沿 1.5m 处）。

机组润滑方式：稀油集中润滑。

保护罩开启方式：电动。

辊环装卸方式：液压。

装/卸辊工作压力：最大 49.5MPa/70MPa。

产品精度：ϕ(5.0~10)mm，规格为±0.05mm；ϕ(10.5~15)mm，规格为±0.10mm；ϕ(15.5~25)mm，规格为±0.15mm。

出口速度：最大轧制速度为 115m/s（轧制 ϕ(5.0~6.5)mm 规格时）。

2.1.7.3 换辊过程

锥箱需要通过轧机底座中的液压缸从在线位置低速移出（40mm/s），当锥箱到达减速位置时，锥箱可以 100mm/s 的速度移动至离线位置，当锥箱到达离线位置时，停止移动。当锥箱移出在线位置后，与锥箱通过快换接头连接的润滑压力开关将会自动失去压力并失去压力信号，此时并不是一个故障状态。反之，新的锥箱或经过检修的锥箱吊装放置在离线位置后，通过轧机底座中的液压缸驱动，将锥箱移动至在线位置。其中，从离线位置移动至减速位置时，移动速度为 100mm/s，到达减速位置后，移动速度降至 40mm/s，从而将锥箱缓慢移动至在线位置，当锥箱到达在线位时，停止移动。

当减径机锥箱和定径机锥箱处于在线位置时，需要通过轧机底座中的液压缸将锥箱锁紧在在线位置，即两个液压缸将锥箱移动至在线位置后，需要始终保持压力，以将锥箱锁紧在底座上的在线位置。

减径机锥箱与定径机锥箱可通过底座中的两个液压缸分别驱动，即减径机锥箱和定径机锥箱可分别进行移进和移出动作。

整个换辊过程仅有辊箱在线和离线的移进和移出动作，取消了进口机型的离线辊箱平行轧制线移动的复杂机构。

国产的减定径机组价格是进口的一半，具有较好的应用前景，特别适合众多的"普转优"企业，投资少，效益好。

2.1.8 高线双机架迷你轧机

常规的高线精轧机一般是由 10 架轧机组成的，以摩根五代机型居多，设计速度为 113m/s，实际运行速度最大为 90m/s，轧制产品规格范围为 ϕ(5.5~16)mm。当轧制 ϕ(5.5~6.5)mm 小规格产品时，只能调整来料尺寸以适应十机架的延伸。因此轧制小规格产量明显偏低，运行成本高。

由北京科技大学高效轧制国家工程研究中心和哈飞工业机电设备制造公司联合开发了

一种小型双机架高速轧机，简称"迷你（mini）"轧机，安装在现有的精轧机组和吐丝机之间，如图 2-23 所示。该轧机结构简单，两架 230 重型顶交 45°轧机由一台主电机集体驱动，相对速比固定不变，仅机组与主电机之间设一个可换挡变速箱，用于轧制大规格时切换到低速状态。设计轧制速度为 120m/s，保证轧制速度为 105m/s，从而提高了轧机的轧制速度和轧制精度。

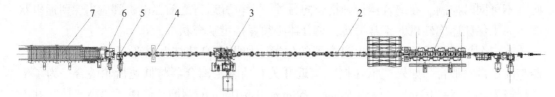

图 2-23　双机架迷你轧机在轧制线上的位置
1—原有的精轧机组；2—穿水装置；3—迷你轧机；4—测径仪；5—夹送辊；6—吐丝机；7—风冷线

迷你轧机机组由两架 φ230mm 轧机组成，两架次采用顶交 45°形式布置。由变速箱、传动箱、轧辊箱、保护罩、卡断剪及主电机组成，如图 2-24 所示。

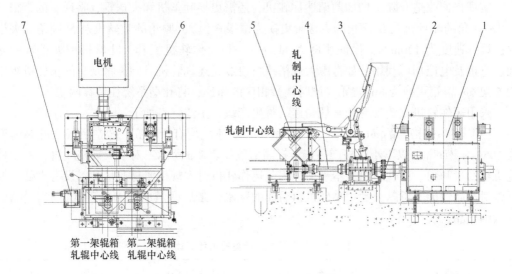

图 2-24　双机架迷你轧机设备组成
1—主电机；2—联轴器；3—安全罩；4—中央输入轴；5—辊箱；6—换挡变速箱；7—卡断剪

迷你轧机传动结构为一体式设计，传动结构紧凑，刚性好，稳定性强。传动箱分为上、下两箱体，下箱体为驱动箱，包括三个卧式平行的齿轮轴，一个为中央输入轴，两侧驱动轴，驱动轴通过 45°角的螺旋伞齿轮传动上箱体的两根锥齿轮轴及被动齿轮轴，这两根锥齿轮轴呈 90°布置，包括被动齿轮轴。

轧辊箱采用插入式结构，悬臂辊环，箱体内设有偏心套机构用来调整辊缝。偏心套内装有油膜轴承与轧辊轴，在悬臂的轧辊轴端用锥套固定辊环。

与主电机连接的可换挡的变速箱用于切换两种不同的速度制度，当慢速轧制较大规格线材时，低速齿轮就同电机轴相啮合；当快速轧制较小规格线材时，高速齿轮就同电机轴相啮合。离合器的位置是通过液压缸来实现的。每个液压缸都是由一个单独双电磁阀来控制的。

两个离合器有三个位置，由两个背靠背的液压缸来操作。通过两个缸的延伸可以获得一个啮合位置，通过两个缸的回缩来获得另一个啮合位置。中间的脱开位置是通过被连接到齿轮箱上的液压缸（液压缸1）的延伸和被连接到换挡臂的液压缸（液压缸2）的回缩来实现的。

当换挡时，首先把联轴器切换到中间位置，然后移动到被选择的挡，即依次控制电磁阀，不可同时控制。在离合器接到指令向另外一个位置运行之前，电磁阀应当保留通电状态。为了保证迷你轧机的正常运转，离合器必须保持足啮合状态。

有三个接近开关可以指示出离合器的位置。如果"高速挡"接近开关有信号，离合器与高速齿轮啮合。如果"低速挡"接近开关有信号，离合器与低速齿轮啮合。为了生产规格为 $\phi(5.5 \sim 10)$ mm，包括 $\phi6$mm、$\phi8$mm 和 $\phi10$mm 的钢筋，使用了"高速挡"并由"高速挡"接近开关来检测。为了生产规格为 $\phi(10.5 \sim 16)$ mm，包括 $\phi12$mm、$\phi14$mm 的钢筋，使用了"低速挡"，并由"低速挡"接近开关来检测。

主电机采用交流异步变频电机，功率为 2500 ~ 3000kW，电压为 AC690V，转速为 1000r/min/1700r/min，控制系统采用西门子 S120 中压变频器。

实现提速改造，除了增加两架迷你轧机，还需更换吐丝机和夹送辊，将现有的摩根五代 15°倾角的吐丝机及 0°倾角的夹送辊更换为摩根六代 20°倾角的吐丝机及 5°倾角的夹送辊，设计速度为 120m/s，保证速度为 110m/s，和迷你轧机配套。吐丝机和夹送辊的基础、电机及电控均可利用。如考虑大规格线材也经过迷你轧机，则需将现有的精轧机组中的 5 架 6in 辊箱更换为 8in 辊箱，同时调整相应的速比，将孔型系统往后移两架。

采用迷你轧机改造现有的常规高速线材生产线，主要优点如下：

（1）将小规格产品 $\phi(5.5 \sim 7.5)$ mm 线材轧制速度均有所提高，改造后最大轧制速度为 105m/s，$\phi8$mm 以下小规格产品产量提高倍数如表 2-5 所示。对于大规格线材，由于精轧机组产量和粗、中轧机组基本平衡，因此迷你轧机对大规格线材产量基本没有贡献，但可以对产品性能有贡献，利用精轧机组后面的穿水使最后两道次轧制处于低位状态轧制，可以细化晶粒。

表 2-5　小规格线材产量提高计算比较

产品规格/mm	改造前轧制速度/m·s^{-1}	改造后轧制速度/m·s^{-1}	小时产量提高/倍
$\phi5.5$	85	105	1.235
$\phi6$	85	105	1.235
$\phi6.5$	85	105	1.235
$\phi7$	82	100	1.219
$\phi7.5$	80	90	1.125

（2）所有规格均可以从减径机组上出，对轧制螺纹钢细化晶粒很有好处，通过迷你轧机前的穿水冷却，可以适当降低终轧温度（终轧温度由 950℃ 降低到 850℃），提高产品力学性能，减少合金元素比例，降低生产成本，同时线材表面氧化铁皮也有所减少，抗锈能力增强。

（3）改造保持原有的整体布局不变，影响生产时间最短，可边施工基础，边生产，停产时间约 1 个月。涉及的土建大基础仅有迷你轧机基础，和周围其他设备干涉很少。

（4）投资省，见效快。按 2015 年的价格投资不到 1000 万元，一条年产 60 万吨的高速线材生产线一年即可收回投资，非常适合众多的普碳钢企业改造。

迷你轧机也有不足之处，具体如下：

（1）原有的精轧机组后面的控轧控冷距离不够，效果不是最好的，不能够满足优特钢品种的开发。

（2）不能够像减定径机组那样实现单一孔型轧制，仍然保留原来的多孔型系统，轧辊及导卫备件较多，管理复杂。

（3）达不到 4 机架减定径机组轧出的产品尺寸精度，维持现有的尺寸精度或者稍有改善。首套双机架迷你轧机于 2015 年 12 月 8 日在江苏张家港永联钢厂一次投产成功，2016 年 1 月在河北辛集奥森钢厂投产成功第二套，并在 2016 年 4 月份得到全国高线装备委员会与会代表认可。

2.2 辅助设备

2.2.1 高速圆盘飞剪

高速飞剪是在轧制速度超过 20m/s 后剪切工艺要求情况下诞生的，在高速棒材生产线上，达涅利和西马克均开发了高速圆盘剪用于棒材倍尺剪切，剪切棒材规格为 $\phi(6\sim16)\mathrm{mm}$，剪切速度为 16~50m/s。在高速线材方面目前只有达涅利开发并得到成功应用，用于自动在线高速切割直径 $\phi(5.0\sim25)\mathrm{mm}$ 线材头尾。第一台线材自动切头剪是达涅利在 20 世纪 80 年代末进行设计、制造和试验的。在 20 世纪 90 年代初进行了进一步升级，在正常操作情况下实际速度达到 105m/s，达涅利高速线材切头尾剪目前在全世界已推广应用 11 台套，中国还没有转化此技术，但用于高速棒材的圆盘飞剪国内已有转化。

盘卷的头尾剪切是线材盘卷生产厂家的主要操作，由于盘卷经常出现不规则、超公差，有时还出现技术性能与盘卷其他部分不同，因此这样的操作是非常必要的。

在传统的线材轧机上，盘卷的切头是在压紧和打捆机之前通过人工在盘卷运输线上的一个小站台上进行。也有一些厂家切头是在集卷站之前的辊式输送机上人工进行的，以消除吐丝机不规则输送形成的不规则形状，但是由于环境温度太高，工人劳动强度太大。

在卷取之前，高速剪切机直接在线进行自动剪切，在盘卷运输线上的剪切站和参与人工切头的操作人员（每班至少 2 个人）就不再需要了。由于在高速剪切机和新一代吐丝机的联合操作，在输送机上的剪切工作也被取消了。自动在线剪切是持续、反复、没有人为失误的。因剪头操作是在成卷之前进行的，避免吐丝机输出的小直径线材上未冷却的线圈头部紊乱，同时形成较好形状线圈，产生非常均匀的最终线卷形状。由于使用高速剪切机，客户可以提供整齐的"轧制状态"线卷，可以直接使用在精整工序上，避免其他中间操作。

高速剪切机安装在吐丝机前（或布置在减定径机组前）的穿水装置后，在成卷前可以直接进行在线自动剪切，其优点是：

（1）节省劳动力（至少每班可以节约两个操作人员）。

（2）连续、反复、没有人为误差的切头操作，具有最佳、最少、可编程的剪切长度，提高材料的收得率和设备利用率。

达涅利最新一代剪切机具有一系列先进设计特点，其最显著特点和有关效益如下：

设备的紧凑性设计（整个尺寸只有 2700mm），适合安装在新建厂和现有改造厂。紧凑设计意为减少了部件数，因而备件少，维修量小。

"单对刀具支架/单一传动"设计，使用同样刀具架可进行切头和碎断操作。切割和碎断刀具组仅包括 8 个刀具，刀具数量比市场上目前使用的其他剪切机少 1/3，这就意味着操作成本低（消耗件和备品备件少），减少了刀具更换时间。

先进的刀具锁定/对中系统使得刀具能更换快速（更换整套刀具只用 12min，为操作其中一套装置记录的实际时间），同时刀具锁定/对中系统的可靠性保证了在高速下的绝对连续稳定操作。

最新一代的短行程电动执行转辙器：在第二代 HSS 剪切机开发过程中，新转辙器设计是一个关键组件，其能够减少偏移角幅度（减少摩擦，将转辙器和输送机的磨损降低到最低限度）；缩短偏移周期，在超出设计速度情况下提高操作同步性和操作效率；明显减少刀具宽度。

较短刀具架宽度：仅 90mm，比其他刀具宽度减少一半，其结果是：（1）操作效率高；（2）导卫组件摩擦少，降低了磨损率；（3）降低了最高速度时的噪声级。

由于上述先进设计特点，与上一代达涅利剪切机和现有市场上其他同样的剪切机相比较，操作和生产成本进一步降低。

剪切机基本上是由电气驱动的线材转辙器，综合单一传动/单对刀具架，切割和碎断剪装置和出口输送机组成，切下的头尾端通过一个联合制动回转器导出。

微处理机将按照刀具位置控制转辙器速度，以保证完美的重复性切割周期。由于广泛采用计算机的模拟，因此选择了最佳动态平衡和惰性，用于转辙器的控制，加上改进的模型控制系统，使切割精度和可靠性在无载速度超过 140m/s 情况下得到了充分的验证。

由于特殊设计，减少了刀具，在机器盖上使用了有效的降噪板，还获得了明显降噪效果。先进的机械设计使得平面布置非常紧凑。

达涅利高速圆盘剪实物照片如图 2-25 所示，操作示意如图 2-26 所示。

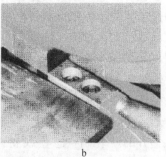

a   b

图 2-25　高速圆盘剪

a—圆盘剪构成（含入口转辙器、剪盘及出口双导槽）；b—剪刃局部

高速飞剪成套设备包括两套智能夹送辊（一套在入口侧，另一套在出口侧），装有回转剪刃的剪机本体、转辙器及带有碎断收集箱的碎断剪。

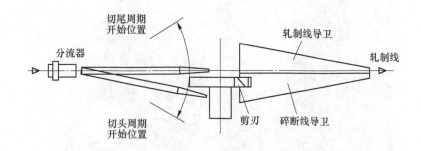

图 2-26 剪切操作原理示意图

轧件在被回转剪刃切去头尾的同时，直接进入吐丝机。

轧件到轧制线吐丝成卷还是到剪切线位置切头尾，其转向由电动转辙器控制，转辙器的速度通过一台微机，根据今日的位置进行控制，以保证完好的剪切重复性。

切头循环周期：

（1）轧件由预定好位置的转辙器直接导入碎断剪。

（2）转辙器移向主剪刃，转辙器与剪刃的位置关系由一台微机保证。

（3）轧件穿越剪刃的轴线瞬间头部被切掉。

（4）被切下后，头部通过碎断剪进入带回转制动的碎料收集箱。

（5）轧件其余部分被此时对准轧线的转辙器导入吐丝机。

切尾循环周期：

（6）转辙器移到最靠外的位置。

（7）转辙器移向主剪刃，转辙器与剪刃的位置关系由一台微机保证。

（8）轧件穿越剪刃的轴线瞬间尾部被切掉。

（9）轧件的最后部分进入吐丝机。

（10）被切下后，尾部通过碎断剪进入带回转制动的碎料收集箱。

（11）转辙器停在此位置等待下一根轧件。

以上是高线吐丝机前的高速圆盘飞剪，仅用于切线材头尾。图 2-27 为用于高速棒材倍尺分段的圆盘飞剪，运行速度为 16~50m/s。剪刃及转辙器的安装形式与线材圆盘剪均不同。

2.2.2 高速棒材上钢系统

达涅利公司于 20 世纪 70 年代初期研究开发的 HTC（High-speed Twin Channel），即高速双通道输送系统，将轧后的棒材以最高速度 20m/s 高速送上冷床，产品范围为 $\phi(10\sim32)$mm 棒材，小规格棒材可以实现非切分的双线生产，我国长治钢铁公司于 20 世纪 90 年代初引进的一套意大利二手棒线材复合轧机即按次配置，中轧和精轧机组均为水平轧机，两根轧件同时在一架轧机中轧制。后来随着高速分段飞剪的研制成功，将上钢系统速度提高到 50m/s。由于使用的分段飞剪结构形式不同，剪切区设备布置略有不同，如图 2-28 所示。高速轧制采用圆盘剪分段，转辙器为电动执行机构；低速轧制采用回转式飞剪分段，转辙器为气动机构。

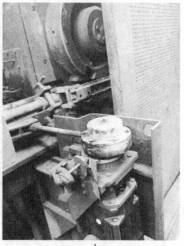

a b

图 2-27　用于高速棒材倍尺分段的圆盘飞剪

a—剪刃安装；b—伺服电机驱动的转辙器

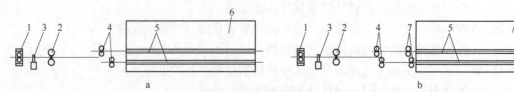

a b

图 2-28　双通道上钢系统布置图

a—轧制速度小于 20m/s 的设备布置；b—轧制速度小于 50m/s 的设备布置

1—夹送辊；2—分段飞剪；3—转辙器；4—夹尾制动器；5—双通道跑槽；6—步进式冷床；7—二次制动

棒材高速上冷床技术的主要设备及性能：

(1) 夹送辊。夹送辊安装于倍尺飞剪前，夹持轧件送入倍尺飞剪。夹送辊保持轧件速度恒定以保证倍尺剪切精度。夹送辊为全长夹送，轧件在轧机中轧制时，夹送辊以成品轧制速度为基准速度，工作于低转矩状态。轧件离开轧机，夹送辊立即改变转矩，并以实际的轧件速度作为基准速度夹送轧件。

(2) 转辙器。转辙器为电动式，布置于夹送辊和倍尺飞剪之间，改变轧件路径，引导轧件交替进入剪后双路左、右导槽，转辙过程中，轧件经过倍尺飞剪剪刃时被剪切分段。

(3) 倍尺飞剪（圆盘剪）。倍尺飞剪工作时连续运转，其剪刃在任意位置都可加速，当控制系统测得轧件到达设定的剪切长度时，转辙器动作将轧件从双路导槽的一路移至另一路，轧件途经剪刃时，根据不同的轧件速度，设定不同的加速度使上下剪刃正好重合将轧件剪断，并可以根据具体设定进行优化剪切。

(4) 双路导槽。每台圆盘剪后，作业线变为双线（双路导槽），进行双通道输送，并导送轧件分别进入左、右尾部制动器。

(5) 尾部制动器。制动器安装于双转毂入口侧，与成品轧件速度级联，夹持轧件进入转毂。当轧件到达制动位置时，对轧件尾部进行夹持使其停止前进。通过辊环上刻槽和夹持力的设定控制轧件表面质量。根据轧件尺寸和表面温度，用一个比例阀对夹送辊进行压力调节，保证夹送辊的平稳制动和无振动运行。

（6）双转毂上钢装置（或达涅利"C"型输送器）。双转毂高速上钢装置设有两平行布置的转毂，依次接受来自双路左右导槽的轧件，每个转毂上设有四个通道，旋转 90° 将轧件卸至冷床，并使下一通道做好进钢准备，每个转毂由一台直流电机单独驱动。

双通道输送系统的高速上钢装置主要由按双线布置的"C"型输送器组成，"C"型输送器布置在冷床齿条的上方，高出冷床台面不超过 170mm。交替打开的双通道输送系统"C"型输送器让制动后的棒材依次落到齿条上，使每个齿槽内放置 1 根棒材，其工作原理见图 2-29。切分双线四信道工作原理见图 2-30，布料按照一定的次序保证双线来料均匀地布在每一个齿上而不会出现一个齿内布多根棒材的现象。

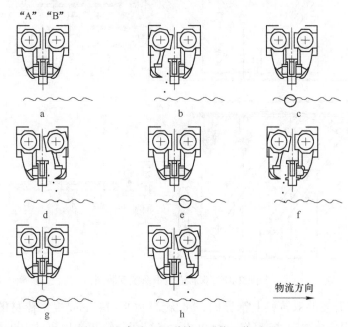

图 2-29　高速双通道输送系统工作原理

a—通道"A"轧制；b—通道"A"制动并下线，通道"B"轧制下一棒材；c—通道"B"轧制，
冷床翻转一周；d—通道"B"制动并下线，通道"A"轧制下一棒材；e—通道"A"轧制，冷床翻转一周；
f—通道"A"制动并下线，通道"B"轧制下一棒材；g—通道"B"轧制，冷床翻转一周；
h—通道"B"制动并下线，通道"A"轧制下一棒材

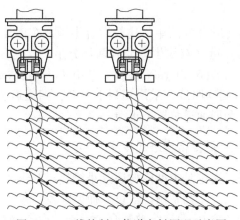

图 2-30　双线轧制四信道布料原理示意图

通常一条棒材生产线产品范围较宽，小规格棒材高速轧制，采用双通道上冷床，大规格低速轧制，采用辊道裙板上冷床，因此，冷床上钢装置就有了复合设计，如图2-31所示，双通道上钢系统在不工作或者设备检修时自动移离轧制线。双通道上钢系统安装在一个可旋转平移的钢结构支架上，驱动由液压缸执行。

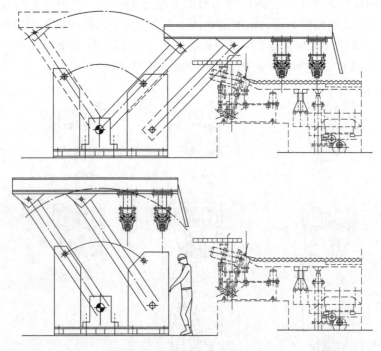

图2-31　双通道上钢系统安装图

西马克公司开发的双转毂上钢导槽，可保证 $\phi(8 \sim 14)$ mm 规格棒材的轧制速度达到40m/s，$\phi 8$mm 规格棒材单线产量达到50t/h，二线切分轧制产量超过100t/h。

双转毂式高速上钢装置设有两平行布置的转毂，每个转毂上设有4通道，旋转依次过钢，配合使用冷床起始端的尾部制动装置（夹送辊），使高速的棒材减速制动并依此放入冷床齿条内。

以上两种形式国内都有引进，由于达涅利型进入中国较早，因此已有测绘转化应用的实例。

日本企业设计的思路比欧洲的简单，比较适合中国及东南亚市场。图2-32为速度小于20m/s的小规格棒材四通道（双线生产或者两切分生产，配合4个夹尾装置）及辊道裙板复合冷床，产品规格为 $\phi(6 \sim 50)$ mm 棒材。其中 $\phi(6 \sim 16)$ mm 棒材走夹尾制动路线，$\phi(16 \sim 50)$ mm 棒材走裙板制动路线。采用裙板上钢时，四通道装置无须移开，使用四通道时，辊道裙板不动作，和四通道装置不干涉。

2.2.3　适合优特钢棒材生产的复合步进式冷床

对于优特钢企业来说，无论是中型棒材还是小型棒材，由于产品品种和规格均较多，对生产工艺设备的要求较高，尤其是精整区设备种类繁多，满足不同工艺要求。

大部分的中、高碳钢及含 Cr 等裂纹敏感合金元素的合金钢在完成棒材终轧后，需要

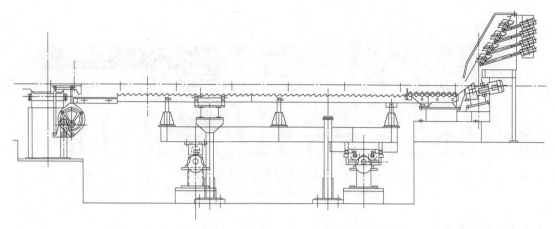

图 2-32 四通道和辊道裙板复合冷床

经过冷床、定尺剪切（或者锯切），然后快速收集，进入保温坑缓冷。为了保证进缓冷坑的棒材温度在 400~650℃（大规格取上限，小规格取下限），除了在冷床输入侧加可移动的缓冷罩，冷床还应该有一套快速移钢机构，将冷床输入侧矫直板内的十几根棒材成批快速通过床面，送至输出侧。目前引进的几条中型棒材生产线冷床均是齿条步进式和快移机构复合的冷床，而引进的几条优特钢小型棒材生产线冷床却存在两种形式：一是将快移机构放置在冷床入口侧，单独作为一个设备，称为快移冷床，将一个 120m 长的冷床分为两段，每段各 60m，前一段为快移冷床，后一段为标准的步进式冷床；二是将快移机构和步进式齿条机构复合在一起，齿条步进式冷床 120m 长，快移机构 60m 长，复合在冷床入口侧。在引进的生产线中主要包含两种形式，即西马克型和达涅利型。西马克型主张步进式冷床和快移冷床分开，达涅利型主张复合在一起，两种形式各有优缺点，列于表 2-6。

表 2-6 两种复合冷床比较

形式	达涅利型	西马克型
结构	快移机构和步进式冷床复合在一起，步进式冷床总长 120m，快移机构长 60m，嵌入在入口侧齿条间隔内	快移机构单独设置，和步进式冷床各占一半，长度各 60m
优点	使用步进式冷床时，定尺率高，产量高	结构简单，维护方便，投资省
缺点	结构复杂，快移机构小车上的链条长期不用，在齿条下面被高温棒材烘烤，容易损坏；维护复杂，投资高	使用步进式冷床时，定尺率低；冷床面积小，影响产量；快移冷床段的输入和输出辊道均需要正常运行，浪费能源
实例	常州中天、东北特钢	西宁特钢、原大连钢厂

中型棒材由于断面较大，刚性好，床面齿条间隔大，快移机构嵌在其中不显得拥挤，容易做成复合的形式。

图 2-33 为达涅利型复合式小型步进式冷床断面图。该冷床尤其适合"普转优"企业，以生产普碳钢棒材为主，兼顾生产部分优钢棒材，不会对普碳钢棒材生产造成较大产量影响。

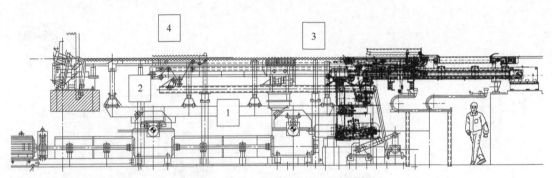

图 2-33　复合式小型步进式冷床断面图
1—步进机构；2—快移机构；3—齿条；4—快移小车

2.2.4　棒材冷飞剪

常规的小型棒材定尺分段均采用剪切形式，部分特殊钢企业考虑到冷剪棒材断面变形出裂纹而采用冷锯。棒材成批被切成 6~12m 定尺，由一台定尺机配合操作。冷剪的发展由早期的 160t 剪切力的固定剪发展到 250t、450t、650t、850t、1000t，更高的还有 1300t，轧机产量由 10 万吨发展到 120 万吨。由于固定剪的操作需要操作人员较多，基本无自动化操作，每剪一次棒材需要在辊道上停止一段时间，剪切完成再运行，为了提高产量，不得不将辊道和剪刃加宽，剪切力加大或者采用两台冷剪同时剪切的方案。因此产量较高的企业部分引进了冷飞剪，采用此飞剪，棒材在连续运行的情况下即可被定尺剪切，剪切效率高，无须加宽辊道和剪刃。目前引进的机型包括三种，即达涅利型、波米尼型及西马克型。其中按结构不同可分为两类，即达涅利的摆式剪和波米尼、西马克的双曲柄剪，国内以太矿为主消化研制了摆式剪，以中冶京诚等设计院为主消化研制了双曲柄剪，均已获得成功应用。

两种剪机结构不同，下面分别叙述。

2.2.4.1　冷摆剪

剪区设备主要由剪前磁力运输链、剪机本体、剪后升降辊道组成。剪切棒材规格为 $\phi(10~50)$mm，定尺长度为 6~12m，剪切公差为 ±15mm，用脉冲发生器及接近开关来控制剪切电机。剪切过程由两套驱动系统配合完成，一套摆动系统，另一套剪切系统。摆动系统由一台调速主电机驱动，电机驱动一台减速机，减速机双出轴，两端带有曲柄，曲柄通过连杆连接主剪的摆动臂。剪切系统由两台调速主电机驱动一个减速机，减速机驱动上剪刃往下移动剪切棒材。下剪刃固定不动，仅随主剪的摆动臂一起摆动，略有升降行程。目前开发的剪机规格包括 350t 和 450t 摆剪的技术参数列于表 2-7，350t 冷摆剪能够满足年产 60 万~80 万吨，450t 冷摆剪能够满足年产 80 万~100 万吨。剪区设备组成见图 2-34，剪机本体断面图见图 2-35。

表 2-7　两种规格的冷摆剪技术参数对比

剪切力 /t	剪切速度 /m·s⁻¹	剪刃宽度 /mm	上剪刃行程 /mm	下剪刃行程 /mm	剪切周期 /s	剪切主电机 /kW	摆动主电机 /kW
350	0.5~1.8	800	150	20	2.8	485×2	267
450	0.5~1.8	800	150	10	2.8	500×2	280

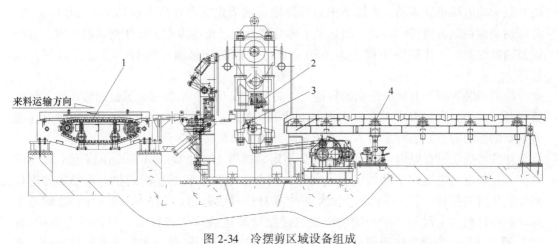

图 2-34　冷摆剪区域设备组成

1—剪前磁力运输链；2—剪机本体上剪刃；3—下剪刃；4—剪后升降辊道

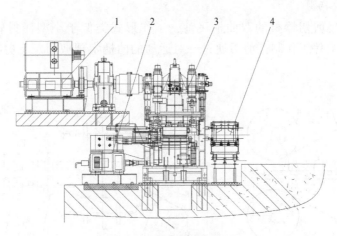

图 2-35　剪机本体断面图

1—剪切主电机（两台并列）；2—摆动主电机（一台）；3—剪机本体；4—换剪刃装置

　　磁力运输机位于冷床出口辊道和冷剪之间，其功能是把成排的棒材从冷床输出辊道的末端运送到冷摆剪。

　　磁力运输机由一台变频调速电机经减速机驱动 28 块链板（其中 14 件为永磁板），带动棒材进入冷摆剪。工作制度为连续，可按轧制要求变速；该磁力运输机与冷床输出辊道同步。

　　技术参数如下：

　　轧件规格：$\phi(10\sim50)$ mm；

　　链长：约 5000mm；

　　链宽：900mm；

　　链速：0.5～1.8m/s；

　　传动方式：交流变频传动。

　　冷摆剪出口辊道把剪切成定尺的棒材从冷摆剪出口运送到打捆区。每个辊子由一个交流变频齿轮电机单独驱动，冷摆剪出口升降辊道的固定支点在位于剪切中心 6923mm 处，升降活动端在靠近剪切中心处，当运动的棒材接近定尺长度冷摆剪处于剪切状态时，升降辊道油缸缩回，工作辊面下降，当剪切完成后，辊道升起输送棒材，接着进行下一次循环。

换剪刀装置置于剪机操作侧的轨道上，需要换剪刀时，给剪刀锁紧缸通液压油，使碟簧松开，由两个换剪刀液压缸分别将上下剪刀座拉出，再将车上备好的一对新剪刃（或者重新磨好的剪刃）装好后拉入，液压系统卸压，碟簧夹紧剪刀座。

摆式剪剪切过程原理：该剪使用一个固定到摆臂上的下剪刃和一个由直流电机（或者交流变频调速电机）驱动的可动上剪刃，两台主电机并联通过减速机、偏心轴和连杆来完成棒材的剪切。它主要由两个动作来完成对棒材的剪切。（1）摆动动作：当辊道上运动的棒材到达定尺长度时，摆动电机通过摆动减速机带动剪臂沿棒材运动方向摆动；（2）剪切动作：当剪臂摆动的线速度与棒材运动的速度相同时，主电机通过减速机、剪体曲轴带动上、下剪刃完成剪切。重复以上动作可以对连续运动的棒材进行连续剪切。

2.2.4.2　曲柄剪

用作冷态定尺剪切棒材的双曲柄飞剪，工作形式类似于小型棒材轧机的 1 号飞剪（单曲柄），采用启停工作制，剪刃通过一对运动的曲柄实现剪切。飞剪结构及传动示意图如图 2-36 所示。

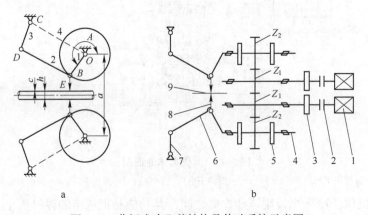

图 2-36　曲柄式冷飞剪结构及传动系统示意图

a—剪切机构示意图；b—传动系统示意图

1—主电机；2—联轴器；3—飞轮；4—曲柄轴；5—配重；6—连杆；7—摇杆；8—剪臂；9—剪刃

该飞剪机国内开发的最大剪切力为 4500kN，被剪切轧件速度为 1~1.5m/s，定尺长度最短为 6m。该飞剪机工作能力相当于剪切力为 8500kN 的普通停止式冷剪机的能力，可满足年产量 80 万~100 万吨钢材小型材、棒材车间的需求。

该飞剪机的创新之处为：（1）将飞剪刀架安装在龙门架内，以承受大的剪切力；（2）入、出口辊道全部采用磁力辊，增加对轧件的吸附性，保证定尺剪切精度；（3）采用 2台国产 750kW 低惯量电机并联传动，保证足够的剪切能力及性能；（4）入、出口摆动辊道及压辊不安装在飞剪本体内，减少剪切冲击造成的设备损坏；（5）飞剪机底座有防滑筋，与基础连接牢固。

以上两种冷飞剪各有特点，对比见表 2-8。

表 2-8　两种形式冷飞剪性能对比

形式	摆式（达涅利型）	双曲柄式（波米尼及西马克型）
优点	（1）换剪刃方便，有专门的装置从剪体侧边进出，省时省力，效率高； （2）剪切力集中在摆动框架内，对土建基础冲击小； （3）剪切过程下剪刃不动，上剪刃下切，类似固定剪，剪刃坡口斜度小，刚度大，重磨后利用率高	（1）两台主电机并联，控制系统简单； （2）机械结构上只有一套传动，简单； （3）生产维护成本低
缺点	（1）三台主电机，电控系统复杂； （2）机械结构复杂，含两套传动； （3）剪刃重合度容易变小，主要原因是上剪轴内的铜套容易磨损，需要经常检查、更换	（1）换剪刃不方便，需要天车配合，操作工劳动强度较大，换剪刃时间长； （2）剪切瞬间倾翻力矩较大，对土建基础冲击大，设备底座需要加防滑筋； （3）剪切力矩较大，对剪机本体及剪臂强度及刚度要求较高； （4）由于剪切过程上下剪刃同时往棒材中心线走，剪刃坡口斜度较大，刚度小，重磨后利用率低

无论是摆式剪还是曲柄剪，其剪切精度主要是由剪机入、出口磁力辊（链）及检测仪表精度决定的，增加磁力有助于提高定尺精度。随着企业对人员数量的限制，采用自动化程度高的冷飞剪将是未来棒材定尺剪切设备发展的一个趋势。与固定式定尺剪相比：冷飞剪的效率高，并节省了定尺机设备、设备重量轻，减少了投资、减少了占地。

2.2.5　中型棒材精整区分钢装置

中型棒材圆钢一般作为机加工行业原料，根据钢种不同，用于不同场合，如加工成轴类零件、加工成轴承、作为无缝管坯料等。在我国的钢铁产品结构中占有一定的比例，年产量约 2000 万吨，主要分布在特钢企业，普钢企业生产较少。棒材精整一般包括冷床冷却、热锯或冷锯定尺锯切、收集打捆或缓冷收集打捆，部分成品需要矫直、探伤、修磨、倒棱、扒皮等工序。根据精整设备布置不同，使用的锯切工艺也不同，大致可分为三种，分述如下。

（1）方案一：大冷床+冷锯+收集。

这种工艺布置典型代表为江阴兴澄特钢厂中型棒材车间，棒材成品经过飞剪倍尺分段后上步进式冷床（大规格不分段），由升降裙板机构制动，成品在冷床上充分冷却下冷床或者快速移钢过冷床由冷锯进行定尺锯切，然后经过检验、缓冷、收集。这种布置优点是连续轧制，可实现多根同时锯切，产量高，能满足年产量 60 万吨以上生产线要求，缺点是设备投资较大，尤其是冷锯。

（2）方案二：分钢器+热锯+冷床+收集。

这种工艺布置典型代表为沈阳东洋制钢有限公司特殊钢棒材车间，棒材成品由分钢器不停地分向两侧，保证棒材的连续轧制。棒材分成两路后由不同的锯切收集线完成精整。

由于采用快速分钢，钢温在 800℃ 以上，因此可采用热锯进行定尺锯切，定尺成品再上小步进式冷床，如需要缓冷，则棒材成品快速通过冷床进行收集进入缓冷坑。这种布置优点是投资少，生产组织灵活，对小规格产品，可以实现多根同时锯切，减少温降，保证缓冷材进坑温度。缺点是产量稍低，一般在 30 万~60 万吨/年。这主要是由于分钢器输入辊道上没有升降制动裙板，只能根据分钢器长度和成品规格计算出进入连轧机时的中间坯长度，在连轧机组前采用热剪分段，因而影响轧制节奏。

（3）方案三：辊道+热锯+冷床+收集。

这种工艺布置是我国老特钢企业传统的布置形式，将成品放在辊道上进行热锯定尺锯切，然后上冷床。辊道长度是最长成品长度的两倍，作为缓冲。这种布置优点是投资少，缺点是产量低，只能满足小于 30 万吨/年的生产线要求。不易实现多根同时锯切，尤其对需要缓冷的小规格成品不易保证进坑温度，此工艺现阶段基本已被淘汰。

以上三种方案工艺布置如图 2-37 所示，方案一和方案三在国内应用较多，方案二在国内只有一家，作者认为很具有推广价值，下面重点介绍方案二的设备特点。

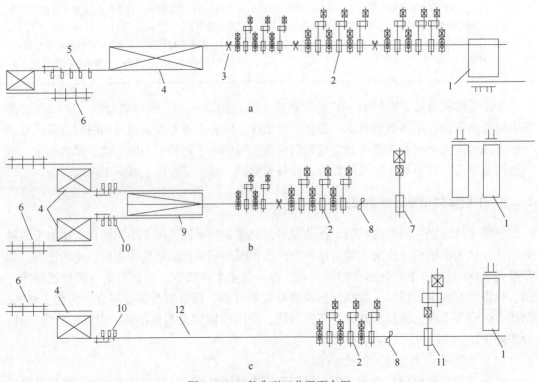

图 2-37　三种典型工艺平面布置

a—方案一；b—方案二；c—方案三

1—加热炉；2—连轧机；3—分段飞剪；4—步进式冷床；5—冷锯；6—收集装置；7—二辊可逆粗轧机；
8—热剪；9—分钢器；10—热锯；11—三辊粗轧机；12—辊道

对方案二来说，热锯和步进式冷床国内制造已非常成熟，关键设备分钢器来自美国二手设备，由北京科技大学高效轧制国家工程研究中心负责恢复改造，总长约 70m，其组成包括翻钢瓣、输入辊道、步进式齿条移钢机构和输出辊道。分钢器平面和立面图如图 2-38 所示。

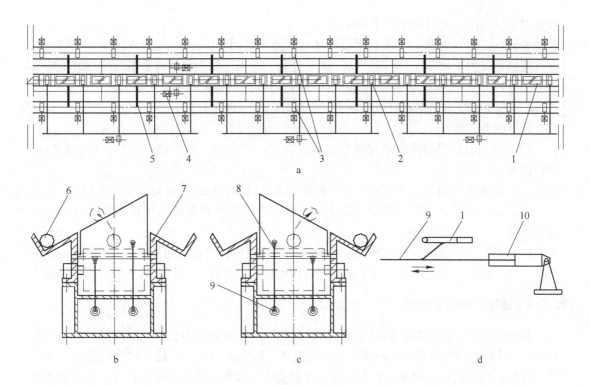

图 2-38　分钢器平面和立面图

a—平面图；b—左翻钢瓣立起时；c—右翻钢瓣立起时；d—拉杆驱动
1—翻钢瓣；2—输入辊道；3—输出辊道；4—步进齿条驱动；5—移钢齿条；
6—棒材成品；7—辊道盖板；8—支拉杆；9—主拉杆；10—拉杆驱动气缸

　　图 2-38a 为翻钢瓣处于水平位置时的分钢器平面图局部，拉杆驱动气缸位于输入辊道末端，两个主拉杆位于辊道盖板下面。两侧输出辊道均为悬臂辊，由永磁直流电机单独驱动（改为交流变频电机），输入辊道为双支点辊，为了便于驱动电机散热，采用长轴将驱动引出至输出辊道外侧，并采用集体驱动—带五方式，伞齿轮换向，驱动为直流电机（可采用交流变频电机代替）。

　　正常运行情况下，当棒材成品未到分钢器时，翻钢瓣处于水平状态，和输入辊道盖板底板在一个平面，上表面略低于辊道表面。当棒材由输入辊道输送快到分钢器尾端时，拉杆气缸动作，翻钢瓣围绕一个铰接点旋转，其斜面升起，此时棒材圆钢自动滚动落入辊道盖板侧边的齿上（和辊道盖板一体的齿板起摔直板作用），气缸迅速复位，翻钢瓣回到水平位置，准备迎接下一个棒材。落入齿上的棒材再通过步进式齿条机构将其移离轧制线至输出辊道上，完成一次移钢动作。当下一个棒材来时，可启动另一侧拉杆气缸，使棒材向另一侧精整线移动，连续轧制时左右两侧可交替使用。根据产量或生产需要，也可一用一备，仅使用一侧装置。拉杆及其驱动机构两套，可采用热金属检测器检测棒材头部，PLC控制自动操作即翻钢瓣动作，延时，动齿条机构动作，也可人工单独操作。图 2-38b 和图2-38c 分别是棒材落入左右两边动作图。

　　该机构的显著特征就是巧妙地使用了拉杆和翻钢瓣的斜面将棒材由纵向运动转换成横向移动，迅速将轧件移离轧制线，保证轧机的连续轧制。该机构适合于 $\phi(40\sim150)\,\mathrm{mm}$ 中型棒材圆钢生产，轧制速度小于4m/s。

拉杆气缸动作周期1s（前后两段棒材之间间隙时间至少为1s），动齿条动作周期3s，输入辊道速度为1~5m/s，可调。如按60m分段，每根棒材上分钢器最短的周期时间应为60/5+1=13s，动齿条能够满足轧制节奏时间。允许棒材最短的长度应为（3-1）×5=10m。动齿条驱动也是由直流电机驱动，可随轧制需要调节速度。

该分钢器优点：

（1）使用分钢器的中型棒材精整设备投资少，产量高，适合连续生产，具有很好的推广前景。

（2）组织生产灵活，非常适合中小企业，既可以生产圆钢，也可以生产型钢。

（3）通过和热锯及后部的步进式冷床配合，全部精整设备均可国内制造，企业的运行成本低。

（4）根据分钢器具有"将棒材由纵向运动转换成横向移动，迅速将轧件移离轧制线"功能，对产量较低的生产线，可采用方案二中的精整一半设备代替方案三中的精整设备。

2.2.6　线材精整设备选型

高速线材生产线集卷收集设备典型机型有四种：美国摩根公司（现归属 SIEMENS-VIA）设计制造的电驱动双臂芯棒集卷收集设备；德国西马克公司设计制造的液压驱动双臂芯棒集卷收集设备；瑞典森德斯公司设计制造的立式卷芯架集卷收集设备；意大利达涅利公司设计制造的带旋转台的集卷收集设备和立式卷芯架集卷收集设备。我国高线集卷收集设备的选型主要是这四种机型，但随着国内市场需求的不断变化，特别是建设场地受限时，以上四种机型都满足不了用户要求，在这种情况下，我国最早和美国摩根公司合作转换制造集卷收集设备的太矿集团公司技术人员在消化吸收国外技术的基础上，设计生产了摩西组合型集卷收集设备（摩根型集卷筒、盘卷板、双臂芯棒组合西马克运卷小车，简称摩西组合型）。因此，目前国内高速线材集卷收集设备共五大类型。

2.2.6.1　五种机型设备特点分析

A　摩根型

此类型的设备在国内应用最多，工艺流程为：集卷筒—双臂芯棒集—盘卷板—运卷小车—上 PF 线。

摩根型集卷收集设备由集卷筒、盘卷板、双臂芯棒、运卷小车四部分组成。

摩根型集卷筒由两部分组成：集卷筒体和浮动鼻锥。筒体的特点是带布线器，带布线器可减少盘卷高度5%~13%。浮动鼻锥的特点是鼻锥头外径防挂线耐磨条仿抛物线的流线设计，曲线半径一般取值 $R900mm$。筒体设计布线器的目的是将从风冷辊道上抛下的线圈在鼻锥周围均匀分布，布线器是一截带舌头的筒，筒在电机、齿轮驱动下旋转，线圈布置均匀，可以降低线卷高度200~400mm，美观线卷外形，提高打捆质量。但摩根型布料器和鼻锥之间间隙设计较小，经常出现卡钢，尤其是线材尾部不整齐或者轧制大规格产品辊道给力不够时卡钢事故突出，因此，有些厂家将此布料器拆除。

摩根型盘卷板的特点是主传动链条是垂直运行，承卷板的升、降驱动电机，减速机，制动器，链轮全在平台上面，工作环境好。承卷板的闭合由液压缸驱动，承卷板闭合平稳。承卷板的升降小车上都带有平衡装置，使得承卷板运行平稳。

摩根型双臂芯棒有两大特点：一是双臂芯棒驱动电机、减速机、小齿轮安装在地坪面上，设备维修、安装方便。驱动采用交流变频电机，互成 90° 的内外芯棒在电机、减速机、小齿轮、齿圈轴承的驱动下实现旋转。二是每个双臂芯棒靠近转盘的底部有 475mm 高的支撑，当 2.0t<卷重≤2.5t 时，拆除支撑即可。另外每个内外芯棒之间装有 8 套装有滚针轴承滚轮，内芯棒由液压缸或电动推杆驱动实现集卷筒中的浮动鼻锥的升降，鼻锥容易对中。

摩根型运卷小车特点是小车的运行是电机、减速机、齿轮齿条驱动，工作环境干净，行走距离远。在运卷小车上面有线卷前挡板、后压板，避免了线卷头尾部乱卷现象的发生并对线圈进行了预压紧 1.30m，避免在 C 型钩处卸卷出现线圈脱钩现象。盘卷筐升降行程小，行程为 0.252m，运卷过程平稳，基础坑浅，坑底标高为 -1.895m。但由于运卷小车盘卷筐升降行程小，为了避免在双臂芯棒旋转时芯棒和运卷小车不发生干涉，小车必须在等待位置上等芯棒旋转到位后，再运行至双臂芯棒下集卷，所以集卷筒中心距 C 型钩中心较远，距离为 12.2m。另外线圈进入集卷筒的操作面也较高，为 +8.521m。

集卷收集设备立面图如图 2-39 所示。

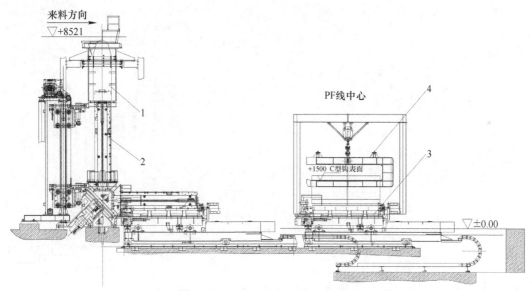

图 2-39　摩根型集卷收集设备立面图

1—集卷筒；2—双臂芯棒和盘卷板；3—运卷小车；4—PF 线上的 C 型钩

B　西马克型

西马克的集卷收集设备工艺流程、设备组成、动作程序、精整设备平面布置和摩根非常相似。设备上的区别分述如下。

西马克型集卷筒由两部分组成：集卷筒体和浮动鼻锥。集卷筒上部没有布线器，鼻锥外侧没有镶嵌耐磨条，鼻锥流线较陡，容易挂线。但操作面总高度略低，标高为 +8.00m。另一个区别是集卷筒内浮动鼻锥的升降是由集卷筒外侧的 3 个液压缸驱动的，由于 3 个液压缸的同步性较难控制，因此，容易造成鼻锥不稳出现乱卷现象。

西马克型盘卷板的特点是承卷板的升、降驱动、制动全在地坪面上，电机、减速机、制动器、链轮工作环境不好。主传动链条是倾斜运行，链条和承卷板的升降小车垂直中心线夹角约 6.5°，当垂直载荷不变时，主传动链倾斜驱动比垂直驱动的力增加 1% 左右。承卷板的升降小车上没有带平衡装置，承卷板传动链条寿命没有摩根型高。

西马克型双臂芯棒的驱动由一个齿轮齿条摆动液压缸完成，液压缸安装在地下约 -2.00m，维护不方便。双臂芯棒结构形式为型钢焊接型，四个 U 形翼组成近似圆的外径作为外芯轴，芯棒内有连杆涨缩机构，连杆涨缩机构靠自重在垂直状态涨开，水平状态缩回。由于高温工作环境和氧化铁皮的原因，涨缩连杆机构经常出故障，影响设备作业率，因此国内所有这种机型都取消了涨缩机构。

西马克型运卷小车最大特点是没有摩根机型的等待位。因为小车盘卷筐的升降液压缸升降行程较大，升降行程为 1.20m，小车可以卧得很低，当双臂芯棒旋转时，运卷小车可以在集卷位等待而不影响芯棒旋转。因此，集卷筒中心距 C 型钩中心较近，距离是 7.20m。小车行走距离近也决定了小车的驱动可以由液压缸完成。如果距离远，大行程的液压缸成本就会很高。但是，盘卷筐的升降液压缸升降行程较大时，线卷在运卷小车上重心也高，运行过程不如摩根的稳定。基础坑较深，坑底标高为 -2.07m。

集卷收集设备立面图如图 2-40 所示。

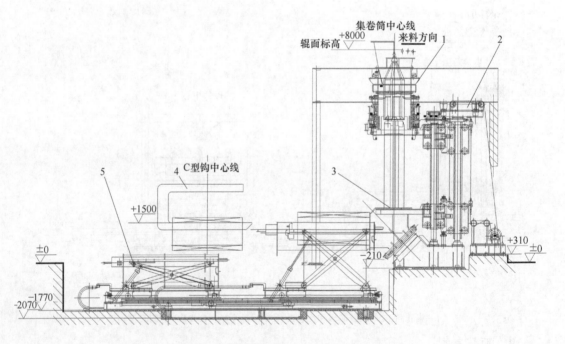

图 2-40　西马克型集卷收集设备立面图

1—集卷筒；2—盘卷板；3—双臂芯棒；4—PF 线上的 C 型钩；5—运卷小车

C　森德斯型

此类型的设备近几年在国内应用较多，工艺流程为：集卷筒—卷芯架—轮式运输机—翻卷切尾—轮式运输机—翻卷装置—运卷小车上 PF 线。

森德斯型集卷收集设备是精整设备中的一部分，由集卷筒、升降装置、盘卷板、轮式运输机、旋转台、卷芯架、翻卷装置和运卷小车组成。

森德斯的集卷收集立面图如图 2-41 所示。最高处操作面标高为 6.227m，较摩根和西马克型集卷站低，适合较大卷重（≤3t）的线材生产，适合轧制优钢、特钢，特别适合老车间改造由于厂房高度不够的改造工程项目。

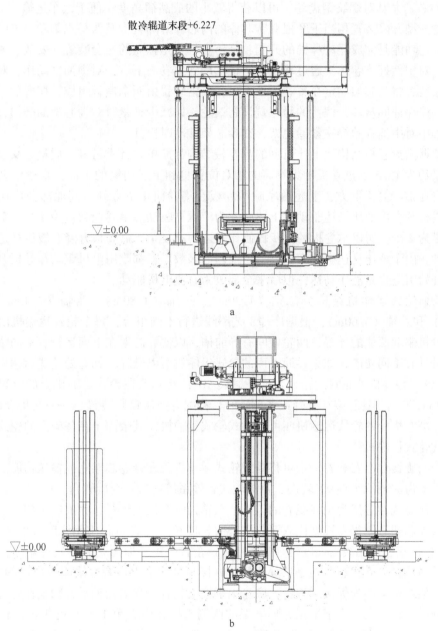

图 2-41　森德斯集卷收集设备立面图
a—纵向立面；b—横向立面

森德斯型集卷筒包括带布线器的集卷筒和浮动鼻锥。其特点是集卷筒缓冲接卷的拨爪是电机驱动，其他家均为气缸驱动，此结构彻底解决了密封件高温环境易损坏的问题。拨爪数量4个，其他家均为6个。再一方面是布线器的偏转板材质耐磨性能好，偏转板曲线设计合理（曲线是专利产品），偏转板的寿命达7~8年，得到较好应用。国内制造的偏转板寿命 1 年左右。集卷筒上的齿圈轴承处带空气冷却，保证轴承安全工作温度。浮动鼻锥外径也镶嵌有防挂线曲线耐磨板，设计先进合理的两种曲线配合使用，布线器减少盘卷高度 20%左右。尤其对螺纹钢盘卷，可以获得较小的成品捆高度，便于汽车运输。

森德斯型升降装置相当于摩根双臂芯棒的内芯棒升降机构及西马克集卷筒上的三个液压升降缸，功能是完成浮动鼻锥的升起、降落。特点是独立的一套装置，安装、调整、维护方便，对中性好。卷芯架通过轮式输送机移动到集卷筒下后，对中油缸动作，对中油缸带动夹紧装置将卷芯架固定在集卷筒正下方，夹紧装置由两个摆臂组成，摆臂的一端设有半齿轮，以保证同步性，摆臂的另一端设有滚轮，以减少夹紧时对卷芯架的磨损，卷芯架升降过程中对中油缸始终夹紧卷芯架，在卷芯架移动时松开。

森德斯型盘卷板结构比上述机型的盘卷板结构都简单并且质量轻，质量为 9.8t，上述两家质量约为 13.5t。盘卷板和集卷筒的相对位置也和上述两家的不同，森德斯型盘卷板直接布置在集卷筒正下方，上述两家除承卷板在集卷筒正下方外，其他部分均在侧面布置。盘卷板开合由液压马达驱动，上述两家为液压缸驱动。承卷板数量为 4 个，上述同类机型数量为 2 个。所以承卷板的同步控制比上述两家复杂。盘卷板升降有液压马达和电机驱动两种，由于液压马达事故率较高，目前国内多数厂家都改用电机驱动盘卷板升降。西马克型开始引进也是液压马达，但后来全部改为直流电机驱动。

森德斯轮式运输机结构分二轴（1.20m）、三轴（1.80m）、四轴（2.40m）、五轴（3.00m）和六轴（3.60m），根据冷却工艺路线进行不同组合，每个轮式运输机由一台交流变频电机驱动两侧的导辊，两轮中间有导向槽，以便卷芯架在上面运行。不同位置的轮式运输机具有不同功能，如集卷筒下面的轮式运输机可以升降，拐弯处轮式运输机可以平面旋转 90°，翻卷机处轮式运输机可向下翻转 90°，卷芯架在轮式运输机上的位置及动作全部由 PLC 控制。卷芯架在升降或者翻转时，都配有液压锁紧装置。一般在集卷筒下面、拐弯处、翻卷机处的轮式运输机叫可移动式轮式运输机，其余固定在基础上的轮式运输机叫固定式轮式运输机。

森德斯旋转台上安装着一个可移动式轮式运输机，配合卷芯架完成输送功能。旋转台由电机驱动齿圈轴承实现 90°转向，每条轮式运输系统配置 4 个旋转台。

森德斯立式卷芯架为承载线卷的工具，在轮式输送机上运行，完成收集和运输线卷工作。立式卷芯架有效集卷长度比双臂芯棒有效长度长，立式卷芯架无线圈长度是（1/4~1/5）全长。双芯棒无线圈长度是（1/7~1/8）全长。主要原因是卸卷轨迹不同，双芯棒卸卷是椭圆轨迹，立式卷芯架是从垂直位置直接倾翻到水平位置，线圈往出甩用的惯性大。立式卷芯架结构全部为焊接结构件，底盘十字架上装着两盘滚轮轴承，轴承在轮式运输机的导向槽中运行。底盘十字架正方形框架的两侧支撑在中心距 1.50m 的带齿形传动带的滚轮上运行。由于卷芯架较高，重心高，运行不能太快，特别是在拐弯处，如果太快易倾翻甩出。因此这种集卷收集设备不能无限适用大卷重。另外，卷芯架的 4 跟立柱顶部易收缩，圆周变小，卸卷时 C 型钩不易插入。

森德斯翻卷装置主要功能是把轮式运输系统上垂直状态的盘卷倾翻到水平位置。翻转装置有机械定位装置确保翻转 90°准确到位，翻转油缸采用比例阀控制，具有差动功能，设置有平衡阀。倾翻速度 13°/s。翻卷机前的输送机上设置有机械挡位装置，不倒翁原理。在翻卷机上有防倾翻装置和锁紧装置，锁紧装置由液压驱动完成。防倾翻装置由固定的钩子和立式导轮组成。如果需要对线材进行切头尾,可在轮式运输机上设计工位,安装翻卷机即可。翻卷机的结构如图 2-42 所示。

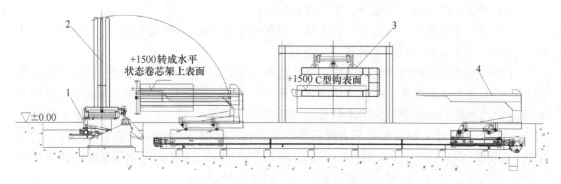

图 2-42 线卷翻转上 PF 线示意图
1—翻卷机;2—卷芯架;3—PF 线的 C 型钩;4—运卷小车

森德斯运卷小车如图 2-42 所示。线卷上 PF 线动作过程类似于摩根和西马克型,首先由翻卷机将盘卷翻转成水平状态,运卷小车托臂伸进线卷内部举起线卷横移上 C 型钩,再下降退出 C 型钩位置,小车托臂升降由液压缸完成,小车移动由电机、链轮、链条驱动,小车最大行程为 12.91m,比西马克型多了一个等待位。森德斯的运卷小车托臂较单薄且长,再加上没有前挡板、后压板,导致卷芯架底部的几圈线材经常脱钩,不如摩根型运卷小车端部带压板的结构好。但是森德斯的 PF 线 C 型钩吊挂方式比摩根好,两个挂点使得 C 型钩即使在线卷不对中情况下也不至于倾斜,这是它的优点。

D 达涅利型

达涅利型的集卷收集设备主要有两种,一种是旋转台式立式集卷收集设备,如图 2-43 所示。另一种和森德斯型相似。

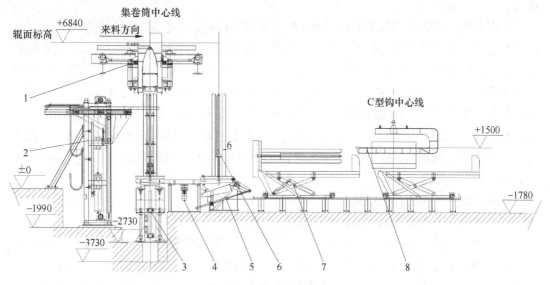

图 2-43 达涅利旋转台式集卷收集设备立面图
1—集卷筒;2—盘卷板;3—升降装置;4—旋转台;5—翻卷机;6—卷芯架;7—运卷小车;8—PF 线的 C 型钩

旋转台式集卷收集设备由集卷筒、升降装置、盘卷板、旋转台、卷芯架、翻卷装置、运卷小车组成。

此类型设备在国内应用很少，工艺流程如下：

集卷筒—升降装置、卷芯架、盘卷板—旋转台旋转180°—翻卷装置—运卷小车上PF线C型钩—切头—卧式打捆—称重—卸卷收集。

这种机型是达涅利将森德斯、西马克、德马克及达涅利的技术结合于一体的集卷收集机型，最大优点是集卷操作面高度比摩根、西马克的低，风冷辊道坡度大大减小；省掉了森德斯轮式运输机运输卷芯架的中间环节，线卷可以直接上PF线。虽然运卷小车行程只有5.944m，但集卷筒和运卷小车之间还有个旋转台，所以在长度方向的工艺距离并没有缩短。集卷筒中心到PF线C型钩的中心距离为12.784m，这种机型适合改造项目中高度空间不够的场合使用。线圈进入集卷筒的操作面高为+6.84m。

达涅利的这种机型工作节奏比双臂芯棒慢，原因是比双臂芯棒多了一个翻卷中间环节并且设备之间的动作有互相等待的环节。线圈从垂直位置到水平位置设备多，环节多，故障点就多，设备作业率低。此机型的升降装置、旋转台、翻卷装置、卷芯架一同工作等同于摩根机型双臂芯棒一台设备完成的任务，摩根一套双臂芯棒重14.2t，升降装置、旋转台、翻卷装置、卷芯架设备共重16.7t。因此，除特殊情况，应用很少。

达涅利集卷筒包括带布线器的集卷筒和浮动鼻锥。这种机型是上述几种机型的组合。带布线器的集卷筒结构类似摩根和森德斯。拨爪6个，气缸驱动拨爪开闭，齿圈轴承处带空气冷却。浮动鼻锥类似西马克机型。

达涅利型盘卷板最大的特点是：承卷板在承卷时水平伸出，在旋转台工作时水平缩回。这种结构的承卷板在工作时悬臂较长，水平伸缩1.52m，承卷板U形叉式结构，没有摩根、西马克、森德斯承卷板近圆形结构好。承卷盘频繁的伸缩，又加上悬臂承载，水平运行的4个轮易损坏，滑道也易出现不均匀磨损。其他结构特点类似摩根机型。

达涅利型升降装置结构类似德马克单臂芯棒的升降托板。卷芯架通过旋转台旋转，在接近开关的控制下停到集卷筒下，升降装置的升降托板在两个液压缸的带动下，升起托住卷芯架，升降托板上有间距0.75m、直径0.09m的两个定位销和卷芯架上的两个同位置定位销孔配合。升降托板在初始升起时，先完成和卷芯架的定位，后完成和集卷筒浮动鼻锥的配合，最终完成浮动鼻锥的升起，拨爪的打开。升降托板的升降有6个导向轮，6个导向轮在筒体长度上间隔0.876m布置2圈。导向轮在圆周上呈120°布置，导向轮和托板的支撑筒体是V面配合，筒体上焊V形块，轮子是反V形两者配合定位防转。升降托板位置由接近开关检测控制。

达涅利型旋转台旋转由电机、减速机、小齿轮、内齿圈轴承、轴承与转盘连接实现旋转。转台回转直径为5.23m。旋转台只有对称180°集卷、翻卷两个工位。

达涅利型卷芯架为收集线卷的工具，在旋转台、翻卷装置的配合下完成集卷、翻卷工作。达涅利型卷芯架结构类似西马克机型，卷芯架内有涨缩机构，可实现直径涨缩0.1045mm。达涅利型卷芯架最大的优点是底盘设计比森德斯结实，稳定性好。森德斯卷芯架底座厚度为0.25m，卷芯架重1.2t，正方形底座呈"田"字设计。达涅利型卷芯架底座厚度 0.31m，卷芯架重 1.96t，正方形底座呈"井"字设计。

达涅利型翻卷装置主要功能是把旋转台上垂直状态的盘卷倾翻到水平位置。翻转装置结构与动作原理与森德斯型基本相同，只是多了一个在旋转台下的等待位。森德斯型的等待位是水平位置，达涅利型的等待位下倾 20°，目的是不影响旋转台旋转并且保证旋转台旋转时正好把卷芯架顺利旋进翻卷装置的防倾翻装置中。翻卷机的结构如图 2-43 所示。

达涅利型运卷小车的特点是质量轻，带后压板压紧机构。其结构类似西马克型。

达涅利目前应用较广泛全部为立式卷芯架收集系统，配套立式打捆机，其典型的精整收集设备布置如图 2-44 所示。

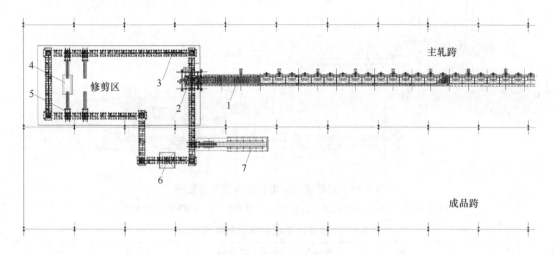

图 2-44 达涅利卷芯架收集布置图

1—散冷辊道；2—集卷站；3—轮式运输机；4—运卷小车；
5—翻卷机；6—立式打捆机；7—成品卸卷站

目前广泛应用的达涅利的集卷收集设备和森德斯型类似，此种工艺没有 PF 线冷却，布置占地面积小，适合改造项目场地不够的情况，由于翻卷机数量多，操作节奏慢，不适合产量高的生产线。近期的达涅利工艺布置也大多引进了森德斯的设备。

E 摩西组合型

此类机型的设备目前在国内改造项目或场地长度受限中应用较多，工艺流程为：集卷筒—双臂芯棒集—盘卷板—运卷小车—上 PF 线。

摩西组合型集卷收集设备由摩根集卷筒、摩根盘卷板、摩根双臂芯棒、西马克运卷小车四部分组成。

此种机型的特点是集摩根机型与西马克机型的优点于一体，既具有收集卷型好，运行节奏快，电机驱动双臂芯棒安装、操作、维护方便的优点，还具有运卷小车不需要等待位而使得集卷站中心到 PF 线 C 型钩中心距离短的优点。因此，此机型投产使用后得到了广大用户的认可。摩西组合型集卷收集设备立面图如图 2-45 所示。

2.2.6.2 五种高线集卷收集设备特点比较

综合前面描述，五种高线集卷收集设备特点列于表 2-9。

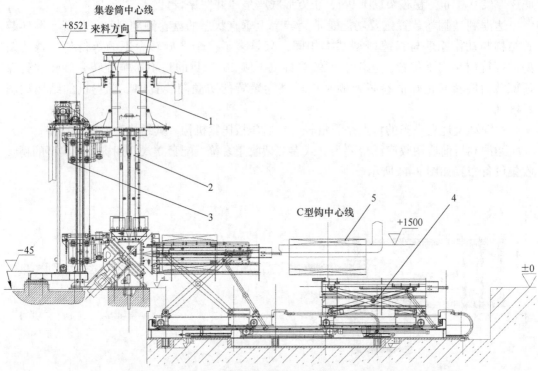

图 2-45 摩西组合型集卷收集设备立面图

1—集卷筒；2—双臂芯棒；3—盘卷板；4—运卷小车；5—PF 线上的 C 型钩

表 2-9 五种高线集卷收集设备特点比较

形 式	摩 根	西马克	森德斯	达涅利	摩西组合型
集卷筒布线器	间隙小，调整较难，工况不稳定	无	间隙大，使用效果好	有	间隙小，调整较难，工况不稳定
集卷筒鼻锥	容易对中，稳定，外镶耐磨条	不易对中，不稳定，无耐磨条	容易对中，稳定，外镶耐磨条	容易对中，稳定，外镶耐磨条	容易对中，稳定，外镶耐磨条
集 卷	旋转双芯棒	旋转双芯棒	卷芯架	卷芯架	旋转双芯棒
操作面高度	+8.5m，高	+8.0m，高	+6.2m，矮	+6.2m，矮	+8.5m，高
适合盘卷质量/t	≤2.5	≤2.5	≤3.0	≤3.0	≤2.5
运卷小车	有前后压板对中上 PF 线	有前后压板对中上 PF 线	无压板对中，上 PF 线	有后压板对中，无 PF 线	有前后压板对中上 PF 线
集卷中心至 PF 线 C 型钩中心	12.19m，长	7.2m，短	长	长	7.2m，短
线卷输送	PF 线	PF 线	轮式运输机 + PF 线	轮式运输机	PF 线
投 资	小	小	大	大	小
维 护	简单	较复杂	较复杂	复杂	简单

2.2.6.3 五种类型设备特点总结

高速线材精整收集设备五大类型，各有特点，设计时应根据现场情况进行合理布置，同时，应从投资、维护、生产能力及成品收集外观质量四个方面综合考虑。

针对五大类型的优缺点，设计时可考虑扬长避短，在场地不受限制，钢种以普通建材为主、卷重不大于 2.5t 的生产线，建议采用摩根型集卷收集设备。当场地受限，卷重不大于 3.0t 时，建议采用达涅利型或森德斯型。当场地不受限制，特别是轧特钢、优钢、卷重大于 2.0t 时，建议采用森德斯型。也可采取不同的组合，如将西马克的运卷小车经过加固后和摩根双臂芯棒组合，缩短 PF 线中心线与集卷站中心的距离。再如将摩根的运卷小车与森德斯卷芯架结合，避免上 PF 线时线卷端部几圈易发生的脱钩现象。

2.2.7 棒材大盘卷生产线加勒特卷取机

加勒特卷取机引进我国的时间比较早，基本在横列式合金钢线材生产线上使用，由于其工作时线材螺旋成卷，无扭转。与其对应的普碳钢线材使用的钟罩式成卷器，线材有扭转。加勒特卷取机早期的结构是地下多柱式，卷取机卷筒里设内外两圈立柱，线材在两圈柱间成卷。线材规格 $\phi(5.5 \sim 16)$ mm，最大速度为 25m/s，盘卷内径 $\phi860$mm，外径 $\phi1170$mm，盘卷质量最大 400kg。改进型卷取机如图 2-46 所示，取消了外圈立柱，将卷筒随底盘一起旋转，卷筒外壁是冷却罩，内通循环水冷却。线材首先由导卫引入立柱与卷筒之间的内腔，沿卷筒侧壁切线进入，接触卷筒内壁后随卷筒一起旋转成圈。一根坯料的线材卷取完成后，由气缸驱动连杆带动升降杆使卷取机底盘升起，将线卷托出，然后由推卷机将线卷移出卷取机，上运输机进行下一步收集。通常是由两台卷取机交替使用满足连续生产要求。在有色行业，对小盘重的镍合金、钛合金线材采用此卷取机，效果很好。

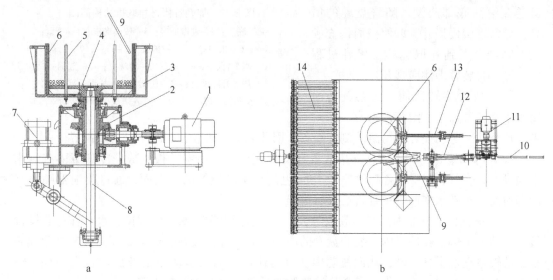

图 2-46 改进型线材加勒特卷取机

a—卷取机本体；b—卷取区设备布置

1—调速电机；2—传动伞齿轮；3—通循环水的冷却罩；4—底盘；5—内圈立柱；6—卷筒；7—升降气缸；
8—升降杆；9—导卫装置；10—导管；11—夹送辊；12—转辙器；13—推卷机；14—运输机

国外 20 世纪 80 年代有人将此类型卷取机进行升级改造，典型代表是美国摩根公司、意大利的波米尼公司和达涅利公司。他们将产品规格进一步扩大至 φ50mm，用于棒材生产线，即大盘卷生产。大盘卷的直径从 φ(16~50)mm，甚至达 φ70mm，盘卷质量最大3500kg，其生产技术及设备目前都已相当成熟。大盘卷的主要销售对象是汽车制造商及其零部件制造厂，主要用来生产汽车及机械紧固件。对于 φ(16~50)mm 规格的直条产品，需要在轧制后先由分段飞剪剪切成倍尺，随后上冷床冷却，再由冷剪切成定尺，打捆、入库。此过程具有生产占用场地大、设备多、工艺过程复杂的缺点。而使用加勒特卷取机将上述规格的钢材卷成大盘卷，可以有效简化工艺过程，具有单根成卷、卷重大、运输方便、下游厂家可有效提高金属利用率、适于连续加工等优点，日益被国内市场重视。

2.2.7.1　加勒特卷取机的组成

加勒特卷取机位于棒材成品轧机之后，即完成轧制后，用卷取机把圆形轧件盘成卷状。其组成见图 2-47。

加勒特卷取机组成主要包括：

（1）导入管。导入管位于卷取机前，导入管分两种类型：第一种导入管在成卷旋转滚筒的上方，在卷取过程中易导致盘卷在成卷旋转滚筒内成卷时不与滚筒底部接触，造成盘卷在滚筒内悬空；第二种导入管有效克服了这个问题，把导入管预先探入滚筒内部，确保盘卷在滚筒底部成型。随着盘卷的增高，导入管缓慢提升，以使滚筒内充满更加完全，直到卷取完毕。出卷过程中，导入管装置即侧向移开。

（2）成卷旋转滚筒。成卷旋转滚筒置于旋转底盘上，滚筒内壁有一系列

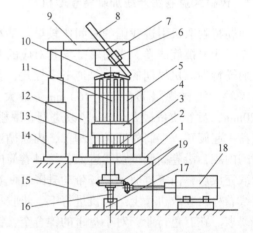

图 2-47　加勒特棒材卷取机结构简图

1—支撑底座；2—卷取底座；3—铰接支座；4—托盘；
5—芯棒；6—出口导卫；7—护盖；8—棒材；9—摆动臂；
10—水平杆；11—芯轴；12—冷却罩；13—卷筒；
14—护盖升降油缸；15—机架；16—托盘升降杆；
17—托盘及芯轴升降油缸；18—调速电机；19—传动伞齿轮

半圆形竖肋，竖肋使轧件与滚筒侧壁隔离，因此有助于脱卷；同时不会出现乱卷。

（3）冷却罩。冷却罩通过支架放置在支撑底座上，由穿孔板制成。冷却罩内有一组带喷嘴的集合管，喷嘴（含喷射器）均匀包裹在旋转滚筒的外表面，通过喷射器喷水来冷却滚筒，冷却水在两个集合管汇聚后排出。

（4）滚筒内芯棒收缩系统。卷取时，6 个内芯棒上端与水平杆铰接，水平杆与芯轴铰接，内芯棒下端卡在凹槽内来控制盘卷的内径。卷取完毕设在卷取机底部的液压缸顶起芯轴，芯轴带动水平杆上升，从而使芯棒在重力作用下向内运动，芯棒脱离盘卷内径，使盘卷上升时不受内芯棒划伤。盘卷从滚筒脱出后液压缸带动芯轴下降，内芯轴复位。

（5）支撑底座。支撑底座设滚筒的上、下部支撑，上支撑靠螺丝和钉销固定在底座上便于临时特别维护，下支撑焊在底座上。该结构采用一组齿轮，由电机启动。

（6）脱卷机构。一液压缸作用于竖固杠杆，杠杆垂直方向推动带有滚筒旋转底盘的芯轴把盘卷顶到旋转滚筒上部（图 2-47），杠杆垂直行程由两个竖固的导杆导向。

（7）驱动电机。加勒特卷取机所装电机为变频电机，能改变旋转周数。因此，卷取速度可根据轧制钢种及规格大小而改变。当轧制参数（平均卷取速度）给定时，滚筒转速通过无级调速呈波形变化，从而实现轧材在滚筒内芯棒至外壁之间的均匀分布。

（8）制动缸。制动缸是置于制动臂上的液压缸，制动能够保证在滚筒旋转底盘上精确定位，避免移送过程中滚筒旋转底盘的转动。

加勒特卷取机的主要特性参数：速度范围 3~20m/s；卷重最大 3000kg；滚筒内径约 900mm；滚筒外约 1400mm；滚筒高度约 1900mm；最小棒材直径 16mm；最大棒材直径 50mm；卷取温度不低于 850 ℃。

2.2.7.2 盘卷移送装置

其作用是从加勒特卷取机出卷，并将盘卷移送到冷却输送带上。移送装置有几种形式，具体描述如下：

（1）整个机构安装在轮子上，在一空中梁移动，动作由电机通过齿轮减速箱驱动，臂上配有液压可收缩式机械手。整个机构运行到加勒特卷取机正上方，收缩垂直臂，在液压驱动下完成提升动作，将盘卷从底部托起，整个小车在空中梁上移动至输送带并将盘卷向下放置在输送机上，进入下一个工序。

（2）加勒特卷取机把盘卷顶起后，托架伸到盘卷下托住盘卷，旋转后把盘卷放在运输链上运走。

（3）加勒特卷取机把盘卷顶起后，直接把一轮式小车开到盘卷下，接住盘卷，移出加勒特卷取机。小车上的盘卷则靠小车上的链条移到辊道上运走。

（4）加勒特卷取机把盘卷顶起后，由一个机械手从盘卷内侧底部把盘卷托住，旋转一定角度，放到一个托架上，再由托架旋转放到输送机上运走。

以上 4 种移送装置形式各自都有自己的特点。相比较而言，采用平移小车的盘卷移送装置最优，小车及小车上的链条只需要普通电机作动力，投资少，动作可靠，故障率低。其余三种形式都用到液压设备，投资明显加大，且液压缸距离高温盘卷都较近，容易造成液压缸损坏。虽然液压系统具有动作平稳、可靠的优点，但投资大、维护量大的缺点也显而易见。所以能用机械设备实现的动作，就不采用液压设备。最后一种形式采用机械手及旋转式托盘两套设备来完成用一套设备就能完成的动作，因而稍显繁琐。

2.2.7.3 加勒特卷取机应用

加勒特卷取机卷取的盘卷特点主要是松散，在后续的在线退火及冷却过程利用其松散的特点，可以获得较快的冷却速度及退火温度的均匀性。盘卷经过在线热处理线后，还可以上 PF 线继续冷却及压卷打捆。加勒特卷取机在优特钢棒线材生产线上已成为必不可少的设备之一。

近年来国内标准件行业从国外引进多条自动化生产线，要求钢铁行业能相应供应成卷高精度的大盘卷，大盘卷需求量会越来越大，具有良好的市场前景。目前国内已引进了十几套，并已有国内某机械厂转换。

为了更好地满足优特钢棒材生产要求，达涅利最新一代加勒特卷取机配备了步进梁移动式运输系统（包括强迫风冷段和连续退火炉）和 90°或者 180°预弯管，解决了棒材自身弯曲的划痕问题，同时增加了控制卷取密度的参数修改系统，在卷取机入口设置了 3 组水箱及夹送辊，用于控制卷取温度。

2.2.8 棒线材打捆机

棒材全自动打捆机最早是在20世纪80年代安阳钢铁公司引进意大利达涅利小型棒材轧机时同时引进的，到了90年代以后，随着大量的具有国际先进水平的棒线材轧机引进，棒线材全自动打捆机得到了广泛应用，引进的类型主要是意大利达涅利型、瑞典森德斯型、美国摩根型及德国斯德克型，国内的设计院所也对此进行了转化及研制。

2.2.8.1 棒材打捆机

棒材打捆方式有两种：一是钢丝打捆，二是钢带打捆。

钢丝打捆机国内典型代表一是北京康瑞普，二是北航唐冶，两种打捆机基本参数基本相同，但各有特点。图2-48和图2-49分别是这两种机型的结构图。

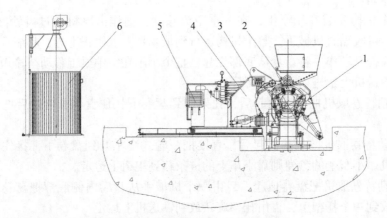

图2-48 北京康瑞普棒材钢丝打捆机

1—带立辊的辊道；2—打捆头；3—机旁操作箱；4—本体；5—液压系统；6—储线架

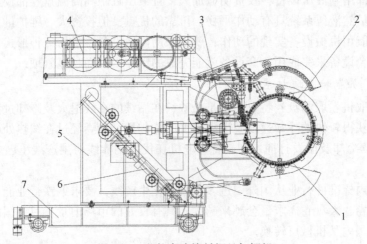

图2-49 北航唐冶棒材钢丝打捆机

1—下线槽；2—上线槽；3—扭结系统；4—蓄丝系统；5—液压站；6—移动液压缸；7—底座

打捆机参数如下：

（1）捆丝直径：北京康瑞普 $\phi6.5\text{mm}$，北航唐冶 $\phi(5\sim8)\text{mm}$；

（2）捆扎圈数：1 圈或者 2 圈；

（3）捆扎棒材直径 $\phi(10\sim60)\,\text{mm}$；

（4）捆扎周期：10s；

（5）打捆直径：$\phi(200\sim400)\,\text{mm}$；

（6）单捆质量：最大 3t；

（7）液压系统压力：10MPa。

北京康瑞普打捆机线槽是封闭的，结构简单，投资少。正常生产时一直在辊道上固定位置，等待棒材从中间穿过。北航唐冶打捆机结构复杂，投资多。其上下线槽可以开闭，捆扎时闭合，捆扎完成后可以打开，并且可以移离辊道，再进入辊道时可以打开线槽，上下线槽开口度大于棒材高度，通过棒材，再合上完成打捆过程。该打捆机使用场地灵活，适合现场空间不够直接在检验台架输出侧收集辊道上打捆的情况。

北京康瑞普打捆机在捆扎过程中机架本体是不移动的，因此，扭结过程收缩力不够，打捆容易出现打不紧现象，必须在打捆机前后布置液压预抱紧装置配合打捆机动作。北航唐冶打捆机打捆过程通过移动液压缸动作，可使扭结头随着结往棒材中心移动，结的根部可以到达棒材表面，基本不留空隙，因此，该打捆机收缩力较大，打捆紧。打捆头可以水平和斜 45°行走，斜走行程 280mm。

以上两种打捆机均可以在检修时通过底座上的车轮移离打捆辊道。

棒材也有采用钢带打捆的，钢带打捆外观整齐，没有钢丝扭结。目前国内大多数采用人工半机械化打捆，人工穿带，手持打捆机采用压缩空气作动力，首先将钢带勒紧，然后压带、锁扣、切带，完成打捆动作。这种打捆方式占用工人较多，打捆效率低，打的捆不紧，容易在吊运过程中松散。国内有一些厂家已成功开发了全自动钢带打捆机，主要结构包括打捆机头、送带机构、导带机构等。早期是由延边某包装机械厂开发的专用于热轧窄带钢和中宽带钢生产线的全自动打捆机，采用 0.9mm×32mm 钢带气压锁扣打捆，如果用于棒材打捆同样容易松散。近期江苏江阴圆方机械制造有限公司开发了一种钢带打捆机专用于棒材或者型钢。该机采用的是焊接（点焊）工艺，比锁扣方式打的捆结实，不易松散。结构形式如图 2-50 所示，由放料部件、机架部件、机头部件、机芯部件、电气系统、液压系统、气动系统组成。

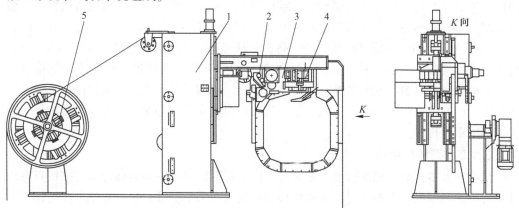

图 2-50　焊接式钢带打捆机

1—机架；2—机头；3—机芯；4—焊接部件；5—带钢钢卷架

打捆机主要技术参数如下：

（1）用于型钢（圆/方/六角）在线自动打包；

（2）使用钢带规格为 31.7mm×(0.9~1)mm；

（3）打捆规格为 200~500mm（圆是直径、方是边长、六角是对角线长度）；

（4）打捆周期为 5~7s；

（5）送带速度为 477mm/s（可调）；

（6）机头升降速度为 80mm/s（可调）；

（7）机头升降行程为 500mm；

（8）焊接装置：焊接方式为脉冲 TIG；输入电源为三相交流电源，AC 380V；焊接电流范围为 1~200A，额定输出 175A，7V，60%暂载率。

工艺流程具体如下：

吊装整盘钢带至放料架→引钢带经前导向滑轮，定、动滑轮组，后导向滑轮，人工送带到位（每次换整盘钢带时一样操作）→切换为自动工作模式：送带→夹带、机头下降→抽紧→焊接→切断→焊处打开→机头上升→等待下次动作。完成整个焊接打包过程。

棒材打捆机全自动工艺过程动作原理如下：

当成捆棒材（圆形、方形、六角形）经成型辊道输送到达本机中心时，根据检测信号按以下步骤完成：（1）（当偏心主轴回归原点时）放料减速电机根据信号动作，放料盘旋转放料，靠动滑轮自重下降（可加大定、动滑轮之间距，吸收钢带排放长度）。当动滑轮组的轴端下降到下限位检测开关时，通过信息反馈，减速电机停止，完成一次打包所需长度检测。（2）按 PLC 程序设定，进入打包放料工艺流程，此时气动马达一、二动作，钢带通过主被动滚轮之间（两轮成夹紧状态），穿过机芯，沿矩形滑道在成捆棒材上绕过一圈，当钢带头部再次通过机芯时（PLC 程序为时间设定），气动马达停止运动。（3）按程序设定、机架液压马达动作，横梁拖板下降，扁平气缸充气（气动压力 0.4~0.5MPa）将成捆棒材压紧。当气缸压料检测板上部感应触头到达检测开关时，打捆中心到位，减速电机停止，此时进入下道工艺：夹紧。（4）按程序设定：气动马达三动作，偏心主轴转过 90°，夹紧机构将钢带头部夹紧，此时液压马达一反向运转反抽，直至将成捆棒材抽紧为止（按钢带排放长度扣除捆扎长度为反抽长度，由旋转编码器控制）。（5）当程序动作进入焊接工艺时，在双导柱气缸的驱动下，通过焊枪连接件使焊枪下降，焊枪接触钢带，使钢带头部与本身叠加为二层并与焊接底板压紧，两极（阴阳二极均分别装在上方的焊枪座上）通过钢带短路，并瞬时放电，产生高温，从而将二层钢带焊接在一起。（6）按程序设定：液压马达三动作，偏心主轴转过 180°，冲刀下降，将钢带剪断。连杆机构将下端焊接底板推出打捆钢带范围之外，然后机架上升。成型辊道动作，将成型棒材送至下一捆扎工位。（7）当程序动作进入最后一个工艺动作时（偏心主轴回归原点），开始下一个工艺循环的钢带排放。

2.2.8.2　线材打捆机

线材打捆大多数采用钢丝打捆，很少采用钢带打捆，尽管国外的森德斯打捆机具有钢带打捆功能，但国内几乎不采用，只有高端不锈钢线材采用塑带打捆，避免表面划伤。

线材打捆机最早是随着进口线材轧机引进的，以美国摩根居多。后来由于摩根打捆机线道设计存在缺陷导致跳线故障多，用户逐步转向价格较贵的森德斯打捆机，在结合两家产品设计的基础上又出现了西马克打捆机。目前仿森德斯的国产打捆机也已成功研制和应用，效果良好，只是打捆周期较长，但增加了线卷滚圆功能。打捆机结构如图 2-51 所示。

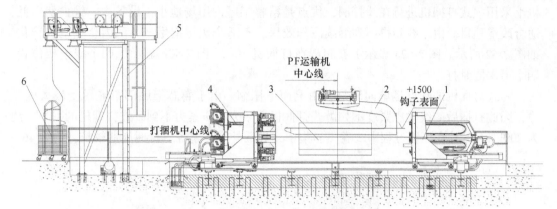

图 2-51 卧式线材打捆机结构图

1—右侧压头；2—C 型钩；3—线卷；4—左侧压头；5—线架；6—储线架

国内某厂开发的全自动线材打捆机技术参数如下：

（1）直径：$\phi(5.5 \sim 25)$mm 光面线材及螺纹钢；

（2）盘重：2200kg（森德斯 2100kg）；

（3）最小压实长度：600mm；

（4）外径/内径：ϕ1250mm/850mm；

（5）打捆线直径：ϕ6.5mm 或者 ϕ8mm（森德斯 $\phi(6.3 \sim 7.3)$mm）；

（6）钩子承卷面的标高：+1500mm；

（7）结构：卧式；

（8）打捆周期：约 32s（森德斯型 26s）；

（9）功能：自动压实打包 C 型钩上的盘卷；

（10）打包道次：4；

（11）有效开口度：620 ~ 4700mm（森德斯 4930mm）；

（12）压紧力：60 ~ 500kN。

线材打捆机全自动工艺过程动作原理如下。

带有盘卷的钩子到打捆机中心线位置。定位夹紧器闭合时发出信号，启动打捆机工作循环如下：

（1）升降台升起，使盘卷与钩子分离并对正打包机；

（2）两压实车同时向盘卷移动，双向压缩；

（3）压实盘卷的同时线道系统闭合；

（4）送出捆线；

（5）捆线拉紧并将剩余的捆线送回线库；

（6）完成扭结；

（7）线道系统后退；

（8）压实车和线道系统返回初始位；

（9）升降台下降，打捆好的盘卷挂在钩子上，线卷离开。

卧式打捆机优点是能够配合 PF 线，让线卷得到充分冷却后打捆，并且在 PF 线上设置切头尾工序，这种布置需要较大的场地。国外达涅利公司很早就推出在立式卷芯架运输机上采用立式打捆机进行在线打捆，优点是精整工序占用场地小，设备少，维护费用低，适合改造项目。由于线卷得不到继续冷却效果，不适合优特钢生产。国内企业也有转化，如图 2-52 所示。图 2-52a 显示了卷芯架在打捆机中心，图 2-52b 显示了四个线槽架位置，四个道次同时打。

立式打捆机的缺点是单向压缩，由上而下压缩。由于卷芯架底部不能承受较大的压力，因此打捆后的线卷压紧度不如卧式打捆机压紧力，压紧力不到卧式打捆机的一半，约为 200kN。另外在压缩过程中线卷不易集中，导致外形不整齐。打捆周期较长，约为 46s。

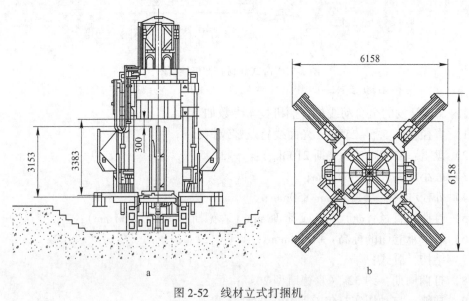

图 2-52　线材立式打捆机
a—正视图；b—俯视图

2.3　检测设备

2.3.1　棒材计数器

目前，国内大多数棒材生产厂解决成品支数计量和批次分离的手段主要是采用人工计数和分离，少数生产厂采用了引进国外技术进行棒材自动计数分钢系统。人工计数和分离的缺点是工人劳动强度大、使用人工多、生产效率低。近几年国内一些企业相继开发了棒材自动计数系统。

国内的棒材自动计数分钢技术主要分为以下两类：一类是基于图像识别的端面影像计数系统，典型代表为济南火炬科技开发有限公司；另一类是基于光电检测信号的光电计数系统，典型代表为中冶东方工程技术有限公司。

2.3.1.1　图像识别技术

端面影像计数系统的原理是通过对采集到的棒材端部影像进行滤噪、识别等手段，完成成捆后端面图像的分割、去粘连并进行计数工作。该系统具有速度快、可实现非接触式测量的优点，利用国际先进的机器视觉识别技术，采用目标识别、目标追踪、自动分离的技术路径，针对冶金企业螺纹钢、棒材生产的成批剪切工艺，实现了对产品的在线自动检测、实时精确计数功能。

该系统安装在收集链侧面，当钢筋随链子行走经过光学系统时，在光学系统两侧射灯光源的照射下钢筋的端部反光成像于 CCD 面阵的靶面上，以固定间隔拍摄图像并上传至计算机，计算机通过亮度、形状、大小等关系区分计算识别钢筋。计算出每幅图像的钢筋数量，并将相邻图像逐个链接起来求出每剪钢筋数量。计数实时图像和计数数据实时显示，以供分钢时使用，提高了分钢精度和速度。

系统结构介绍如下。

该计数系统分为硬件和软件。

硬件组成如图 2-53 所示，监视器位于操作台上，负责实时显示收集链上收集钢筋的图像。现场作业区安装有操作台用于控制计数的相关操作，包括"+1""-1""开始计数""停止计数""清零"等相关操作控制。工控机、单片机、生产线 PLC 一起实现对链条的控制。监视屏实时显示钢筋计数和分钢情况。由于该计数系统的计数原理是基于光的反射，所以对光的强度要求严格。为避免因电流的衰减造成的光的强度的衰减，引入净化电源保证电流的稳定。

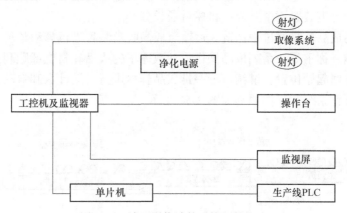

图 2-53　端面影像计数系统硬件构成

软件界面显示包括钢筋图形显示区和计数显示区。钢筋图形显示区显示采集到的钢筋实时图像及分钢打点情况。计数显示区分行显示每剪钢筋数量，离一捆钢还差几根，当前一捆钢累计数量。参数的设置包括钢筋设置和参数设置。界面也包括"+1""-1""开始计数""停止计数""清零"等相关操作控制。钢筋设置只需要改变直径其他参数自动更改，这些参数是预先设定不需更改。参数设置可选"控制链子"，即钢筋数量接近一捆时收集链停止，打点后继续前进。"外触发"收集链不停，现场人工控制。

该系统结构简单，投资少，但受棒材端面不规则、光源干扰、光照过强、短尺等因素影响系统精度。正常生产计数精度指标如下：

（1）$\phi14mm$ 以上的棒材计数误差小于±0.1‰。

（2）$\phi14mm$ 以下的棒材计数误差小于±0.2‰。

（3）允许多层堆叠计数（堆叠高度不能超过检测范围 80mm）。

（4）任意设置每捆支数，支持额定支数计量打包。

2.3.1.2 光电计数技术

光电计数法的原理是利用光电传感器采集生产线上的棒材信息，配合一系列工艺机械设备来完成棒材的计数和分离。该技术具有计数的精度高，可以实现无须人工干预的真正的自动计数分钢；但是对机械装置及自动化系统的精度要求较高。尤其是多线切分的小棒材互相缠绕影响分离，影响系统精度。

光电自动计数分钢系统，为棒材的定支定捆提供自动的计数和自动分离功能。工作流程可概括为：

成排的棒材由收集区输入辊道运送到指定位置后停止，然后 C 型小车上升，上升到位，小车在运输链1的带动下前进，前进到运输链1的接料位时，停止前进，然后小车下降将成排的棒材放在输送链1上，输送链1自动启动运行；成排的棒材到达输送链2的接料位时，输送链2自动启动并以高于输送链1的速度运行，通过输送链1和输送链2的速度差和其他一些辅助机械手段，将成排的棒材拉开距离，有效避免堆叠现象；无堆叠或轻微堆叠的棒材在运输链2段上通过两个计数光电开关进行计数（在计数前，需要根据最终打捆的成捆直径确定成捆棒材的数量，设定计数器的设定值），并对达到计数值的末根轧材进行位置跟踪，运输链减速，当末根棒材的切线定位在分钢器轴线上时，运输链2停止，预分钢装置延时一定时间后升起并向前推，将设定值的最后一根棒材的端部分开，随后在同一轴线的分钢装置逐个升起，将棒材通长分开。

计数完毕的成品轧材通过输送链3运输至成品收集装置进行震动整理对齐，再送至打捆装置进行打捆、称重等一系列成品操作；计数完毕的成品轧材全部顺利通过三段输送链尾端则分钢器落回起始位置，继续对下一批成品轧材进行自动计数和自动分离。

自动计数分钢系统的工作原理如图 2-54 所示。

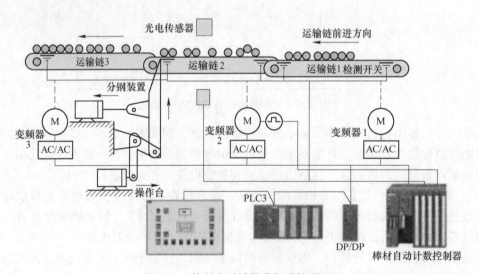

图 2-54 棒材自动计数分钢系统原理

在棒材的自动计数过程中，棒材之间分开的距离越大，计数的精度越高；理想情况时，即每支棒材之间均能实现完全分开，则自动计数和定位分钢很容易实现。但在实际生产过程中，一方面多数情况是棒材与棒材之间不能实现很好的分开，甚至会存在轻微的堆叠现象，另一方面还存在棒材抖动现象，这些都将造成对光电传感器的干扰。为了避免这种情况对计数精度的影响，采用下面的计算策略：

当棒材在通过光电传感器时会导致光电传感器信号中断，与之相关联的光电传感器信号将会变为高电平，在实际计数运算的过程光电传感器信号会出现一定数量高低电平变化，这些变化必定与计数值有某种对应关系，准确地找到这些对应关系，对完成准确的计数功能起着决定性的作用。

在开始自动计数之前，系统会通过人机接口得到一些数据，其中会包含棒材直径、棒材直径修正值、棒材计数设定值等。在理想的情况下，与棒材直径信息相关的光电传感器的电平变化和运输链编码器的脉冲值会有严格的对应关系，但由于棒材堆叠及抖动，这种对应关系被破坏。为了消除棒材堆叠和抖动的影响，我们需要先确定一个与棒材直径相关的编码器脉冲为 T1，T1 加上棒材直径的设定值得到 T2，在计数的过程中，光电传感器高电平通过 T1 个脉冲时，则认为一支棒材通过，计数值增加 1；当光电传感器的信号在 T2 到达之前变为低电平，则计数值不增加，否则计数值继续增加 1，以此类推，参见图 2-55。

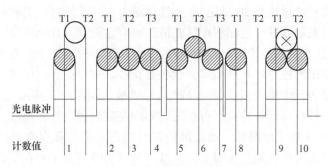

图 2-55　计数计算策略

当达到棒材设定的计数根数，则末根棒材切线定位功能启动，定位过程开始，下一次批次棒材计数同时开始。此时定位完毕的末根棒材还需行走距离 $X1$，才能到达分钢装置的轴线位置。为了得到更好的定位精度，在最后一根棒材到达分钢器轴线位置前，三段输送装置的链条同时减速最后停止，如图 2-56 所示。

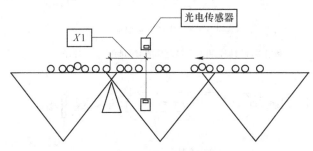

图 2-56　棒材分离位置

两个光电距离传感器组成的计数器可以避免一些计数过程中的错误。在计数过程中，如果操作人员发现简单的计数错误，可以通过操作室中的操作按钮"计数 + 1"或"计数 − 1"对计数结果进行修正。如果由于生产安排，最后一组棒材数量没有达到定支打捆的设定值，操作人员可以通过操作室中的操作按钮"最后一根"手动结束计数过程。

用于配合工艺机械设备完成自动计数分钢功能所需基本电气设备如下：

（1）用于实现自动计数分钢系统功能及相关工艺机械设备控制的 PLC 系统。

（2）用于实现三段运输链调速功能的变频驱动装置。

（3）用于监视计数系统的 PDA 高速数据采集系统。

（4）用于连接整个控制系统的高速且稳定可靠的网络设备。

（5）用于计数的光纤对射光电传感器。

（6）用于实现工艺流程顺序控制功能的检测组件。

正常生产计数精度指标如下：

（1）$\phi(12\sim16)$ mm 钢筋的计数误差不大于 0.01%。

（2）$\phi18$mm 以上无误差。

计算方法：总出错率＝某规格出错钢筋总根数/该规格计数钢筋总根数×100%。

2.3.2　测径仪

我国的在线测径仪最早是 20 世纪 90 年代伴随引进高速线材轧机的同时进口的，主要品牌是 ORBIS，后来随着进口达涅利棒材轧机，也有达涅利（DANIELI）的。国产的测径仪是在 2000 年之后开发的，特别是近 10 年的发展，已出现了天津东方龙，天津兆瑞、西普达科技、保定蓝鹏测控等好几种品牌，也各有特点。进口品牌以激光高速旋转扫描原理为主，机械结构复杂，价格较高。国产品牌具有机械结构简单、显示尺寸精度符合要求、便于维护、维护备件费用低等特点，可在短时间内完成设备上线和离线。测量原理包括静态激光发射接收和 CCD 成像两种，测量区位置可以在水平与垂直方向在线快速调节，缩短了调节时间，改进了传统测径仪对安装地基、位置的苛刻要求和在线调整困难的缺点。

2.3.2.1　常用两种测量外径方案的比较

两种方案的比较如图 2-57 所示。

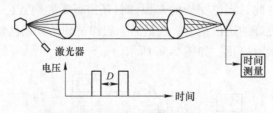

利用平行扫描光束测量被遮挡的时间间隔——外径

a

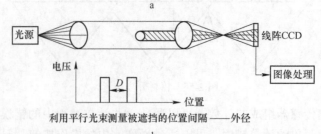

利用平行光束测量被遮挡的位置间隔——外径

b

图 2-57　激光扫描法和光电摄像法测量原理

a—激光扫描法；b—光电摄像法

2.3.2.2 三种截面轮廓形状测量方法比较

三种截面轮廓形状测量方法比较如图 2-58 所示。

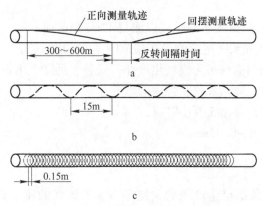

图 2-58 三种截面轮廓形状测量方法比较

a—摆动测量方法；b—旋转测径方法；c—多测头固定测量方式

由图 2-58c 可看出，用固定式八轴向侧头既可以得到完整的截面形状，又可以获取同时刻同截面轮廓尺寸，机械结构简单。国产品牌除了西普达科技采用激光静态扫描原理，其他厂家均采用 CCD 成像原理。

2.3.2.3 CCD 测径仪原理

测径仪采用光学投影和 CCD 测量原理，测量装置由光源，透镜，线阵 CCD 和相应的线度测量处理电路等部分组成，见图 2-57b。光源使用特种 LED，物镜系统采用物方远心光路结构，摄像单元使用线阵 CCD，光源通过透镜形成平行光束，平行光束包容的视场即为测量范围。被测物体从该范围内穿过，通经物镜在 CCD 敏感面上的投影，通过相应的计算机分析计算，得出被测物体直径或形成图像。主机将信号转换成数据，在显示器上显示出尺寸数据，并通过电缆传输至电子显示屏上。测量过程有冷却水冷却测量组件，冷却水循环使用，压缩空气吹扫通道。

通过计算机的人机界面可以看到 8 个不同方向的尺寸波动情况，及时精确地反映测量轧件的尺寸变化。可以帮助操作人员确定是否需要调整、换辊等，以及对测量的数据进行统计和分析。此外，在同一断面可从 8 个方向测出投影尺寸，并运算得出不圆度、平均直径等并显示轮廓缺陷示意图，以解决操作人员无法取样，进行轧件尺寸直观检测调整的困难，并且由于无机械和电器旋转机构，其可靠性和稳定性较高。

2.3.2.4 CCD 测径仪技术参数

测量范围：$\phi(5 \sim 70)$mm；

被测物直径：$\phi(5.5 \sim 60)$mm；

测量精度：线材 $0.02 \sim 0.04$mm，螺纹钢 0.08mm；

CCD 摄像机：电子快门 1/10000s，分辨率 1μm，666 次/s；

被测物速度：≤120m/s；

被测物温度：≤1200℃；

电源：AC 220V±10%，50Hz±2%，≤500W；

极端环境温度：-15~+55℃。

2.3.2.5 西普达科技激光测径仪特点

具体如下：

(1) 1200Hz 的激光扫描频率，1s 可以测得 1200 个截面。

(2) 采用 4~8 对激光头，适合测量产品范围 $\phi(1~150)$ mm。

(3) 设备内的激光扫描探头为模块化设计，安装、拆卸、维护简单。

(4) 不受环境温度、振动及材料弹跳的影响。

(5) 采用红色激光，寿命 5 万小时以上。

(6) 测量精度：0.01~0.03mm。

2.3.3 连铸坯表面缺陷检测系统

连铸坯的生产是整条钢材生产线的关键环节，连铸坯的质量直接影响后续钢材的质量。传统对铸坯进行表面缺陷检查需要将待检查铸坯下线，在铸坯冷却后再检查，这种方式不能及时发现铸坯的表面缺陷，而且无法实现热装热送工艺。因此，传统的铸坯检查方式已不能满足企业节能降耗和提高生产效率的要求，对铸坯进行表面在线检测是实现热装热送工艺和及时发现缺陷的重要手段，可为企业带来巨大经济效益。

HXSI-H01 系列表面检测系统是北京科技大学高效轧制国家工程研究中心于 2008 年起研制的连铸坯表面检测系统。该系统是专门针对板坯工艺特点、表面特性而开发的，系统能够在复杂恶劣的炼钢生产环境下稳定工作。针对板坯表面复杂的状况，如氧化铁皮、保护渣等问题专门设计了缺陷检测算法和缺陷识别算法，实现板坯表面缺陷高精度、高可靠性的检出与识别。在板坯检测成功经验的基础上，2015 年又开发了适合棒材轧机使用的大圆坯及方坯表面检测系统。

最新一代的 HXSI-H03 型表面检测系统在表面缺陷检测算法、数据实时处理、图像采集与传送、照明技术等方面具有特色和突出的优势。图 2-59 为图像采集示意图。

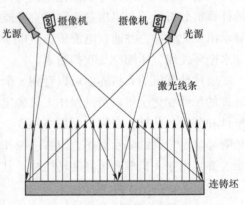

图 2-59 图像采集装置安装方式

(1) 表面缺陷检测算法。

1) 分析连铸坯表面存在的各类现象的特点，如氧化铁皮、保护渣、振痕、水痕等现象与裂纹等表面缺陷在纹理上存在着差异，利用这种差异设计表面缺陷检测与识别算法。

2) 采用特殊算法专门检测表面裂纹缺陷，实现裂纹的自动检测。

(2) 数据实时处理。

1) 采用并行处理方式，单台摄像机采集到的钢板表面图像由单台客户机进行处理，多台客户机对多台摄像机图像进行同步处理，满足了数据的实时处理要求。

2) 所有的算法都由软件方式完成，方便了算法的调试与更新。

(3) 图像采集与传送。

1) 采用多台 4096 像素的线阵 CCD 摄像机同步采集板坯表面图像，检测精度可达

0.3 mm。

2）摄像机带千兆以太网口输出，通过千兆以太网直接传送图像数据，保证图像数据的远距离传送。

3）采用线阵 CCD 摄像机采集图像方式，摄像机带千兆以太网口，通过千兆以太网直接传送图像数据，保证图像数据的远距离传送。实现高精度的同时，减少 CCD 摄像机数量，避免了采集系统的复杂，降低系统维护工作量。

（4）照明技术。

1）采用高亮度的绿色激光线光源作照明，激光光源进行了特殊处理，保证了出光的均匀性和光照亮度。

2）绿色激光的波长为 532nm，与钢坯表面背景形成强烈对比，保证了缺陷的对比度。

3）激光器的连续使用寿命可达 1 年以上，到寿命后只需更换激光二极管即可，降低了设备维护工作量和使用成本。

（5）完善的结构设计和现场防护措施，确保系统长期免维护运行。

1）图像采集装置安装在现场的防护箱内，防护箱采用了完善的隔热、隔震、防尘设计，可以避免现场环境下的强振动、高温、水汽和粉尘等不利因素的影响。上表面检测装置可以在恶劣的环境下长期免维护运行，下表面检测装置安装在检测小房内，小房内只有一条宽度不到 100 mm 的开口，并且用压缩空气吹扫开口，减少氧化铁皮掉入到下表面检测装置。实践表明，只需要每天对下表面设备进行一次简单的清理，便能保证下表面图像的清晰采集。

2）自带冷水机对设备进行冷却，保证设备正常工作温度。

3）系统在生产线的应用实践表明，系统可以长时间稳定运行，需要维护的工作量很少。

HXSI-H03 系统在连铸机生产线投入运行后，取得了以下效果：

（1）可以对铸坯的表面质量进行及时反馈，避免缺陷的大面积产生。检测系统可以在线检测铸坯的表面缺陷及其他质量问题，操作人员可及时调整设备或生产工艺，避免缺陷的继续产生。

（2）可以在线检测铸坯的表面缺陷，为向轧钢输送高质量热送铸坯提供了保障，从而为热装热送工艺提供了实现的基础。

（3）避免了操作人员靠近热坯检查表面缺陷，极大地改善了工人的工作环境。

（4）可以直接检测铸坯上、下表面，对于下线铸坯，不用翻面再次检查，减少了等待行车翻面的时间，加快了物流流通速度。

系统已经实现了以下技术指标：

（1）检测宽度（可检测连铸坯的最大宽度）3300mm。

（2）检测精度（可检测表面缺陷的最小尺寸）0.25~0.35mm。

（3）对于表面纵裂、接痕、凹陷的检出率为 98% 以上，其他缺陷的检出率为 90% 以上。

（4）表面缺陷的识别准确率大于 85%。

3 控 制 冷 却

3.1 控制冷却机理

控制轧制是在热轧过程中通过对金属加热制度、变形制度和温度制度的合理控制，使热塑性变形与固态相变结合，以获得细小的晶粒组织，使钢材获得优异的综合力学性能的新工艺。对低碳钢、低合金钢来说，主要是通过控制轧制工艺参数细化变形奥氏体晶粒，经过奥氏体向铁素体和珠光体的相变，形成细化的铁素体晶粒和较为细小的珠光体球团，从而达到提高钢的强度、韧性和焊接性能的目的。

轧制棒线材产品很多，形状各不相同。当轧机数量确定、一套孔型设计完成以后，其轧机的各道次的变形条件基本确定，在生产中变形条件仅能在较小范围内调整，因此，控制轧制在棒线材生产中主要是进行轧件温度的控制，即所谓控温轧制。利用控制有关轧制道次，特别是精轧前几道次的轧件温度来调整终轧温度，以实现棒线材的控制轧制工艺。

控制冷却是通过控制钢材的冷却速度达到改善钢材的组织和性能的目的，基本原理如图 3-1 所示。由于热轧变形的作用，促使变形奥氏体向铁素体转变温度（A_{r_3}）提高，相变后的铁素体晶粒容易长大，造成力学性能降低，为了细化铁素体晶粒，减小珠光体片层间距，阻止碳化物在高温下析出，以提高析出强化效果，而采用人为有目的控制冷却过程的工艺。控制轧制和控制冷却能使钢材的形变强化和相变强化有效结合，两种强化效果相加，进一步提高钢材的强韧性和获得合理的综合力学性能。

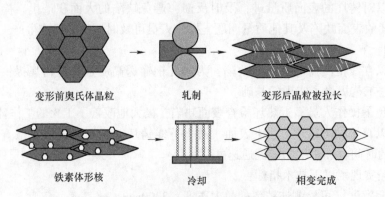

变形前奥氏体晶粒　　　　轧制　　　　变形后晶粒被拉长

铁素体形核　　　　冷却　　　　相变完成

图 3-1　轧后控制冷却工艺机理示意图

轧后控制冷却在热轧棒线材生产中得到广泛的应用。根据钢种组织和性能的不同要求，将采用不同的轧后控制冷却工艺和方法。由于产品形状的差异大，种类多，冷却设备及冷却方式的选择及设计是很重要的，它将决定棒线材轧后控制冷却工艺是否合适。

控轧控冷超细晶粒钢生产技术其技术原理是：通过控制轧制温度和轧后冷却速度、冷却的开始温度和终止温度，来控制轧件高温的奥氏体组织形态以及控制相变过程，最终控制钢材的组织类型、形态和分布，提高轧件的组织和力学性能。采用超细化方法使普通 Q235 钢的铁素体晶粒超细化，可使其屈服强度提高到 400MPa。这是国际上钢铁材料的研究开发最新趋势。目前，日本、欧洲、南韩等国正在通过高纯净度、高均匀性和微米级超细组织来充分挖掘钢铁材料的潜力，最大限度地优化钢的性能，以满足 21 世纪人类发展对钢铁材料的需求。研究的方向之一是利用工艺手段，将低碳碳素钢的组织细化到微米级，使其强度性能提高一倍。

通过对 Q235 钢奥氏体再结晶+过冷奥氏体的低温轧制形成形变诱导的铁素体，再加轧后控冷，可以将铁素体晶粒细化到 $3 \sim 5 \mu m$，屈服强度达 400MPa 级水平。塑性、冷弯、反弯、时效性能满足Ⅲ级钢筋要求。

国外生产 400MPa 级以上的可焊性热轧带肋钢筋有两种常用的方法：

（1）微合金化方法。

（2）轧后余热处理方法。

微合金化是靠晶粒细化和沉淀强化来提高强度而不是用碳当量作为主要的强化机制。它是目前国外发展高强度抗震、焊接要求高的钢筋的主要路线。微合金元素为铌、钒、钛，三种元素都可有效地产生两种强化机制，但这并不意味这些元素是相似和可以互换的。不同的生产条件需要选择不同的微合金化元素和不同的工艺制度。通过对 Nb、V、Ti 三种微合金化元素在钢中的强化机理分析，结合常规热轧带肋钢筋生产设备的控轧控冷能力，人们充分认识了钒在钢中的有益作用。大量的研究结果证实，对含钒的微合金钢，氮是一个十分有效的合金元素。氮的加入提高了钒的强化效果，充分利用廉价的氮元素，可节约钒的加入量，显著降低钒微合金钢的生产成本。钒氮微合金化钢筋是发展经济型高强度可焊接钢筋的一条有效途径，也是国外主要的发展方向。

用轧后余热处理方法提高钢筋的强度，由于加工成本低廉而很有吸引力。要使表面硬而心部较软的热处理钢筋达到所要求的强度水平，需要极其严格的控冷工艺过程。同时，钢筋的连接技术也很重要。日本用机械法连接时，钢筋两端不加工直接与长螺母连接，连接后注入填充剂。

棒线材轧后控制冷却过程分为三个阶段：

（1）一次冷却。一次冷却是从终轧温度开始到奥氏体向铁素体开始转变温度 A_{r_3} 或二次碳化物开始析出温度 A_c 范围内的冷却。其目的是控制热变形后的奥氏体状态，阻止奥氏体晶粒长大或碳化物析出固定由于变形而引起的位错，加大过冷度，降低相变温度，为相变做组织上的准备。一次冷却的开始快冷温度越接近终轧温度，细化奥氏体和增大有效晶界面积的效果越明显。

（2）二次冷却。热轧钢材经过一次冷却后，立即进入由奥氏体向铁素体或碳化物析出的相变阶段，在相变过程中控制相变冷却开始温度、冷却速度和停止冷却温度等参数，就能控制相变过程，从而达到控制相变产物形态、结构的目的。

从相变开始温度到相变结束温度范围内的冷却控制目的：

1）控制相变过程；

2）控制要求的金相组织；

3）获得理想的力学性能。

（3）三次冷却。三次冷却是相变之后直到室温这一温度区间的冷却。

一般钢材相变后多采用空冷，冷却均匀，形成铁素体和珠光体。此外，固溶在铁素体中的过饱和碳化物在慢冷中不断弥散析出，使其沉淀强化。

对一些微合金化钢，在相变完成之后仍采用快冷工艺，以阻止碳化物析出，保持碳化物固溶状态，达到固溶强化的目的。

低碳钢的三次冷却：此阶段冷却速度对组织没有什么影响。

含 Nb 钢的三次冷却：在空冷过程中会发生碳氮化物析出，对生成的贝氏体产生轻微的回火效果。

高碳钢或高碳合金钢的三次冷却：相变后空冷时将使快冷时来不及析出的过饱和碳化物继续弥散析出。如相变完成后仍采用快速冷却工艺，就可以阻止碳化物析出，保持其碳化物固溶状态，以达到固溶强化的目的。

3.2 控制轧制

控轧控冷工艺不同温度阶段的变化如图 3-2 所示。

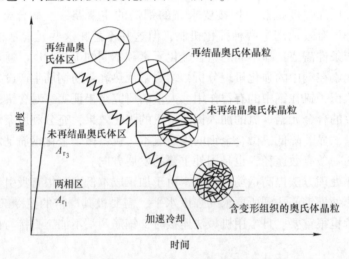

图 3-2 控轧控冷工艺的四个阶段

控制轧制是在调整钢的化学成分的基础上，通过控制加热温度、轧制温度、变形制度等工艺参数，控制奥氏体状态和相变产物的组织状态，从而达到控制钢材组织性能的目的。

为了提高低碳钢、低合金钢、微合金钢的强度和韧性，特别是低温韧性，经过控制轧制细化奥氏体晶粒或增多变形奥氏体晶粒内部的滑移带，即增加有效晶界面积，为相变时铁素体形核提供更多、更分散的形核位置，得到细小分散的铁素体和珠光体或贝氏体组织。

控制轧制是形变热处理的一种形式，是热变形和正火相结合的一种形变热处理工艺。

棒线材生产中的控制轧制和控制冷却的目的视钢种及其对性能要求的不同而不同，有的是为了提高棒线材的综合力学性能，高碳钢和轴承钢棒材是为了减少或消除网状碳化物，为后一步球化热处理创造良好的组织条件。而不锈钢则是为了利用轧制余热进行直接淬火，以抑制 Cr-C 化合物的析出。还有的是为了解决冷床能力不足而采用轧后快速冷却工艺等。

控制轧制在线材中的应用在 20 世纪 70 年代后才发展起来。由于线材的变形过程是由孔型所确定的，要改变各段的变形量比较困难，轧制温度的控制主要取决于加热温度（即开轧温度），无法控制轧制过程中温度的变化。控制轧制的现实很大程度决定不同温度范围内变形量的控制。因此在过去的线材轧制中很难实现。

为了获得高强度、高韧性的综合性能，可以采用不同的控制轧制工艺来达到。根据热轧过程中变形奥氏体的再结晶状态不同，相变机制不同，将其划分为四个阶段，图 3-2 描述了四个阶段的组织变化情况。

第一阶段的特点：

第一阶段为再结晶奥氏体（γ）区域轧制（950℃以上）。在高温轧制后急速进行再结晶，此阶段将因加热而粗化的奥氏体晶粒经反复轧制—再结晶进行细化，再结晶区轧制是通过再结晶进行奥氏体晶粒的细化，此阶段中奥氏体的进一步细化较为困难，它是控制轧制的准备阶段。

第二阶段的特点：

第二阶段是未再结晶奥氏体区域轧制（950℃ ~ A_{r_3} 之间）。随着轧制温度的下降，奥氏体再结晶被抑制，仍保持加工硬化状态。随着压下量的增加，奥氏体晶粒伸长，同时晶粒内有大量形变带和位错。这是控制轧制最重要的阶段。

第三阶段的特点：

第三阶段是在（γ+α）两相区轧制（A_{r_3} 以下）。在此区轧制时，未相变的奥氏体晶粒更加伸长，同时，晶粒内形成了形变带及位错，在这些部位形成新的等轴铁素体晶粒。先析出的铁素体晶粒由于塑性变形，在晶粒内部形成大量的位错，经回复形成亚晶结构。这些亚晶结构使钢的强度提高，韧脆转变温度降低。两相区轧制使相变后的组织更加细小，同时产生了位错强化及亚晶强化，从而进一步提高了钢的强度和韧性。

第四阶段的特点：

第四阶段为轧后加速冷却。在特定温度区（500~600℃）内增加冷却速度，使未相变的 γ 晶粒发生相变，变成微细的多边化晶粒。α 晶粒更加细密，且内部包含亚晶粒，这种包含亚晶粒的混合组织可使强度增大。

由于连续式棒线材轧机的轧制工艺参数中变形制度难以调整，即由孔型设计确定，要通过改变各道次变形量来适应控制轧制变形量要求是极其困难的，甚至是不可能的，因此在连续式棒线材轧机上只能采取控制几个轧机上的轧制温度来进行控制轧制，即控温轧制。通过控制轧制温度，使变形条件在一定程度上满足控轧要求。

连续式棒线材轧机上的控制轧制可以有以下两种类型：

（1）奥氏体再结晶型和未再结晶型两阶段的控轧工艺。这种工艺的特点是选择低的加热温度以避免原始奥氏体晶粒过分长大，但使粗轧机组上的开轧温度仍在再结晶温度范围内，利用变形奥氏体再结晶细化奥氏体晶粒；使中轧机组的轧制温度在 950℃ 以下，即处于奥氏体未再结晶区，并使总变形率在 60% ~ 70%，在接近奥氏体向铁素体转变温度（A_{r_3}）时终轧。

（2）奥氏体再结晶型、未再结晶型和奥氏体与铁素体两相区轧制的三阶段的控轧工艺。这种工艺的特点是粗轧在奥氏体再结晶区反复轧制细化奥氏体晶粒，中轧在 950℃ 以下的未再结晶区轧制并给予 60% ~ 70% 的总变形率，然后在铁素体及奥氏体两相区轧制并终轧。这种方法特别适用于结构钢的生产。

当然还可采用不同的组合排列，如采用两阶段轧制工艺，可在粗、中轧阶段采用再结晶型轧制，控制精轧机入口温度使精轧在未再结晶区轧制。这样粗、中轧采用常规轧制设计，可节约资金。

控制轧制在棒线材生产线上的定义：在精轧机组前或者在精轧机组内部机架间设置冷却水箱或冷却器，准确控制轧件在精轧机组内的温度，结合一定的变形量，获得较好的产品力学性能，这一工艺过程称为"控制轧制"。

对整个生产线来说，主要对以下工序进行控制：

（1）开轧温度。为了在粗、中轧后获得完全的再结晶组织，提高成品显微组织的均匀性，要求钢坯出加热炉温度不低于950℃。

（2）粗、中轧工序。粗、中轧采用Ⅰ型控制轧制工艺，即通过对加热时粗化的初始γ晶粒进行大变形量轧制，再结晶使之得到细化，获得均匀细小晶粒的γ组织。

（3）精轧工序。根据轧制钢种的不同，精轧可采用未再结晶型控制轧制或两相区控制轧制，统称为低温精轧工艺。

采用未再结晶型控制轧制，即在奥氏体未再结晶区进行轧制，γ晶粒沿轧制方向伸长，在γ晶粒内部产生形变带，提高了α的形核密度，促进了α晶粒的细化。

为实现控制轧制，可以在轧制线上某些位置设置冷却装置，可以设置冷却装置有：中轧机组和精轧机组间设置水冷装置，精轧机架间增设水冷装置。设置水冷装置的目的是控制中轧和精轧温度。

一般采用降低开轧温度的办法来保证对温度的有效控制。根据几个生产厂应用控温轧制的经验，高碳钢（或低合金钢）、低碳钢的粗轧开轧温度分别为900℃、850℃，精轧机组入口轧件温度分别为925℃、870℃，出口轧件温度分别为900℃、850℃。

在设计上，低碳钢可在800℃进入精轧机组精轧，常规轧制方案也可在较低温度下轧制中低碳钢材，以促使晶粒细化。

精轧机组前加水冷箱可保证中轧温度控制在900℃，而在精轧机处轧制温度为700~750℃，压下量为35%~45%，以实现三阶段轧制。

如能在无扭精轧机入口处将钢温控制在950℃以下，粗、中轧可考虑在再结晶区轧制，这样可降低对设备强度的要求。

（4）轧制温升（变形热）。轧件在不同机架中温度变化如图3-3所示，根据轧件轧制速度变化，轧件温度变化如下：

1）轧制速度为8~9m/s时，轧件降温；

2）轧制速度为10~12m/s时，轧件温升0~50℃；

3）轧制速度为12~16m/s时，轧件温升50~100℃；

4）精轧机组间设置水冷装置：出口导卫特殊设计。

控制轧制除了能生产具有细晶组织、强韧性组合好的钢材外，还可以简化或取消热处理工序。例如非调质钢，利用控制轧制，配合控制冷却，可以生产冷镦用高强度标准件原料。使用这种原料，原标准件生产中冷镦工序后的调质工序可以取消；对于某些轧后要求球化退火的钢材可节约退火时间。

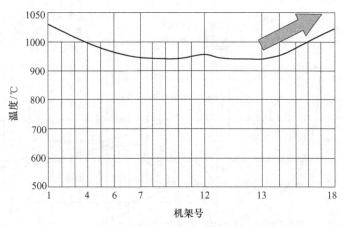

图 3-3 不同机架中轧件温度变化

3.3 棒材控制冷却

控制冷却工艺是利用控制轧件轧后的冷却速度不同，来控制钢材的组织和性能。通过轧后控制冷却能够在不降低轧件韧性的前提下进一步提高钢材的强度，并且缩短热轧钢材的冷却时间。

随着钢种的不同，控制冷却钢的强韧性取决于轧制条件和冷却条件。控制冷却实施之前钢的组织形态取决于控制轧制工艺参数。控制冷却条件对热变形后奥氏体状态、相变前预组织有影响，对相变机制、析出行为、相变产物组织形貌更有直接影响。控制冷却可以单独使用，但将控制轧制和控制冷却工艺有机地结合使用，可以取得控制冷却的最佳效果。

在线热处理主要指利用轧材的轧后余热进行直接淬火形成马氏体并进行回火工艺，以及其他的轧后处理如固溶处理等，属于控制冷却范畴。它与采用一般调质处理所得的轧材相比，钢的强韧性得到进一步提高，而且节省了一次加热，简化了工艺，节约了能源。

3.3.1 棒材穿水冷却工艺原理

在棒材终轧组织仍处于奥氏体状态时，利用其本身的余热在轧钢作业线上直接进行热处理，将热轧变形与热处理有机结合在一起，通过对工艺参数的控制，有效地挖掘出钢材性能的潜力，获得热强化的效果。

工艺过程：将终轧温度为 900~1100℃ 的钢筋经过水冷器冷却直接进行表层淬火，使其表面温度快速降至 200~300℃，然后在空气中由轧件心部传出余热，使钢的温度达到550~650℃ 的自回火温度，以达到提高钢材强度、塑性，改善韧性的目的，使钢材得到良好的综合性能。图 3-4 为棒材轧后控冷工艺 CCT 曲线。

由图 3-4 可看出，棒材表面马氏体层是不可避免的，由于马氏体属性硬脆，钢中含马氏体强度提高但韧性下降，在国标 GB 中钢筋的强/屈比大于 1.25，在 BS 和 ASTM 标准中则为 1.1~1.15，因此在我国的棒材生产中希望穿水后得到较少的马氏体厚度，控制冷却强度（提高回复温度）和分段冷却（冷却—回复—再冷却—再回复）是减少马氏体量的有效途径。

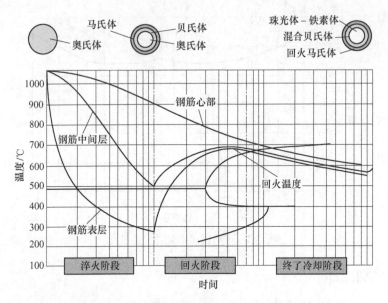

图 3-4　棒材轧后控冷工艺 CCT 曲线

3.3.2　棒材穿水冷却工艺特点

具体如下：

（1）选用碳素钢和低合金钢，采用轧后控制冷却工艺，可生产不同强度等级的钢筋，从而可能改变用热轧按钢种分等级的传统生产方法，节约合金元素，降低成本及方便管理。

（2）设备简单，不用改动轧制设备，只需在精轧机后安装一套水冷设备，为了控制终轧温度或进行控制轧制，可在中轧机或精轧机前安装中间冷却或精轧预冷装置。

（3）在奥氏体未再结晶区终轧后快冷的工艺生产的棒材在性能上存在一定的缺点，即应力腐蚀开裂的倾向较大。裂纹主要是在活动的滑移带上位错堆积的地方形核。具有低温形变热处理效果的轧制余热淬火，提高了位错密度，阻止了位错亚结构的多边形化，因而形成了促进裂纹的核心，但是，在奥氏体再结晶区终轧的轧制余热强化钢筋，由于再结晶过程消除了晶内位错，而不出现应力腐蚀开裂的倾向。

3.3.3　棒材控制冷却目的及意义

为提高钢材的使用性能，控制冷却和余热淬火是既行之有效又经济效益好的措施。对合金钢采用精轧前后控制冷却，可使轴承钢的球化退火时间减少，网状组织减少。奥氏体不锈钢可进行在线固溶处理，对齿轮钢可细化晶粒。

3.3.4　应用效果

3.3.4.1　钢筋余热淬火工艺

经余热淬火的钢筋其屈服强度可提高 150～230MPa，同一成分的钢通过改变冷却强度，可获得不同级别的钢筋（3～4级），余热淬火用于碳当量较小的钢种，在淬火后，钢筋具有良好的屈服强度和焊接性能，伸长率、弯曲性能也有很大提高。

与添加合金元素的强化措施相比，余热淬火的成本低，并且可以提高产品的合格率。

我国 20 世纪 80 年代开始使用余热淬火工艺，生产的棒材主要是出口，按 BS 标准组织生产。由于国标 GB 的技术指标及施工条件的限制，国内很少应用直接穿水的高强度钢筋，目前广泛用于通过穿水减少合金元素含量保持钢筋较高强度，可降低生产成本 6%~15%。按 BS 标准组织生产钢筋，采用低碳钢穿水后屈服强度可达 450~550MPa，图 3-5 为北京科技大学高效轧制国家工程研究中心为马来西亚 Antara 钢厂建设的棒材穿水设备（四线切分轧制）。

图 3-5　马来西亚 Antara 钢厂棒材穿水现场

3.3.4.2　特殊钢控轧控冷实例

对于特钢生产，通过穿水控制终轧温度可以抑制某些合金元素或网状碳化物在晶界上的析出，再结合轧后快冷，得到合格的产品，可以部分取代线外热处理工序。图 3-6 为 40Cr 经过控轧后的性能对比。图 3-7 为轴承钢控轧控冷组织对比。

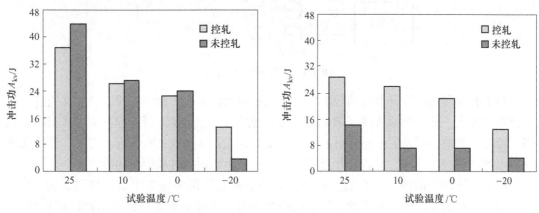

图 3-6　40Cr 钢控轧与未控轧性能对比

3.3.5　棒材穿水冷却系统构成

穿水冷却系统包括三部分，一是供水系统，二是自动化系统，三是水箱，下面分别叙述。

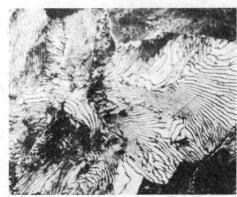

常规轧制空冷
网状碳化物级别3～4级
球化退火时间20～28h

控轧控冷
网状碳化物级别1.5～2级
球化退火时间10h左右

图 3-7　GCr15 钢控轧与未控轧组织对比

供水系统一般是独立于轧机水处理站以外的，冷却水处理自成系统，水的循环流程如图 3-8 所示，控冷自动化系统如图 3-9 所示。

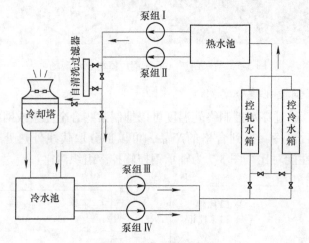

图 3-8　冷却水循环流程

目前普遍使用的冷却器有两种形式：湍流管式和套管式。湍流管式，又称文氏管，水通过喷嘴进入一连串的湍流管，圆钢通过湍流管进行冷却，湍流管冷却器由于其紊流效果强，冷却效率高，适合大断面棒材。另一种是套管式，即水通过喷嘴进入管内，轧件通过充满水的套管进行冷却，套管冷却器阻力小，适合小断面棒材和线材的冷却。

冷却水箱装置由内部冷却器、箱体、横移小车及替换辊道等组成，如图 3-10 所示，替换辊道是根据生产需要配置的，当不使用穿水时，通过小车横移将冷却器移离轧制线，使用辊道将轧件输送至下游轧机或冷床。为了保证棒材在冷却器内冷却均匀，且不至于拖底划伤，安装一定数量的中间托辊是必需的，托辊间距根据棒材直径及水压、冷却器形式确定。冷却器安装在水箱内部，由若干段组成，便于精确控制温度，并且可以实现快速更换，冷却器采用湍流管形式，每节冷却器由几个湍流管组成。根据不同钢筋直径，采用不同的湍流管最小直径及不同节数。各节冷却器又分为两段，每一冷却段由顺向或逆向喷嘴

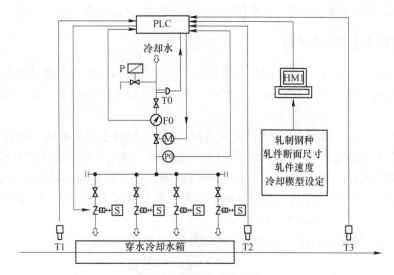

图 3-9 控冷自动化系统

T1—水箱入口测温；T2—水箱出口测温；T3—回复温度；S—气动开闭阀；

T0—冷却水温度；F0—流量计；M—电动调节阀；P0—冷却水压力；P—泄压阀

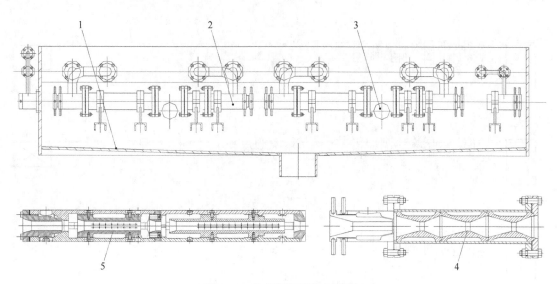

图 3-10 冷却器装配及剖面图

1—水箱；2—冷却器；3—托辊；4—湍流管式冷却器；5—套管式冷却器

加对称或非对称湍流管组成，湍流管小口径根据钢筋规格进行选择。为安全起见，水箱一般采用盖板密封。对于螺纹钢棒材生产，冷却器可以布置成五线以适用多线切分工艺要求。

冷却器的选型需要根据冷却轧件钢种、断面尺寸、轧件运行速度、冷却速度、开冷温度、终冷温度及冷却工艺确定。冷却工艺除要考虑金相组织外，还要考虑该钢种对冷却裂纹的敏感度。

湍流管式冷却器需要的水压大，压力范围为 1.2~2.0MPa，冷却速度快；套管式冷却器需要的水压小，冷却速度慢，压力一般取 0.6MPa。冷却模式可以是单一的冷却器形式，也可以是混合式的冷却器形式，需要供水泵采用变频控制以适应不同水压要求。

3.3.6 棒材控冷工艺布置分析

棒材穿水冷却是实现控温轧制和轧后控制冷却、提高钢材性能、降低合金成本的重要手段。现代化棒材生产线上应根据工艺需要采用不同的穿水冷却设备布置，以实现控轧控冷功能。

现代化棒材轧机一般由 16~21 架轧机组成，以 18 架居多，分粗轧、中轧、精轧三个机组，在各机组之间设切头飞剪，在精轧后设成品倍尺分段飞剪，将成品分段后上冷床。轧制钢坯采用 120mm×120mm~180mm×180mm 连铸方坯，长度为 9~12m，加热炉一般采用蓄热燃烧的推钢式或者步进式连续加热炉。最大轧制速度为 18m/s，螺纹钢采用多线切分生产工艺。年产能力为 40 万~100 万吨。

图 3-11 为几种典型的连续式棒材轧机布置图。

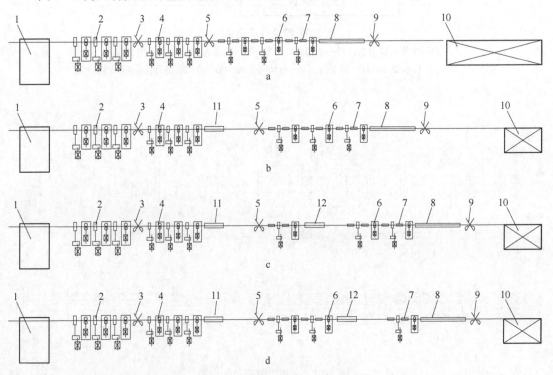

图 3-11 现代化棒材生产线布置

1—加热炉；2—粗轧机组；3—1 号飞剪；4—中轧精轧；5—2 号飞剪；6—精轧机组；7—立活套；
8—成品控冷装置；9—3 号飞剪；10—冷床；11—机组间控轧水箱；12—精轧机架间控轧水箱

图 3-11a 为我国较早的连续式棒材轧机，仅有成品穿水，生产淬火余热回火钢筋。

图 3-11b 在中轧后增加了水箱，降低轧件进精轧机组的温度，可以提高钢筋的性能，但由于精轧是六机架高速轧制，轧件升温明显，产品性能提高有限，温度控制不灵活，不适合优特钢。

图 3-11c 为图 3-11b 的优化布置，在精轧机组内部增加了控轧水箱，进一步控制轧件

温度，既适合钢筋（螺纹钢切分）生产，也适合优特钢棒材生产。

图 3-11d 为典型的优特钢生产线，所有棒材产品均从 17 号、18 号轧机轧出，通过控制终轧温度和一定的变形量，获得较好的力学性能产品。可以在 18 号轧机后增加减定径机组，单线生产高精度高质量棒材产品，它不适合螺纹钢切分生产。

3.3.7 棒材不同钢种控轧控冷温度制度

图 3-12 为常规的棒材轧制过程温度变化曲线，小棒材由于精轧机速度升高，最大为 16~18m/s，变形功使得轧件温度提升较快；而中棒材轧制速度最大为 4~5m/s，轧制过程基本没有温升。

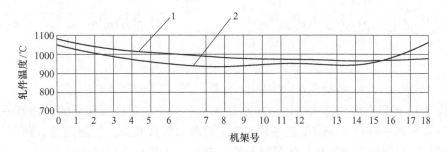

图 3-12 常规轧制棒材温度变化曲线

1—中棒材；2—小棒材

特殊钢一般都是中高碳钢及合金钢，钢坯加热温度既要考虑轧机强度和电机功率，又要考虑脱碳及加热速度影响，因此，不同钢种在炉内的加热制度也不同。表 3-1 列出了可以采用控轧控冷钢种的轧件在轧制过程中的温度制度及目标要求。

表 3-1 特殊钢棒材轧制过程温度制度及目标要求 （℃）

钢 种	开轧温度	减定径入口温度	冷床回复温度	进保温坑温度	控 冷 工 艺
碳素结构钢	1100	750	650	300~500	减定径前穿水+减定径后穿水+空冷+（缓冷）
合金结构钢	1150	800	650	300~550	减定径前穿水+减定径后穿水+快移+缓冷
轴承钢	1050	800	650	300~600	减定径前穿水+减定径后穿水+快移+缓冷
弹簧钢、冷镦钢	950	850	800	300~550	减定径前穿水+减定径后空冷+缓冷
齿轮钢	1100	850	800	300~550	减定径前穿水+减定径后空冷+缓冷
合金工具钢 高速工具钢	1150	800	700	450~650	减定径前穿水+（减定径后穿水）+快移+缓冷
锚链钢	1100	750	650	300~550	减定径前穿水+减定径后穿水+空冷+缓冷

注：进保温坑温度对大规格取上限，碳素结构钢棒材直径小于 100mm 不缓冷。

特殊钢棒材轧制过程中经过穿水装置冷却时，不能出现淬火组织（贝氏体和马氏体），这和普碳钢的螺纹钢筋连续穿水工艺不一样，后者需要回火马氏体组织以提高钢筋的强度。图 3-13 为普碳钢及特殊钢棒材穿水温度回复对比图。

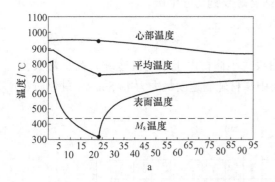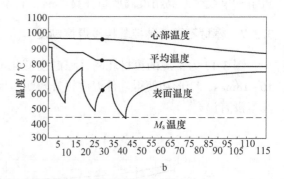

图 3-13　普碳钢及特殊钢棒材穿水温度回复对比

a—钢筋穿水温度回复曲线；b—特殊钢棒材穿水温度回复曲线

由图 3-13 可以看出，特殊钢棒材穿水需要较多的冷却器进行反复的"冷却—回复—冷却—回复"这一过程，冷却工艺参数的确定要考虑轧件断面、轧制速度、钢种等因素。回复后的目标温度要求表面和心部温差不超过 50℃，小规格棒材可达到 30℃。

图 3-14 为某厂轧制 φ50mm 轴承钢棒材时的温度模拟计算曲线，减定径机组的终轧速度为 3m/s，减定径机组前后分别设置 3 组冷却器，机前到精轧机组距离约为 130m，机后到倍尺飞剪距离约为 40m。

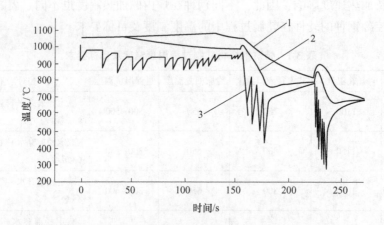

图 3-14　φ50mm 轴承钢棒材轧制过程中的温降曲线

1—心部温度；2—平均温度；3—表面温度

对于部分合金钢，由于合金元素对奥氏体晶粒长大的抑制作用，使热机轧制温度范围可以提高，或者同等冷却条件下，可以实现控温轧制的棒材规格范围扩大。

为了保证棒材成品进保温坑的温度，特殊钢棒材冷床均带快移机构，将成批的热棒材快速通过冷床，便于后部快速收集，减少温降。早期快移机构和步进式冷床是分开的，快移部分在冷床入口端。由于占地面积增加，近期发展均为快移和步进复合冷床。

3.3.8 特殊钢棒材实现控轧控冷目标

一条完整的特殊钢棒材生产线应该布置足够多的冷却器和足够长的回复段，综合考虑轧制钢种、棒材规格范围、轧制速度等工艺因素，最大限度地满足多品种生产。各种钢种经过控轧控冷后达到的效果分述如下：

（1）弹簧钢。减少表面脱碳，提高强度，提高低温冲击韧性。省去后续的正火工序，缩短球化退火时间。理想的最终金相组织为珠光体+铁素体。

（2）冷镦钢。提高拉拔和冷镦性能。省去后续的正火工序，软化、球化退火工序。理想的最终金相组织为珠光体+铁素体。

（3）轴承钢。减少表面脱碳，提高硬度和耐磨性及疲劳强度。缩短球化退火时间。低温终轧使得大量的析出片状珠光体和小晶界渗碳体，能够弥散在大的晶界区域内，结合轧后快冷可大大减少晶界出现网状碳化物。网状碳化物达到3级以下，晶粒度达到9级以上（直径90mm以上大规格采用高温热轧工艺晶粒度为7级）。后续的球化退火金相组织特征是球化的片状渗碳体与均匀分布的碳化物析出并存。

（4）齿轮钢。提高强度和耐磨性。理想的最终金相组织为珠光体+铁素体，不允许出现贝氏体组织，晶粒度在7级以上。

（5）合金工具钢。减少表面脱碳，提高硬度和耐磨性。轧后快冷防止网状碳化物出现，但又必须考虑不出现裂纹。

（5）中、高碳钢。减少表面脱碳，提高强度和韧性，具有较好的拉拔性能。理想的金相组织是呈条纹状的珠光体结构即索氏体组织。无须后续韧化处理。

（6）低合金钢（微合金化钢）。提高强度和韧性。借助V、Nb等合金元素对奥氏体晶粒长大的抑制作用，热机轧制不是必须的，终轧温度只需考虑轧后快冷能力，避免出现马氏体组织。理想的最终金相组织为珠光体+铁素体或者贝氏体。

3.3.9 棒材的在线固溶

奥氏体不锈钢余热淬火的目的是利用余热进行固溶处理，以抑制不合乎需要的铬碳化物析出，从而就不需要在轧后进行热处理，实现此工艺所需的参数是：精轧温度大约为1050℃，这时保证轧材处于奥氏体状态而晶界无碳化物析出；淬火终了温度要低于400℃，这时碳化物已完全固溶在奥氏体中，不会再析出。

过去不锈钢棒线材的热处理都是离线进行的，随着科学的发展和轧制工艺研究的不断深入，现代不锈钢热处理也较多采用在线进行。生产棒材时，对奥氏体、铁素体不锈钢而言，由于不易产生冷裂和白点，轧后可空冷或堆冷，或者在飞剪前设穿水冷却装置以实现余热淬火；生产马氏体不锈钢时，由于容易产生冷裂，不能进行穿水冷却而直接进入冷床，冷床的结构不同于生产普碳钢的冷床，一种办法是采用经改进的步进式齿条冷床如意大利达涅利公司设计的1989年投产的美国Teledyne Allvae厂的冷床，它伸入高温侧的一个槽中，槽可以放上水使冷床淹没在水中，这样可以对奥氏体不锈钢进行水淬，而不要水淬的品种则直接进入冷床，该冷床还可以装备绝热罩，可使轧件延迟冷却，在罩上绝热罩进行延迟冷却时，其冷却速度相当于自然冷却速度的一半，较低的冷却速度对确保马氏体不锈钢的滞后脆性裂纹是非常重要的；另一种办法是把冷床的一半设计成链式，另一半设计为普通的齿条式冷床，辊道设保温罩。生产马氏体不锈钢时，飞剪把轧件切成倍尺或定尺，如为倍尺，经链式冷床快速拉入保温罩中，在罩中切成定尺再送入保温坑，定尺直接拉入保温坑中进行缓慢冷却。

3.4 线材轧后冷却

线材轧后冷却的目的主要是得到产品所要求的组织及性能的均匀性，并减少二次氧化铁皮的生成量。为了减少二次氧化铁皮量，要求加大冷却速度。要得到所要求的组织性能则需要根据不同品种控制冷却工艺参数。

一般线材轧后控制冷却过程可分为三个阶段，第一个阶段主要是为相变作组织准备及减少二次氧化铁皮生成量。一般采用快速冷却工艺，冷却到相变前温度，此温度称为吐丝温度；第二阶段为相变过程，主要控制冷却速度；第三阶段相变完了，有时考虑固溶元素的析出，采用慢冷，一般采用空冷。

按照控制冷却的原理与工艺要求，线材控制冷却的基本方法是：首先让轧制后的线材在导管（或水箱）内用高压水快速冷却，再由吐丝机把线材吐成环状，以散卷形式分布到运输辊道（链）上，使其按要求的冷却速度均匀风冷，最后以较快的冷却速度冷却到可集卷的温度进行集卷、运输和打捆等。

因此，工艺上对线材控制冷却提出的基本要求是能够严格控制轧件冷却过程中各阶段的冷却速度和相变温度，使线材既能保持性能要求，又能尽量减少氧化损耗。

各钢种的成分不同，它们的转变温度、转变时间和组织特征各不相同。即使同一钢种只要最终用途不同，所要求的组织和性能也不尽相同。因此，对它们的工艺要求取决于钢种、成分和最终用途。

一般用途低碳钢丝和碳素焊条钢盘条一般用于拉拔加工。因此，要求有低的强度及较好的延伸性能。低碳钢线材硬化原因有两个，即铁素体晶粒小及铁素体中的碳过饱和。铁素体的形成是形核长大的过程，形核主要是在奥氏体晶界上。因此奥氏体晶粒大小直接影响铁素体晶粒大小，同时其他残余元素及第二相质点也影响铁素体晶粒形成。为了得到比较大的铁素体晶粒，就需要有较高的吐丝温度以及缓慢的冷却速度，先得到较大的奥氏体晶粒，同时要求钢中杂质含量少。

铁素体中过饱和的碳，可以以两种形式存在：一种是固溶在铁素体中起到固溶强化作用；另一种是从铁素体中析出起沉淀强化作用，两者都对钢的强化起作用。但对于低碳钢来说，沉淀强化对硬化的影响较小，因此必须使溶于铁素体中的过饱和碳沉淀出来。这个要求可以通过整个冷却过程的缓慢冷却得到实现。

所以对这两种钢的工艺要求是高温吐丝，缓慢冷却，以便先共析铁素体充分析出，并有利于碳的脱溶。这样处理的线材组织为粗大的铁素体晶粒，接近单一的铁素体组织。它具有强度低、塑性高、延性大的特点，便于拉拔加工。由于低碳钢的相变温度高，在缓慢冷却条件下，相转变结束后线材仍处于较高温度，所以相变完成后要加快冷却速度，以减少氧化铁皮生成和防止 FeO 的分解转变。

含碳量为 0.20% ~ 0.40% 的中碳钢，通常用于冷变形制造紧固件。对它们采用较慢的冷却速度，它们除能得到较高的断面收缩率外，还具有低的抗拉强度。这将有利于简化甚至省略变形前的初次退火或冷变形中的中间退火。

有些中碳钢在冷镦时，既要求有足够的塑性，又要求有一定的强度。为满足所要求的性能，需用较高的吐丝温度得到仅有少量先共析铁素体的显微组织。

如果中碳钢线材用于拉拔加工，利用风机鼓风冷却并适当提高运输机速度，将增加线材的抗拉强度。

对于含 0.35%～0.55%C 的碳素钢，为了保证得到细片状珠光体以及最少的游离铁素体，要求在 A_{r_3}～A_{r_1} 温度之间的时间尽可能短，以抑制先共析铁素体的析出。因此，此阶段要采用大的风量和高的运输速度，随后以适当的冷速，使线材最终组织由心部至表面都成为均匀的细珠光体组织，从而得到性能均匀一致的产品。对此，在冷却过程中保证线材心部和表面温度的一致是相当重要的。

对于含 0.60%～0.85%C 的高速钢，由于它靠近共析成分，所以希望尽量减少铁素体的析出而得到单一的珠光体组织。故要求采用较高的冷却速度，以强制风冷或者水雾冷却来抑制先共析相的析出，同时使珠光体在较低的温度区形成，这样就可得到细片小间距的珠光体-索氏体。这种组织具有优良的拉拔性能，适用于深拉拔加工。资料表明，对于含碳量为 0.70%～0.75% 的碳钢，经上述控制冷却后的 $\phi 5.5mm$ 线材可直接拉拔到 $\phi 1.2mm$ 而不断，而经铅浴淬火的同规格线材在未拉到该尺寸前就不能再拉拔了。

值得指出的是，碳含量在 0.30% 以上的线材容易产生表面脱碳，从而使线材表面硬度和疲劳强度降低，这是个不容忽视的问题。为了防止这类钢的表面脱碳，必须严格控制它们的终轧温度、吐丝温度以及高温停留时间。

目前，世界上已经投入应用的各种线材控制冷却工艺装置至少有十多种。从各种工艺布置和设备特点来看，不外乎有三种类型：第一类采用水冷加运输机散卷风冷（或空冷），这种类型中较典型的工艺有美国的斯太尔摩冷却工艺、英国的阿希洛冷却工艺、德国的施罗曼冷却工艺及意大利的达涅利冷却工艺等；第二类是水冷后不用散卷风冷，而是采用其他介质冷却或采用其他布圈方式冷却，诸如 ED 法、EDC 法沸水冷却、DP 法竖井冷却、间歇多段穿水冷却及流态床冷却法等；第三类是冷却到马氏体组织（表面）后进行自回火。

线材轧后的温度常高达 1000～1100℃，使线材在高温下迅速穿水冷却，该工艺具有细化钢材晶粒，减少氧化铁皮并改变铁皮结构使之易于清除，改善拉拔性能等优点。线材穿水冷却的效果主要取决于冷却形式、冷却介质，以及冷却系统和控制等。

3.4.1　斯太尔摩控制冷却工艺

斯太尔摩控制冷却工艺是由加拿大斯太尔柯钢铁公司和美国摩根公司于 1964 年联合提出的，目前已成为应用最普遍、发展最成熟、使用最为稳妥可靠的一种控制冷却工艺。该工艺是将热轧后的线材经两种不同冷却介质进行两次冷却，即轧制区分布的水箱水冷和经吐丝机吐丝成型后在斯太尔摩辊道上的风冷，即一次水冷，一次风冷。线材出成品轧机通过水冷套管快速冷却至接近相变温度后，经导向装置引入吐丝机，线材在成圈的同时陆续落在连续移动的链式运输机上，在运输过程中可用鼓风机强制冷却，或自然空冷，或加罩缓冷，以控制线材的组织性能。

斯太尔摩控冷工艺最大的特点是为了适应不同钢种的需要，具有三种冷却形式，这三种类型的水冷段相同，它依据运输机的结构和状态不同而分为标准型冷却、缓慢型冷却和延迟型冷却。

标准型冷却的运输机上方是敞开的，吐丝后的散卷落在运动的输送链上由下方风室鼓风冷却，在线材散卷运输机下面，分为几个风冷段，其段数根据产量而定，一般为 5~7 段，每个风冷段设置一台风量为 85000~90000m³/h，风压约为 0.02MPa 的风机。当呈搭接状态的线圈通过运输机时，可调节风门控制风量，经喷嘴向上对着线材强制吹风冷却。其运输速度为 0.25~1.4m/s，冷却速度为 4~10℃/s，它适用于高碳钢线材的冷却。

缓慢型冷却是为了满足标准型冷却无法满足的低碳钢和合金钢之类的低冷速要求而设计的。它与标准型冷却的不同之处是在运输机前部加了可移动的带有加热烧嘴的保温炉罩，有些厂还将运输机的输送链改成输送辊，运输机的速度也可以设定得更低些。由于采用了烧嘴加热和慢速输送，缓慢冷却斯太尔摩运输机可使散卷线材以很缓慢的冷却速度冷却。

延迟型冷却是在标准型冷却的基础上，结合缓慢型冷却的工艺特点加以改进而成的。它在运输机的两侧装上隔热的保温层侧墙，并在两侧保温墙上方装有可灵活开闭的保温罩盖，当保温罩盖打开时可进行标准型冷却，若关闭保温罩盖，降低运输机速度，又能达到缓慢型冷却效果，它比缓慢型冷却简单、经济。由于它在设备构造上不同于缓慢型，但又能减慢冷却速度，故称其为延迟型冷却。延迟型冷却适用于处理各类碳钢、低合金钢及某些合金钢。由于延迟型冷却适用性广，工艺灵活，省掉了缓慢冷却型加热器，设备费用和生产费用相应降低，所以近十几年所建的斯太尔摩冷却线大多采用延迟型。

高线斯太尔摩控制冷却的工艺布置是：线材从预精轧机组出来后，立即进入由多段水箱组成的水冷段强制水冷，然后由夹送辊送入吐丝机成圈，并成散卷状分布在连续运行的斯太尔摩运输辊道上，运输辊道下方设有风机鼓风冷却，最后进入集卷筒收集。

终轧温度为 1040~1080℃ 的线材离开轧机后在水冷区立即被急冷到 750~850℃。水冷后的温度控制稍高些，水冷时间控制在 0.6s 左右，目的是防止线材表面出现淬火组织。

在水冷区，控制冷却的目的在于延迟晶粒长大，限制氧化铁皮形成，并冷却到接近又高于相变温度的温度。

斯太尔摩冷却工艺的水冷段全长一般为 30~40m，由 2~3 个水箱组成。每个水箱之间用一段 6~10m 无水冷的导槽隔开，称其为恢复段。这样布置的目的一方面为了经过一段水冷之后，使线材表面和心部的温度在恢复段趋于一致，另一方面也是为了有效防止线材因水冷过激而形成马氏体。

线材的水冷是在水冷喷嘴和导管里进行的。每个水箱里有若干个（一般 3 个）水冷喷嘴和导管。当线材从导管里通过时，冷却水从喷嘴里沿轧制方向以一定的入射角环状地喷在线材四周表面上，水流顺着轧件一起向前从导管内流出，这就减少了轧件在水冷过程中的运行阻力，此外每两个水冷喷嘴后面设有一个逆轧向的清扫喷嘴，称为捕水器，目的是破坏线材表面蒸汽膜和清除表面氧化铁皮，以加强水冷效果。每两个水冷喷嘴和一个逆向清扫喷嘴合成一个冷却单元。

斯太尔摩控制冷却工艺优势具体如下：

斯太尔摩冷却工艺在高线生产中的优势是线材的冷却速度可以进行人为的控制，比较容易保证线材的质量。根据斯太尔摩散卷冷却运输机的结构和状态，分为标准型冷却、缓慢型冷却和延迟型冷却。斯太尔摩冷却工艺得到普遍采用的是标准型和延迟型，能适应不同的钢种要求。前者适用于高碳钢等钢种的轧后控制冷却工艺，而后者适用于低碳钢钢种的冷却工艺要求。与其他各种控制冷却工艺相比，斯太尔摩工艺较为稳妥、可靠，三种类型的控制冷却方法适用的钢种范围很大，基本能满足当前高线生产的需要。且设备不需要很深的地基，水平方向不承受任何方向的外部载荷，且运行过程中振动冲击小，只需将机座地脚螺栓固定在有钢板的水平地基上即可满足工作条件

斯太尔摩控制冷却工艺劣势及原因具体如下：

斯太尔摩冷却工艺在高线生产中的劣势是投资费用较高、占地面积较大。经验表明，如果斯太尔摩生产线太短，会导致冷却时间不够，满足不了某些钢种的控制冷却工艺要求，为了满足生产工艺要求，辊道总长度多在 80m 以上，相应风机数量也要增加。风冷区线材降温主要依靠风冷，因此，线材的质量受气温和湿度的影响大。当环境温度过高或湿度较低的时候，会使风机冷却效果大打折扣，对线材质量造成一定影响。由于主要靠风机降温，线材二次氧化较严重。大量的空气气流在带走线材表面热量的同时，空气中的氧气与线材表面接触，使得线材二次氧化的概率也相应增加。

3.4.2 气雾冷却

目前斯太尔摩冷却线广泛用于高速线材生产线上，但该工艺的突出缺点是：在风冷线上，线圈疏密分布不均，搭接点处线材密度最大，线圈中心处线材密度最小，因而线圈搭接点处不仅较其他位置冷却速度低，而且其相变起始位置和相变时间有不同程度的滞后，虽然通过调整佳灵装置或改变辊道速度可改变这种不均匀程度，但线材同圈性能的差异仍较大。

为解决上述问题，考虑采用喷雾冷却方式重点对搭接处从上部进行强冷，再配合下部风冷，以达到均匀冷却和加速冷却的目的。喷雾冷却强度介于风冷、水冷之间，通过调整水、气压力和流量的配比，可在一定范围内调节冷却强度。

在斯太尔摩风冷线上加装气雾冷却器可以起到两个方面的作用：

（1）线材出吐丝机成圈后，会叠落在运输辊道上，在横向上线圈会形成疏密分布不均的现象，如图 3-15 所示，这样容易造成线材冷却过程中各处的温度不均匀，虽然佳灵装置可部分消除这种冷却不均匀的影响，但由于风冷的弱点，使其不能从根本上消除冷却不均，从而造成相变不同步，导致同圈性能差，这种现象在大规格线材的冷却上反映更明显。当在吐丝机出口处加装气雾冷却器后，由喷嘴喷出的水雾可以重点对着线材搭接点位置进行喷吹，一部分雾滴打在线材搭接点的上表面，形成气泡立即蒸发，以汽化热的形式吸收热量，另一部分雾滴因为浮升力作用从线圈下面反弹回来，对线材搭接点的下表面进行冷却，从而增强线材搭接点位置的冷却强度，使整个线圈的温度趋于均匀，保证较小的同圈性能差。另外，水雾会使整个喷淋区的环境温度（包括输送辊道、周围设备温度）明显降低，也有利于线材的整体散热。

（2）气雾冷却器还可以提高线材的冷却速度，提高成品的力学性能。在吐丝机与第 1 台风机之间一般有 2~3m 的空冷区，此空冷区内线材的温度下降很小，冷却速度很低，线材经过此区域到达第 1 台风机的时间为 2~3s，这将导致线材内部晶粒有一定程度长大，为此，在此位置加装气雾冷却器，在重点冷却搭接点的同时对整个线圈进行一定程度的控制冷却，即可提高线材的整体冷却速度，从而达到细化晶粒，提高性能的目的。这对于

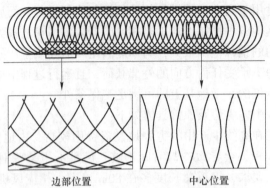

图 3-15   Stelmor 风冷线上线圈分布疏密不均

φ8mm 以上的大规格线材而言效果尤其明显。国内某厂生产的 φ（8~12）mm 的 HRB400MPa 螺纹钢盘条的实践表明，使用气雾冷却器后，钢筋的强度提高 10~15MPa，钢筋的同圈性能差下降 10~15MPa，这说明气雾冷却器在提高强度、减小同圈性能差方面起着很大作用。

图 3-16 为气雾冷却器实物图。

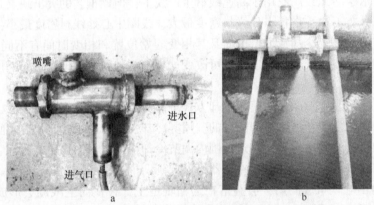

图 3-16   气雾冷却器

a—喷嘴结构图；b—工作中的气雾冷却器

气雾冷却器在生产线上安装的位置见图 3-17。安装在吐丝机出口与第一台风机之间的摆动辊道上方。

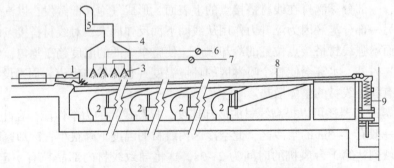

图 3-17   气雾冷却器在生产线上安装的位置

1—吐丝机；2—风机；3—喷嘴；4—集气罩；5—排气管道；

6—水管；7—气管；8—线材；9—集卷器

气雾冷却器的气雾发生系统由喷嘴、气水套管、送水管路、送气管路、储气罐、压力表、流量计等部件组成，其核心部件是喷嘴和气水套管，气水套管是将压缩空气管安装在水管外，将压缩空气和水输送给喷嘴，喷嘴由气嘴和水嘴组成，气嘴套在水嘴外面，呈螺旋状，当水由中心水嘴喷出时被螺旋气嘴喷出的高速旋转气流击碎，然后再由喷嘴的孔眼喷出形成二次雾化以一定覆盖面的气雾并以一定速度喷向线卷，对线卷实施冷却。为防止喷嘴堵塞，喷嘴用不锈钢或黄铜制成，要求采用经过过滤的净环水或者自来水作水源。整个气雾发生系统由位置调节器固定，并由位置调节器带动上下左右移动，检修时只要打开压板即可方便地拆下气雾冷却器，以便适应生产需要。

3.4.3 线材水浴

斯太尔摩冷却工艺具有冷却能力较强、适应范围大的优点，但存在冷却不均匀，产品力学性能波动大，索氏体化率不高的问题，而铅浴淬火冷却工艺和盐浴冷却工艺又存在污染环境的缺点，因此，一些高线厂家开始寻找高效清洁的高速线材热处理工艺。

图 3-18 为水浴冷却装置。水浴冷却的原理是利用热水汽化时吸收的蒸发热带走线材或钢丝表面热能，从而达到冷却钢材的目的，当线材从吐丝进入水箱中后，会经过 4 个阶段的冷却过程，水浴冷却工艺原理如图 3-19 所示。

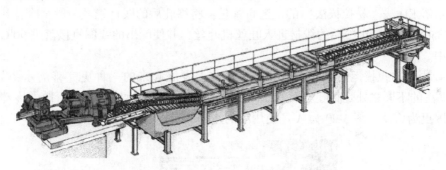

图 3-18 水浴冷却装置

第 I 阶段：900℃ 左右的线材进入热水中，线材急剧冷却，表面冷却速度最快可能达到 900℃/s，但时间很短，一般不超过 1s。

第 II 阶段：线材在急剧冷却的同时，表面的水迅速汽化，形成气泡，阻止线材温度进一步降低，当线材周围的水全部汽化，线材被包裹在蒸汽膜中，冷却速度显著下降，因此这个阶段也叫做膜沸腾阶段。

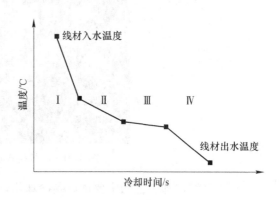

图 3-19 水浴冷却工艺原理

第 III 阶段：当线材温度降低到一定值后，汽膜完全破裂，线材与水直接接触，剧烈沸腾，此时进入核沸腾阶段，核沸腾阶段冷却速度最快。

第Ⅳ阶段：当线材温度继续降低到一定值后，线材表面不再产生气泡，线材与周围的水通过对流散热，这个阶段是对流传热阶段。

ED 法又称为热水浴法，它的基本特点是以热水作为冷却介质，利用水受热后可在线材表面形成稳定蒸汽膜的特点来抑制冷却速度，从而达到近似"等温"的转变效果。根据金属表面的冷却曲线特点及其传热性，高温金属浸入静止水中的冷却过程可分为 5 个阶段：

（1）冷却初期阶段；

（2）稳定的膜沸腾阶段；

（3）不稳定的膜沸腾阶段；

（4）核沸腾阶段；

（5）对流传热阶段。

上述 5 个阶段中，散热主要依靠第（4）阶段，其次靠第（3）阶段。第（2）和第（5）阶段散热能力都很低。因此，热水浴法有两个核心问题：一是首先必须适当延长膜沸腾阶段的时间，保证奥氏体在蒸汽膜的保护下完成分解转变，防止马氏体的形成；二是设法降低膜沸腾阶段的形成温度，以降低奥氏体分解温度，减少自由铁素体和粗片状珠光体的数量，使线材具有较高的强度和再加工性能。

热水浴 ED 法（易拉拔法）的工艺布置是：将终轧后的线材先经一段水冷，其温度可控制在 850℃左右。水冷后的线材进入吐丝机吐丝，并使吐出的线圈直接落进 90℃以上的热水槽中。

EDC 法（易拉拔运输机）是在 ED 法基础上发展起来的一种更完善的水浴处理法。它与 ED 法的不同之处是将吐丝后的线圈散布在浸于水中的运输机上进行散卷冷却，因而应用范围更为广泛。图 3-20 为 A 厂使用中的水浴装置。

图 3-20　可替换式水浴装置 EDC

ED 和 EDC 冷却工艺的主要优点是冷却均匀且不受车间环境温度的影响，尤其是盘卷的通条性能波动小，有利于处理大规格盘条。由于该工艺是在水中冷却，所以线材表现的氧化比用其他工艺处理的要少。热水浴法的主要缺点是奥氏体分解温度较高，强度比铅浴淬火低 100MPa 左右，且耐磨性较差，抗过载能力低。当碳当量超过 0.6% 以上时，其性能波动显著大于铅浴淬火，从而在使用上受到一定的限制。

3.4.4　亚声波冷却

亚声波冷却方法是瑞典摩哥斯哈玛公司开发的,是一种有发展前景的方法。此法以空气作为主要冷却介质,但与现有的冷却方法完全不同,是利用亚声波产生高速脉动气流冷却线材,且其冷却速度比普通冷却快的一种新方法。

亚声波的频率在20Hz以下,通常低于人类听力的下限。频率为20Hz的亚声波波长为17m。当这个声音在空气中传播时,空气粒子交替压缩、膨胀。这种反复出现的压缩、膨胀运动可引起空气压力的周期性变化,加速空气的流动。

在封闭回路中,通过共振管向共振器发射亚声波,在指定的区域内可获得脉动空气运动。如果将线材置于空气流速最高的区域里,与相同速度的稳定气流相比,则亚声波传热快。

以空气作为冷却介质,利用亚声波加速冷却这一理论是根据亚声波对传热的影响和空气运动引起辐射力易于穿过线材这一事实提出的,因此,散冷辊道中部及边部的线材冷却速度更加均匀。

今后的发展方向是在脉动空气中加入水滴,以获得更高的冷却速度。因为较高的冷却速度可使线材达到铅浴淬火所得到的性能,此外,冷却速度提高了,还可以减少冷却设备。

由于亚声波对人体健康有一定的危害,因此,此技术较少应用。

3.4.5　线材铅浴

帘线钢丝的铅浴淬火如图3-21所示。其原理是根据钢的等温转变C曲线,让过冷奥氏体在600℃左右的铅液中进行等温转变,产生适合深度拉拔的细珠光体组织(索氏体)。而铅液所具有的高热容、耐热冲击的特性易于实现钢丝的等温转变。

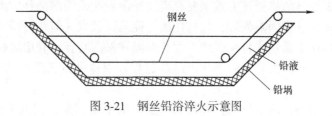

图 3-21　钢丝铅浴淬火示意图

3.4.5.1　铅浴淬火的工艺控制

铅浴淬火过程中主要控制的工艺参数是铅温和钢丝在铅液时间。铅温设计要考虑不同的炉型和冷却条件(是否采用铅液循环泵)。铅温设定取决于线温、钢丝直径和钢丝的C含量,也就是说实际生产中铅温应该在合理的范围内取值。

3.4.5.2　铅浴淬火的缺点

铅浴淬火虽已在许多企业得到广泛应用,但存在着许多缺陷,主要表现为铅污染环境,危害人体健康;穿线很不方便,劳动强度大;铅液易结渣,维护复杂,稍有不慎会因挂铅而影响后续加工。因此,该项技术仅用于拉丝生产线,对于线材生产线,很难做到完全除铅。

3.4.6 线材盐浴

盐浴工艺是 20 世纪末日本君津制铁所和新日铁公司开发的一种高速线材控制冷却工艺，早期为替代铅淬火处理以节省工时、节约能源、减少铅尘和铅烟对人体与环境的污染，提出了盐浴处理工艺，后来新日铁在此方向取得突破，开发出了盐浴新工艺。

盐浴工艺（DLP）是在线材吐丝机后利用线材轧制后的余热来进行盐浴处理以得到与铅浴淬火基本相同的组织及性能，其大致的工艺路线如图 3-22 所示。

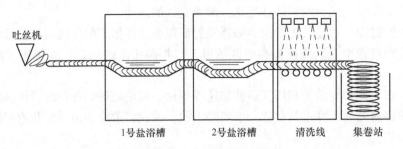

图 3-22 DLP 工艺的设备布置图

线材盐浴优点如下：

通过盐浴工艺的等温转变过程使线材索氏体比例最大化，一般可达 95%~98%，而斯太尔摩控冷一般只有 80%~92%，在性能方面以及性能的波动方面，盐浴盘条都与铅淬火盘条接近而优于斯太尔摩控冷盘条。检测及研究表明盐浴线材的显微组织是细小的珠光体索氏体组织，抗拉强度、断面收缩率和扭转次数与经铅淬火拉拔的钢丝基本相同，与传统的斯太尔摩法处理的线材相比具有强度高、韧性好、性能离散性小等优点。

3.4.7 线材固溶

奥氏体不锈钢线材的热处理方式主要有离线固溶与在线固溶两种。离线固溶是线材轧后成卷装入热处理炉进行固溶处理，线材性能可控范围较大，但线材需重新加热，能源损耗大。在线固溶是在不锈钢线材生产线上设有升温和保温装置，利用线材轧后余热对其进行控制冷却，在较短时间内完成固溶和再结晶过程。用这种方式生产的线材，性能均匀，但设备投资较大。

对奥氏体不锈钢进行固溶处理，其目的一是使钢中碳元素在高温下固溶于奥氏体中，然后通过快速冷却，使碳化物来不及在晶界析出，从而保证奥氏体不锈钢不产生晶间腐蚀；二是在升温和保温过程中，钢的组织将经历晶粒回复、再结晶、再结晶晶粒长大过程，可消除变形过程中位错滑移形成的畸变能，降低抗拉强度，使钢材得到软化。

线材生产时，其不锈钢在线热处理有四种形式。

第一种方法是在线水淬火，其工艺是：（1）在吐丝机上进行高温成圈（1050~1100℃）；（2）在辊式运输机上进行上下水淬（喷嘴或槽式）几秒，使材料再结晶；（3）盘卷再成型、压紧和打捆。这种方法简单易行，但仅能处理奥氏体不锈钢，对最终晶粒尺寸不能控制，为达到较高的质量水平，必须进行进一步的离线固溶处理。

第二种方法是辊式运输机在线固溶热处理，该程序包括：（1）在吐丝机上高温成圈（1050~1100℃）；（2）轧件在安装在辊式运输机上的炉内进行高温均热；（3）在炉后的辊式运输机上立即进行在线水淬（喷水或水槽式）；（4）盘卷成型、压紧和打捆。采用该系统，轧件在轧后通过安装在运输机上的炉子可以控制晶粒尺寸，用于生产奥氏体和铁素体不锈钢，冶金质量可以与采用离线固溶退火所得到的结果相媲美，但该系统仅限于线材，对加勒特卷取机作业线而言，则必须安装另一套水淬系统，还有在水槽淬火情况下，必须安装一个恒温系统。

第三种方法是在辊式运输机侧的炉内在线直接固溶处理，该程序包括：（1）在吐丝机上标准温度成圈；（2）在吐丝机后盘卷立即形成；（3）盘卷呈立式状进入辊式运送机侧的隧道式或回转式保温炉中；（4）在保温炉的出口侧进行在线水淬火；（5）压紧和打捆。这种方法可以对奥氏体、铁素体、马氏体不锈钢进行在线热处理，并且冶金质量水平比采用离线处理所获得的结果更好，安装费用比前两种要高。

第四种方法是：（1）在上标准温度成圈；（2）在吐丝机后盘卷立即形成；（3）盘卷呈立式状进入辊式运送机侧的保温罩中进行缓冷；（4）压紧和打捆。

3.4.8 线材相变后冷却

普通中、低碳钢及低合金钢线材，相变后通常都是在 PF 线上自然冷却，对于高碳钢及高碳合金钢线材，除了吐丝机前穿水冷却、吐丝机后控制相变快速冷却，在集卷完成后上 PF 线还需要进行第三次快速冷却，可以阻止碳化物析出，保持其碳化物固溶状态，以达到固溶强化的目的。图 3-23 为承德金龙为 A 厂在 PF 线首段增加的喷淋预整形装置。

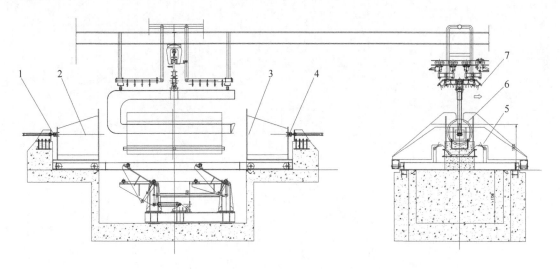

图 3-23 高碳钢及高碳合金钢线材集卷后的喷淋预整形装置
1—左预压液压缸；2—左支架；3—右支架；4—右预压液压缸；5—侧喷嘴；6—线卷；7—上喷嘴

盘卷速冷整形机由盘卷速冷装置和盘卷卷形整理机两大部分组成。盘卷速冷装置安装在盘卷卷形整理机的上方和两侧。其主要功能是把集卷站处 C 型钩收集到的散卷运输到速冷整形工位，通过托卷装置把盘卷升起，左右压紧机构进行预压紧，之后升降整形机构对盘卷滚圆整形，同时整形过程中可喷水快速冷却盘卷。

3.5　脱头轧制

棒线材轧线的布置形式经历了从单机架、半连轧式，发展到目前广泛应用的全连续式，但对于特殊钢棒线材轧制生产线完全应用全连续轧制尚存在一些不足，因此脱头轧制也得到了一些特殊钢棒线材厂的应用。

脱头轧制也就是粗轧机组与中轧机组间不发生连轧关系，采用脱头轧制技术的典型特殊钢棒线材轧线有：1989 年投产的美国 TELEDYNE ALLVAC 厂棒线材轧线，1990 年投产的日本爱知制钢公司棒线材轧线，1997 年投产的中国抚顺特殊钢棒材轧线，2003 年投产的上海宝钢集团五钢不锈钢长型材轧线。脱头轧制之所以被应用是由于有以下优点：

（1）可按需要选择合适的钢坯断面尺寸。

（2）能提高钢坯进入粗轧机组的入口速度。特殊钢坯进入粗轧机组的入口速度不应低于 0.12s 而过低的入口速度造成轧辊表面龟裂，降低轧辊使用寿命，影响轧材质量，过低的入口速度造成轧材的头尾温差大，最终影响产品质量及尺寸公差，按不同的钢种可提高或降低精轧机成品终轧速度而不影响粗轧机组的速度，有些特殊钢的轧制速度不能过高，过高后所产生的高变形抗力会使轧材出现心部过热、芯熔，如阀门钢，其目前最高速度只达 35~45m/s，有利于温度敏感性强的莱氏体组织的高速工具钢、奥氏体、马氏体不锈钢、易切削钢的轧制。

4 加 热 炉

4.1 加热炉概述

连续式加热炉包括所有连续运送坯（物）料的加热炉，如推钢式炉、步进式炉、链带式炉、辊底炉、环形炉等。推钢式连续加热炉应用广泛，是最典型、最常见的连续炉。

连续式加热炉是轧钢生产工艺中应用最普遍的炉子。从上料辊道送来的合格钢坯在炉外上料辊道上完成定位后，炉尾液压（或齿条）推钢机按照工艺设定的指令、推钢行程及生产节奏，将坯料从炉外装料辊道上沿着上料台架和纵水管耐热滑道，将坯料推入炉内，由炉尾依次向炉子出料端（炉头）方向前进。坯料在炉内通过预热段、加热段和均热段，经过预热、加热、均热过程，达到轧机工艺所规定的加热温度和温差要求后出炉，提供给轧线加热合格的钢坯。

轧钢就是轧温度！钢坯加热是整个轧钢工序的龙头和重要环节，其加热质量直接关系到产品的质量，起着非常重要的制约作用。而加热工序又是整个流程的能耗和材耗重点，轧钢加热炉的能耗指标和氧化烧损指标直接关系到产品的成本，从而影响到钢铁产品在市场上的竞争力。为满足坯料的加热质量和产量，适应轧线的装备水平，设计、建造一座既符合国家标准、节能降耗，又满足产量、质量要求的现代化加热炉是非常重要的。

4.1.1 加热炉分类

加热炉按形式和功能不同可以分成很多类，如加热炉、退火炉、热处理炉、均热炉、保温炉等，轧钢生产中常用的就是加热炉。连续式加热炉按钢坯在炉内运行方式不同分为推钢式和步进式。步进式加热炉又分为步进梁式、步进底式和步进梁底组合式。

加热炉按空气和煤气预热方式的不同分为换热式的加热炉、蓄热式的加热炉和不预热的加热炉。蓄热式加热炉又分为空气单蓄热式加热炉和空煤气双蓄热式加热炉两种；换热式的加热炉，即利用烟气余热将助燃空气预热，煤气不预热的供热燃烧方式。

加热炉按出钢种类分类如下：

（1）端进侧出加热炉。推钢机端装料，顶钢机侧出料或悬臂辊侧出料。

（2）端进端出加热炉。推钢机端装料，拖出机端出料或者滑坡端出料。

（3）侧进侧出加热炉。悬臂辊道侧进料，悬臂辊道侧出料，步进炉大多采用此种出钢方式。

加热炉按燃料不同分为使用固体燃料的、使用重油的和使用气体燃料的和使用混合燃料的。常用的有以下几种：

（1）发生炉煤气供热的加热炉。

（2）高炉煤气供热的加热炉。

（3）焦炉煤气供热的加热炉。

（4）天然气供热的加热炉。

（5）转炉煤气供热的加热炉。

（6）混合煤气供热的加热炉，如高、转混合煤气，高、焦混合煤气等。

（7）重油或渣油（国内应用很少）。

加热炉按温度制度分为两段式炉、三段式炉和强化加热式加热炉。

4.1.2 加热炉的燃料及来源

加热炉的燃料及来源介绍如下：

（1）发生炉煤气。

1）热脏发生炉煤气→发生炉煤气热站→单段式煤气发生炉，热值为 $1250 \times 4.18 kJ/m^3$；

$\qquad\qquad\qquad\qquad\qquad$ →一段半式煤气发生炉，热值为 $1350 \times 4.18 kJ/m^3$；

$\qquad\qquad\qquad\qquad\qquad$ →两段式煤气发生炉，热值为 $1450 \times 4.18 kJ/m^3$。

2）冷净发生炉煤气→发生炉煤气冷站（有电捕焦和脱硫塔等设备）。

（2）高炉煤气。其为炼铁副产物，热值为 $(700 \sim 850) \times 4.18 kJ/m^3$。

（3）焦炉煤气。其为炼焦化厂副产品，热值为 $4000 \times 4.18 kJ/m^3$（热值很高，一般都采用常规燃烧方式）。

（4）天然气。其为直接从地下开采出来的可燃气体。热值为 $(8000 \sim 8500) \times 4.18 kJ/m^3$（因为天然气非常干净，热值非常高，一般采用常规燃烧方式即利用烟气余热通过换热器将助燃空气预热至400℃左右；此种燃料安全、环保、自动化程度高，可实现空燃比例自动调节）。

（5）转炉煤气。热值为 $1800 \times 4.18 kJ/m^3$（转炉炼钢副产品，用于加热炉供热燃料也可用于发电）。

（6）混合煤气。根据混合煤气量不同热值不同（需要计算），需要增加煤气混合器和储气柜。

（7）重油。将天然石油经过加工，提炼了汽油、煤油、柴油等轻质产品后，剩下的分子量较大的就是重油，又称渣油。热值不小于 $10000 \times 4.18 kJ/m^3$。

4.1.3 推钢式连续加热炉

4.1.3.1 加热炉的组成

推钢式连续加热炉的组成具体如下：

（1）钢结构。支撑炉子砌体结构的型钢框架。

（2）炉子砌体。主要由耐火材料组成，包括炉墙砌体、炉底砌体和炉顶砌体。

（3）炉底水管。推钢式加热炉的耐热钢滑道（支撑钢坯在炉内运动的构件）。

（4）燃烧系统。加热炉的供热系统（燃料供应系统和供风系统），包括烧嘴、空煤气管道、鼓风机及引风机等设备、各种调节阀门和流量孔板等。

（5）汽化冷却系统或水冷却系统。用来冷却炉底水管及炉内各种支撑水梁的一套系统，包括软水站、汽包及给水系统、排污系统等全套。

（6）排烟系统。包括烟道、换热器、烟囱（砖制烟囱、钢制烟囱或混凝土烟囱）。

（7）自动化控制系统。对加热炉各种温度、压力、流量检测等，燃烧系统控制，风机及水泵启动控制，炉门升降控制等，主要分为仪控系统和电控系统两部分。

一般习惯把加热炉进出料配套的设备划分到工艺设备里，比如上料台架、推钢机、上料辊道、出钢辊道及顶钢机等。

A 加热炉砌体

炉膛和炉衬是加热炉砌体的组成部分。炉膛是内炉底、炉墙和炉顶围成的空间，是对钢坯进行加热的地方。炉墙、炉顶和炉底砌体通常称为炉衬。在加热炉的生产运行过程中，要求炉衬能够在高温和荷载条件下保持足够的强度和稳定性，要求炉衬能够耐受炉气的冲刷和炉渣的侵蚀，而且要有足够好的绝热保温和气密性能。炉衬砌体主要由耐火层、保温层、防护隔热层和钢结构几部分组成。耐火层直接承受炉膛内的高温气流冲刷和炉渣侵蚀，炉墙和炉顶耐火层通常采用无水泥高铝质浇注料捣打浇注而成、炉底耐火层采用抗渣浇注料或高铝砖砌筑而成；炉墙和炉底保温层通常采用轻质保温砖用耐火泥砌筑而成，其功能在于最大限度地减少炉衬的散热损失，改善现场操作条件；炉墙防护隔热层通常采用高纯硅酸铝纤维板或高纯硅酸铝甩丝毯、炉顶防护隔热层采用轻质浇注料或高纯硅酸铝甩丝毯，其功能在于保护炉衬的气密性；钢结构是在炉子砌体最外层的由各种钢材拼焊、组装成的承载框架。

炉体耐火材料主要包括无水泥高铝质浇注料、高纯硅酸铝纤维板、甩丝毯、自流浇注料、高铝砖、标准及异型重质黏土砖、轻质保温砖、轻质浇注料、珍珠岩等材料。主要用在炉顶、炉墙、炉底、水管包扎、烟道砌筑等部位。

a 炉墙

为了适应普碳钢、低合金结构钢加热温度的要求，炉墙工作层采用无水泥高铝质浇注料整体浇注，炉墙锚固砖亦采用超低水泥高铝浇注料同材质浇注成型，并经1300℃以上烧制，最高使用温度可达1500℃。

采用工字钢和槽钢组合立柱，焊接钢板作为炉皮钢板，配合锚固钩吊挂炉墙锚固砖，工作层为300mm无水泥高铝质莫来石浇注料，保温层为114mm轻质保温砖，炉皮钢板与轻质砖之间铺设 $2 \times 50 = 100$mm 高纯硅酸铝纤维板，以使密封严密，防止热炉气外逸，使炉皮钢板温度低于国家标准。炉墙总砌体厚度为522mm。图4-1为炉墙结构示意图。

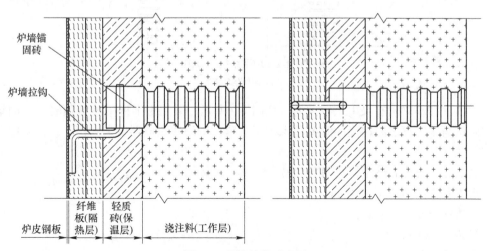

图4-1 炉墙结构示意图

炉墙用无水泥高铝质浇注料锚固砖：Lz-55；

无水泥高铝质浇注料：300mm；

轻质保温砖：116mm；

高纯硅酸铝纤维机制板（2层）：100mm；

炉皮钢板：6mm；

总厚度：522mm。

b 炉顶

加热炉炉顶采用无水泥高铝质浇注料整体浇注结构。该结构整体强度高，耐热耐高温，保温性能好，散热损失非常小，密封严密，高效节能，炉外表温度低于国家标准，使用寿命可达5年以上。

采用吊挂炉顶整体浇注结构，炉顶横梁采用H型钢或工字钢，吊挂次梁采用无缝钢管配合卡固炉顶锚固砖钩吊挂炉顶锚固砖（次梁与炉顶大梁采用U形螺栓连接），工作层230mm无水泥高铝质莫来石浇注料，保温层为平铺5层20mm厚的高纯硅酸铝纤维毯，以使密封严密，防止热炉气外逸，使炉顶温度低于国家标准。炉顶总砌体厚度为310mm。图4-2为炉顶结构示意图。

炉顶用无水泥高铝质浇注料锚固砖：Lz-55；

无水泥高铝质莫来石浇注料：230mm；

高纯硅酸铝纤维毯（5层）：100mm；

总厚度：330mm。

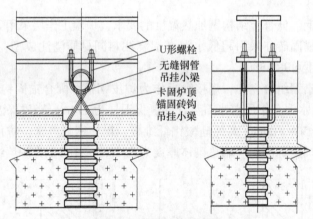

图 4-2 炉顶结构示意图

（吊挂小梁为无缝管）

炉顶吊挂小梁也有采用工字钢的，如图4-3所示。采用工字钢吊挂炉顶时，卡固炉顶锚固砖钩与工字钢之间在浇注时要用木楔子夹紧，待浇注完成再取出木楔子，以防脱钩。

c 炉底

高铝砖（或抗渣浇注料）：116mm；

耐火黏土砖 N-3a：204mm；

轻质保温砖：136mm；

红砖：300mm；

总厚度：756mm。

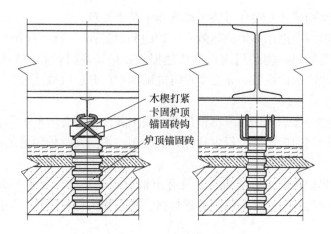

图 4-3 炉顶结构示意图

(吊挂小梁为工字钢)

炉底是炉膛底部的砌体部分，炉底要求承受被加热钢坯的质量，高温区炉底还要承受炉渣，氧化铁皮的化学侵蚀。炉底有两种形式，一种是固定炉底，另一种是活动炉底。固定炉底的炉子，坯料在炉底的耐热滑轨上移动，除加热圆坯料的斜底炉外，其他加热炉的固定炉底一般都是水平的。活动炉底的坯料是靠炉底机械运动而移动的。为了便于氧化铁皮的清除，在高温段炉底最上面铺上一层 40~50mm 厚的匀砂或骨料。

B　炉体钢结构

炉体钢结构应能够承受炉子工作期间产生的热应力和机械应力。炉体钢结构为框架结构，由炉顶钢结构、侧墙钢结构、端墙钢结构和护炉钢板等组成，用以保护炉衬耐火材料，安装烧嘴、炉门、水封装置及各种炉体附件，整个框架支撑在混凝土基础上。炉体两侧上部烧嘴及炉子周围设有操作平台、梯子和钢结构通道。钢结构全部由工字钢、槽钢、角钢、钢板、花纹钢板及钢管等型钢焊接而成，其主要包括以下几个部分：

（1）炉顶钢结构。炉顶钢结构为组合式框架结构，炉顶横梁为大 H 型钢或工字钢，吊挂次梁为无缝钢管。

炉顶钢结构除用于吊挂炉顶无水泥高铝质浇注料锚固砖+无水泥高铝质莫来石浇注料+高纯硅酸铝纤维毯外，还用于支撑炉顶走台及空气管道和燃气管道。

（2）炉墙钢结构。炉子侧墙和端墙的立柱是由工字钢和槽钢组合后牢固地焊接在一起制作而成的。炉皮钢板与组合立柱断续焊接，用于焊接吊挂件和不锈钢锚固件，并适当地用型钢加固，以防止钢板变形。

烧嘴、炉门、人孔门、窥孔及等炉子附件均固定在炉墙的钢结构上。

（3）平台、梯子和栏杆。在炉子周围和炉顶的各段检测（包括炉温检测、炉压检测）装置、换向阀、控制阀等操作区域，均设有操作检修平台。各平台之间由梯子、通道连接。平台、通道和梯子均设有安全防护栏杆。平台、通道根据不同部位分别由型钢和花纹钢板及网状钢板组成。

C　炉门

为了满足工艺和生产的需要，在炉两侧墙和出料端墙上通常设有观察孔、炉门及扒渣门。其大小以及结构形式在设计时要考虑操作上是否便利，并要防止冷空气的侵入和炉门对操作者的热辐射。考虑加热炉的热效率，炉门和观察孔以及扒渣门的数量尽量减少，因为高温炉气很容易通过此类炉门逸出造成热损失；炉压高时炉膛还容易吸冷风，影响炉温。在保证正常生产的前提下如非必要尽可能减少炉门开启次数。

a　出钢炉门

侧出料的加热炉在炉体均热段出钢口两侧墙上各设有一套出料炉门，共 2 套。由气动升降机构驱动，炉门的启闭与行程由行程开关控制。炉门通常采用耐热钢铸件，内衬耐火材料隔热。

端出料的加热炉在炉体出料端墙上设有出钢炉门或复合（子母）炉门，炉门数量取决于坯料大小。此类炉门通常采用钢板拼焊接，内衬耐火材料隔热。炉门一般采用电动或液压驱动。

b　进钢炉门

在加热炉进料端墙上设有钢板内衬耐火材料的炉门，其数量和大小取决于坯料的大小。

c　清渣炉门

在加热炉均热段端墙上和炉两侧墙下部均设有清渣炉门，用于在线清理出钢槽和炉内的氧化铁皮。清渣炉门采用手动侧开式结构，炉门及炉门框通常采用耐热钢铸件，内衬耐火材料绝热。

d　检修炉门

在加热炉预热段和均热段交界的两侧炉墙上各设一套检修炉门，供检修时人员出入和运送材料，炉门口平时用耐火砖活砌。检修炉门采用手动侧开式结构，炉门及炉门框为钢板焊接，内衬耐火材料绝热。

D　燃烧系统

a　燃料供应系统

高炉煤气管道（以高炉煤气双蓄热式加热炉为例）：煤气从车间接点（炼钢车间接至轧钢车间外）接至煤气平台，煤气平台配有一道电动煤气眼镜阀，一道双偏心金属密封蝶阀和一道快速安全切断阀。煤气经煤气平台、煤气总管、各段分管的流量孔板、电动调节阀、换向阀、烧嘴前的手动调节阀、煤气蓄热箱后，被蓄热预热至 1000℃ 喷入炉内燃烧。

在每段煤气管的末端，下部设置排污阀，侧部设置一个煤气取样阀，以排除煤气管道内的积水和开炉时取样。

煤气安全措施：高炉煤气总管平台处设置煤气快速切断阀，防止由于停电、违规操作等造成煤气或空气低压，引发煤气管道回火（煤气低压）或煤气进入空气管道（空气低压）形成爆炸浓度混合气体。

设置吹扫、放散系统。开炉时，用氮气或蒸汽通入煤气管道，吹扫煤气管道中的空气，防止煤气进入时管道中形成爆炸浓度混合气体；停炉时，吹扫煤气管道中的煤气，防止煤气管道中残存煤气泄漏。吹扫气体通过放散系统放散，放散管接至各煤气管道末端。

在煤气各分段管末端设置煤气防爆泄压装置，承受爆炸压力不大于 250kPa，并外设钢筋保护网。

发生炉煤气管道（以热脏发生炉煤气常规供热燃烧的加热炉为例）：以发生炉煤气为燃料的加热炉供热系统主要由煤气站、煤气管道、煤气烧嘴与调节阀门等部分组成。发生炉煤气出口温度一般在 450~550℃，为减少煤气沿管道温降，煤气管道均须采取绝热保温措施。

（1）煤气站。工业上作为燃料气体制备时常用的炉型，主要分为单段式煤气发生炉和两段式煤气发生炉，也有部分采用一段半式煤气发生炉。按煤气的处理工艺不同又分为单段炉热煤气、冷净煤气和两段炉热煤气、热脱焦油煤气及冷净煤气。

煤气站主要由煤气发生炉、汽包、重力除尘器和旋风除尘器、钟罩阀、电捕焦、空气逆止阀、盘阀、鼓风系统、软水系统、热工检测、电控、仪器、仪表、块煤提升机械和煤气管道、操作室等组成。

（2）煤气管道。煤气发生炉煤气出口温度一般在 450~550℃，为减少煤气热熔损失，煤气管道采取保温措施。煤气主管道采用内保温结构，采用密布锚固钩捣打轻质浇注料，或者内衬轻质保温砖，密度为 0.8~1.09g/cm³，厚度为 114mm。煤气支管道采用岩棉外加玻璃丝布，或者岩棉加镀锌铁皮，厚度为 40~50mm。

（3）烧嘴。热发生炉煤气专用烧嘴常用有三种形式，低压细流股型热煤气烧嘴如图 4-4 所示，低压旋流股型热煤气烧嘴如图 4-5 所示，低压套筒式热煤气烧嘴如图 4-6 所示。

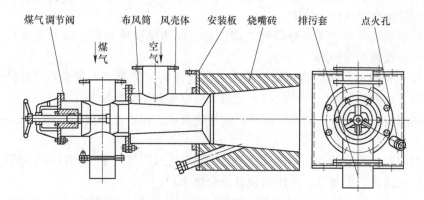

图 4-4 低压细流股型热煤气烧嘴结构（手轮式）

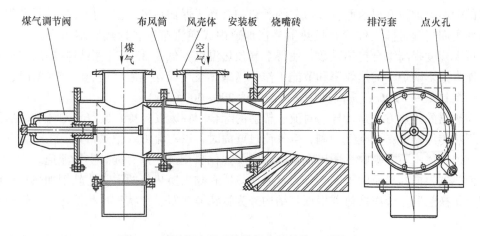

图 4-5 低压旋流股型热煤气烧嘴结构（手轮式）

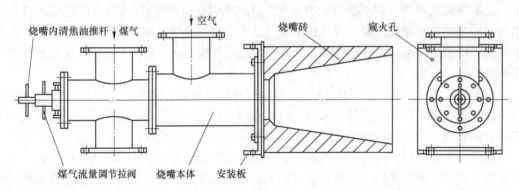

图 4-6　低压套筒式热煤气烧嘴结构（拉杆式）

b　供风系统

加热炉供风系统由变频调速高压离心鼓风机、空气管道和空气蓄热室等组成。空气经过蓄热室预热温度约为 1000℃（仅比炉温低 200℃）。

（1）助燃风机系统。进风口消音器、出风口轻型调节蝶阀、出口隔震软连接、整体机座减震支架，还包括侧部分流防喘系统。先进的侧部分流式防喘震结构，可在各负荷范围内稳定工作。炉子设有专门的鼓风机房，鼓风机进风口配有消声器，以满足环保对噪声的要求，保持助燃空气压力稳定。

空气安全措施：在空气各分段管末端设置空气防爆泄压装置，承受爆炸压力不大于 250kPa，并外设钢筋保护网。

（2）空气换热器。由加热炉排出的废气温度很高，带走了大量余热，使炉子的热效率降低，为了提高热效率，节约能源，应最大限度地利用废气余热。

余热利用的目的：节约燃料，提高理论燃烧温度，保护排烟设施，减少设备投资，保障环保设施运行。

余热利用要主要途径：利用废气余热来预热空气或煤气，采用的设备是换热器或蓄热室；利用废气余热产生蒸汽，采用的设备是余热锅炉。

常规三段式加热炉排烟温度一般在 750~850℃，其排烟热损失占供入热量的 30%~60%，回收这部分热量用以预热空气至 350℃以上，可以提高煤气的理论燃烧温度，保证必需的炉温，加快升温速度，并可节约燃料和有利于保护环境。空气换热器选择两组两行程或两组四行程带插入件管状换热器，在烟道内成逆流布置。预热器结构为管式带插入件，可大幅度提高综合传热系数，使得空气预热温度不低于 350℃；换热器加热空气或煤气，能直接影响炉子的热效率和节能工作，当预热空气或煤气温度达 300~500℃时，一般可节约燃料 10%~20%，提高理论燃烧温度达 200~300℃。

换热器的传热方式是传导、对流、辐射的综合。在废气一侧，废气以对流和辐射两种方式把热传给器壁；在空气一侧，空气流过壁面时，以对流方式把热带走。由于空气对辐射热是透热体，不能吸收，所以在空气一侧要强化热交换，只有提高空气流速。

换热器根据其材质的不同，分为金属换热器和黏土换热器两大类。轧钢加热炉一般都采用金属换热器。金属换热器根据其结构分为管状换热器、针状和片状换热器、辐射换热器等。

（3）空气管道保温。空气预热温度不低于 350℃，为减少沿程热空气温降，热空气管道采用岩棉加玻璃丝布或岩棉加镀锌铁皮进行绝热保温，厚度为 40~50mm。

　　c　排烟系统

　　(1) 蓄热式加热炉排烟系统。为满足普碳钢及低合金钢的加热工艺要求，蓄热式加热炉的排烟系统分为两部分，燃烧所产生的烟气中，约 15% 经炉尾附烟道和烟囱自然排烟；另外 85% 的烟气经由空煤气蓄热箱后，由引风机经钢制烟囱强制排烟。出于安全考虑，煤气蓄热箱与空气蓄热箱彻底隔离，所以排烟系统也是相互独立的，通过空、煤气各一个烟囱单独排烟。双蓄热式的加热炉有三根烟囱，一是炉尾自然排烟烟囱，二是空气侧烟囱，三是煤气侧烟囱；单蓄热式的加热炉有两根烟囱，一是炉尾自然排烟烟囱，二是空气侧烟囱。

　　炉尾附烟道设有烟道闸板或烟道闸阀，用来辅助调节炉压，也用于保温时切断热气外排通道；空气侧和煤气侧排烟设有自动调节蝶阀，用来调节空气侧和煤气侧排烟量从而调节了各段炉压。

　　(2) 常规燃烧加热炉的排烟系统。排烟系统一般采用下排烟，由烟道、烟道闸板、烟囱组成。烟道由耐火砖、轻质保温砖、红砖复合砌筑。烟道内设有人孔盖板和手动或电动升降烟道闸板，便于清理烟道内的积灰并控制炉膛压力。能有效地将烟气排走，控制好炉膛内的压力场，避免炉门冒火，恶化操作环境。烟囱为钢制或砖制结构或混凝土烟囱，烟囱高度及出口直径根据炉子产生的烟气量确定（砖制烟囱，标准图集号 04G211；钢制烟囱，标准图集号 08SG213-1）。合理的烟囱直径和高度以及烟气流速是排烟系统的关键。

　　d　吹扫放散系统

　　设置吹扫、放散系统，开炉时，用氮气或蒸汽通入煤气管道，吹扫煤气管道中残存的空气，防止煤气进入时管道中形成爆炸浓度混合气体。停炉时，吹扫煤气管道中残存的煤气，防止煤气管道中残存的煤气泄漏。

　　吹扫气体通过放散管放散，放散管接至各发生炉煤气管道的末端。

　　E　冷却系统

　　加热炉的冷却系统是由加热炉的炉底水管和其他的冷却构件构成。冷却方式分为水冷却和汽化冷却。水冷却采用循环水，加热炉生产时消耗大量的净环水且冷水不停地带走炉内热量，即冷却水带走的热量全部损失，水泵 24h 不停地给炉内构件补水，动力成本增高，现已很少采用。后者在加热炉生产中应用得特别多。

　　加热炉冷却构件采用汽化冷却主要是利用水变成蒸汽时吸收大量的汽化潜热，使冷却构件得到充分的冷却。加热炉的冷却构件采用汽化冷却时，具有以下优点：(1) 汽化冷却耗水量比水冷却少得多；(2) 汽化冷却产生的蒸汽，可以供生产、生活使用，大型钢铁联合企业还可将蒸汽并网用于发电；(3) 汽化冷却采用软水工质，不会有水垢，冷却构件的寿命延长；(4) 炉底水管纵水管采用汽化冷却时耐热滑道表面温度比水冷却略高一些，有利于减轻钢坯加热时产生的黑印和改善钢坯温度的均匀性。

　　a　炉底水管结构

　　在上下加热的连续式加热炉内，坯料在沿炉长方向敷设的纵水管耐热滑道上由炉尾向炉头方向滑动。炉底水管由纵水管、横水管、立柱水管（带芯管）组成，水管采用 GB5310 无缝钢管制作。在纵水管上焊有耐热钢滑块（直接与钢坯表面接触），亦称耐热钢滑道，磨损以后可以更换，不必更换水管。两根纵水管间距不能太大以免坯料在高温下弯曲塌腰，最大不过 2m。为了使坯料不掉道，坯料两端应比水管宽出 500m 左右。

炉底水管承受钢坯的全部质量（静负荷），并经受坯料向前滑动时产生的动载荷。因此纵水管下需要有支撑结构，即横水管支撑，横水管间隔 1.5~3.5m，横水管两端穿过炉墙靠钢架支撑，横水管与纵水管的冷却分开。当炉子很宽，耐热滑道上钢坯的负荷很大时，需要采用双横管或单横管加立管"丁"字支撑结构。

在选择炉底水管支撑结构时，首先考虑强度和使用寿命，然后考虑降低管底比。

b　炉底水管的绝热

炉底纵水管和支撑管总的水冷表面积达到炉底面积的 40%，带走大量的热量。坯料与耐热滑道接触处的局部温度降低，坯料下面易出现水冷黑印，在压力加工时容易造成刻品，板坯加热炉尤为明显。为了消除黑印的影响，通常采用错位滑道技术、在炉子均热段砌筑实炉底，使坯料得到均热。对炉底水管进行绝热包扎是降低热损失和减少钢坯印影响的有效措施。炉底水管的包扎方式是复合（双层）绝热包扎，焊上 V 形或 Y 形不锈钢锚固钩，采用一层 20mm 高纯硅酸铝纤维毯，捣打 60~70mm 自流浇注料，绝热效果好，可有效减少水冷管带走的热量。

c　汽化冷却

汽化冷却循环方式有两种：一种是强制循环，另一种是自然循环。加热炉的冷却系统由软化水站，给水泵，供水设施（水箱、给水泵），汽包，下降水管，炉内纵、横、立水管，上升水管组成。

自然循环时，水从汽包进入下降管流入冷却构件（纵、横、立水管及水梁）中，冷却构件受热时，一部分水变成蒸汽，于是在上升管中充满着汽水混合物，因为汽水混合物的密度 $\rho_{混}$ 比水的密度 $\rho_{水}$ 小，故下降管内水的重力大于上升管内汽水混合物的重力，两者的重力差 $H(\rho_{水} - \rho_{混})$，即为汽化冷却自然循环的动力，汽包的位置越高（H 值越大）或汽水混合物密度 $\rho_{混}$ 越小（即其中含汽量越大，则自然循环的动力越大）。因此管路布局上，首先要考虑有利于产生较大的自然循环动力，并尽量减少管路阻力，避免汽化管走直角弯。

如果汽包的高度和位置受到限制或由于其他原因，采用自然循环系统难以获得冷却构件所需要的循环流速时，也可以采用强制循环系统。强制循环的动力是循环水泵产生的，循环水泵迫使水产生从汽包起经下降管、循环泵、炉底水管和上升管，再回到汽包的密闭循环。

加热炉炉底水管采用低汽包自启动自循环汽化冷却技术居多，整个汽化冷却循环回路通常采用集中下降、分散上升的设计。

（1）软化水站。水质硬度大而未安装软化（除盐）设备的供热系统，随着加热炉运行时间的推移，水中 Ca^{2+}、Mg^{2+} 离子将与水中的其他阴离子形成水垢附着在水管上，水垢厚度的增加会影响炉子的传热效率（传热效率降低，浪费能源），缩短加热炉的使用寿命。为了防止炉子形成水垢，应对加热炉的用水进行软化处理。加热炉用水采用软化水后可以有效地防止形成水垢，有效地提高加热炉的热效率，节省能源，延长炉子的使用寿命。常采用的 GDR 系列全自动软水器引进美国先进技术及关键组件。它由一体化程序控制器和多路控制阀、树脂交换罐、布水系统、盐液系统四个主要部分。控制系统、布水系统直接采用美国原装进口部件，罐体采用国际上先进的玻璃钢/不锈钢罐体，盐箱采用塑料材质，避免再生剂和恶劣环境对设备的腐蚀。一体化程序控制器和多路控制阀控制设备自动进行制水、反洗、抽吸盐液、慢清洗、快清洗和盐箱注水过程，结构合理，安装方便，出水水质高，可实现高度自动化，无人管理。离子交换树脂的交换容量耗尽时，GDR全自动软水器会根据使用情况进入自动再生程序，恢复树脂的交换能力。

（2）汽包。汽包尺寸由蒸发量大小和冷却构件多少来决定，材质一般常用 Q345R。汽包设有两个安全阀，还设有定期排污和连续排污装置，运行中通过调节排污量来控制炉水品质。

汽包给水和蒸汽压力均采用自动控制，在汽包蒸汽放散管路上设置电子式流量调节阀、蒸汽放散消音器。

（3）水泵和蒸汽往复泵（或柴油发电机组）。软水站内设有两台给水泵，一用一备，同时设有一台蒸汽往复泵（或一套柴油发电机组）作为事故泵，以便突然断电后继续向汽包内补水。

d 土建基础

基本做法为：素土掺三合土夯实，垫层采用 C10 混凝土，厚度为 100mm，基础为 C25 钢筋混凝土，厚度为 600mm。加热炉土建基础图应根据场地和地勘资料进行设计。

F 加热炉热工过程检测及控制系统

对加热炉进行热工参数检测的目的，就是为了便于炉子的操作，使炉子的工作状态符合钢坯的加热工艺要求，实现优质、低耗、高产。当炉子的工作状态（如炉温）与加热工艺要求产生偏差时，就必须对其进行调节（控制）。加热炉热工参数的控制方式可分为手动调节、自动调节及计算机全自动控制。

热工参数的自动调节是手动调节的发展，它是利用检测仪表与调节仪表模拟人的眼、脑、手的部分功能，代替人的工作而达到调节的作用。

手动调节时，先由操作人员用眼观察显示仪表上温度的数值或直接用眼凭经验判断炉温高低，确定操作方向，用手调节供给燃料阀门的开启度，改变燃料流量，调节炉温使其稳定在规定的数值上。显然手动调节劳动强度大，特别是对某些变化迅速、条件要求较高的调节过程很难适应。有时还会因人的失误而造成事故。

自动调节时，热电偶感受到炉温变化经变送器送入调节器与给定值相比较（判别与规定数值的偏差）按一定的调节规律（事先选定好）输出调节信号驱动执行器，改变燃料流量，维持炉温恒定。可以看出，热电偶及变送器代替了人的眼睛，调节器代替了人脑的部分功能，执行器代替了人的手。在调节过程中没有人的直接参与，显然大大减轻了操作人员的劳动强度，调节质量也有明显提高。当然，自动调节仍离不开人的智能作用，如给定值的设定，调节规律的选择，各环节的联系与配合丝毫离不开人的智能作用。

加热炉的计算机控制是在自动控制（调节）的基础上发展起来的。采用计算机控制，不仅可以实现全部自动调节的功能，而且可以将设备或工艺过程控制在最佳状态下运行。如对加热炉采用计算机控制时，通过对诸热工参数（如温度、压力、流量、烟气成分等）的系统控制，可将炉子工作状态控制在燃耗最低，热效率最高，生产率最大的最佳状态，而自动调节很难做到这一点。随着计算机技术的发展，其控制对象已从单一的设备或工艺流程扩展到企业生产全过程的管理与控制，并逐步实现信息自动化与过程控制相结合的分级分布式计算机控制，创造大规模的工业自动化系统。

　　a　计算机控制系统的基本组成

　　测量元件对调节对象的被调参数（如温度、压力等）进行测量，变送器将被调参数转换成电压（或电流）信号，通过与给定值比较，将偏差信号反馈给调节器，调节器产生调节信号驱动执行机构工作，使被调参数值达到预定要求。自动控制系统的基本功能是信号传递、加工和比较。这些功能是由测量元件、变送器、调节器和执行机构来完成的。调节器是控制系统中最重要的部分，它决定了控制系统的性能和应用范围。

　　在自动控制系统中，由于计算机的输入和输出信号都是数字信号，因此在控制系统中需要有将模拟信号转换为数字信号的 A/D 转换器，也有将数字信号转换为模拟信号的 D/A 转换器。

　　加热炉生产过程是连续进行的，应用于生产控制的计算机系统通常是一个实时控制系统，它包括硬件和软件两部分：

　　（1）硬件组成。计算机控制系统的硬件一般由计算机、外部设备、输入输出通道和操作台等部分组成。

　　1）计算机。计算机是控制系统的核心，完成程序存储程序执行，进行必要的数值计算，逻辑判断和数据处理等工作。

　　2）外部设备。实现计算机与外界交换信息的功能设备称为外部设备。主要包括人-机通信设备，输入/输出和外存储器等。

　　输入设备主要用来输入数据、程序，常用的输入设备有键盘、鼠标、光电输入等。

　　输出设备主要用来把各种信息和数据提供给操作人员，以便及时了解控制过程的情况。常用的输出设备有打印机、记录仪表、显示器、纸带穿孔机等。

　　外存贮器主要用于存储系统程序和数据，如磁带装置、磁盘装置等，同时兼有输入、输出功能。

　　3）输入、输出通道。输入、输出通道是计算机和生产过程之间设置的信息传递和变换的连接通道。它的作用有：一方面将控制对象的生产过程参数取出，经过转换，变换成计算机能够接受和识别的代码；另一方面将计算机输出的控制命令和数据，经过变换后作为操作执行机构的控制代码，以实现对生产过程的控制。

　　4）操作台。操作台是操作人员用来与计算机控制系统进行"对话"的，其组成有：

　　①显示装置。如显示屏幕或荧光数码显示器，以显示操作人员要求显示的内容或报警信号。

　　②一组或几组功能板键。板键旁有标明其作用的标志或字符，扳动板键，计算机就执行该标志所标明的动作。

　　③一组或几组送入数字的板键，用来送入某些数据或修改控制系统的某些参数。

　　④操作人员即使操作错误，应能自动防止造成严重后果。

　　（2）计算机控制系统软件。软件通常分为两类：一类是系统软件，另一类是应用软件。

　　系统软件包括程序设计系统、诊断程序、操作系统以及与计算机密切相关的程序，带有一定的通用性，由计算机制造厂提供。

应用软件是根据要解决的实际问题而编制的各种程序。在自动控制系统中，每个控制对象或控制任务都配有相应的控制程序，用这些控制程序来完成对各个控制对象的不同控制要求。这种为控制目的而编制的程序，通常称为应用程序。这些程序的编制涉及生产工艺、生产设备、控制工具等，首先应建立符合实际的数据模型，确定控制算法和控制功能，然后将其编制成相应的程序。

b 计算机控制系统的控制过程

计算机控制系统的控制过程简单地分，可归结为以下两个步骤：

（1）数据的采集。对被控参数的瞬时值进行检测，并输出计算机。

（2）控制。对采集到的表征被控参数状态的测量值进行分析，并按已定的控制规律，决定控制过程，适时地对控制机构发出控制信号。

上述过程不断重复，使整个系统按照一定的品质指标进行工作，并且对被控参数和设备出现的异常状态及时监督并做出迅速处理。

c 以某高炉煤气双蓄热式加热炉控制系统为例

系统特点：采用先进可靠的计算机控制系统：双网双待、在线切换、双机四显三控制。使用可编程控制器 PLC-300、工控机（双套），液晶显示器（双套）、数字显示仪表柜、液晶电视水位显示仪，将一次仪表采集的各种过程变量送入 PLC，由 PLC 根据设定控制方式和控制目标值分别驱动相应的执行机构，调节过程变量，实现对各点的温度、压力、流量、空燃比等参数的调节控制。

操作人员可通过键盘或鼠标经工控机人机对话的形式，设定炉子的各项热工参数，计算机根据设定的参数进行自动调节。整个生产过程中将流量、压力、温度等参数送工控机处理，并输出到显示器，同时可随时调阅各种历史档案或根据用户要求打印各种生产报表，声光报警系统可及时对故障、误操作等进行报警，并向操作者提示处理方法。

计算机控制系统是加热炉的大脑：双主机双显示器可在线切换，互相备份，双网双待。加热炉的工况参数在双显示器和仪表柜数显仪表三个地方完整显示。

完全保证了加热炉计算机控制系统无论在任何突发状况下加热炉的操作都能够做到无盲区、无死角、无失灵。

以一高炉煤气双蓄热式加热炉燃烧控制系统为例，其热工控制原理如图 4-7 所示，汽化冷却控制流程如图 4-8 所示，汽包控制系统原理如图 4-9 所示。

自动控制项目包括：

（1）煤气总管压力自动控制；

（2）各段炉温自动控制；

（3）各段空燃比自动控制；

（4）炉头和炉尾炉压自动控制；

（5）各段燃烧换向时间自动控制；

（6）各段排烟温度自动控制；

（7）汽包压力自动控制；

（8）汽包水位自动控制；

（9）事故水自动投入控制。

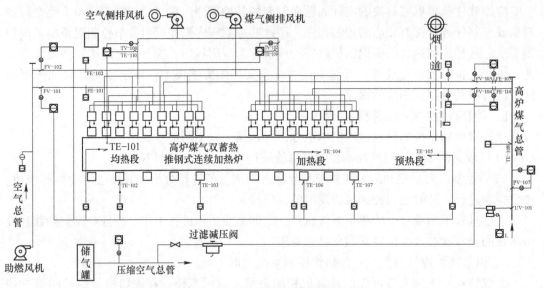

图 4-7　热工控制原理

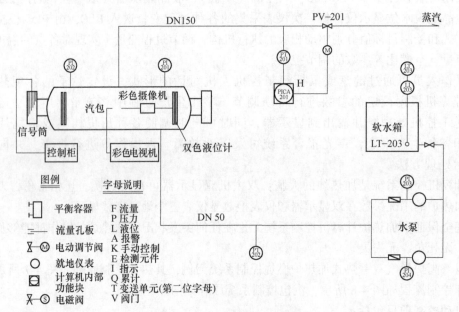

图 4-8　汽化冷却控制流程

主要检测显示项目包括：

（1）温度。

1）各段炉温检测、显示、记录；

2）各段排烟温度检测、显示；

3）各段换向阀前排烟温度检测、显示；

4）冷却水回水温度检测、就地显示。

（2）流量。

1）各段煤气流量检测、显示，煤气总流量显示、累计；

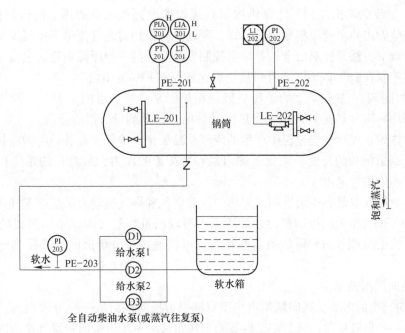

图 4-9　汽包控制系统原理

2）各段空气流量检测、显示；

3）净环水流量检测、显示、累计。

（3）压力。

1）炉头炉压检测、显示；

2）炉尾炉压检测、显示；

3）煤气总管压力检测、显示、记录；

4）空气总管压力检测、显示；

5）引风机前压力检测、显示；

6）净环水进水总管压力检测、显示；

7）压缩空气（氮气）总管压力检测、显示；

8）给水泵出口压力检测。

（4）水位。

1）汽包水位检测、显示；

2）软水箱水位检测、显示。

（5）比例。

各段空燃比计算、显示。

监控（上位机）的主要功能如下：

（1）在线显示各种工艺过程画面和参数；

（2）各种控制参数的设定或修改；

（3）重要热工参数的储存和调阅；

（4）可定时打印各种生产报表。

主要控制过程如下：

（1）炉温及空燃比控制。计算机控制系统根据设置在各段的热电偶检测的温度值，对其变化趋势做出热负荷调整量判断计算，驱动执行机构对煤气流量和空气流量进行定量调节，这种调节方法是针对冶金工业炉窑控制专门开发的一种跟踪逼近算法模型，可将炉温波动稳定控制在±8℃以内，并且可使空燃比控制在±3%范围内。

（2）炉压控制。加热炉上的炉压一般是指炉子某一特征点的压力，一般加热炉检测炉压就是指均热段（炉头）炉顶和预热段（炉尾）炉顶测量所得的静压。

连续加热炉在连续燃烧过程中产生的废气总是要排出炉外，常规炉的做法是通过调节烟囱抽力（烟道闸板的开度）来保持炉内某一特征点的压力，最终目的是防止出钢炉门吸入冷风或高温炉气逸出。

对于高炉煤气双蓄热连续推钢式加热炉，除空气和煤气侧动力排烟烟囱外还设置炉尾烟道，约85%烟气由强制排烟排出，炉压需由每段的排烟量（即调节引风机的抽力）来进行控制；约15%烟气由炉尾烟道自然排烟，可以通过调节烟道闸板或排烟闸阀的开度来调节炉压。

（3）换向阀组控制。

1）换向阀组的组成。换向阀组由小型双缸三通换向阀组成——分散换向；或者大型三通换向阀——集散换向；或者四位四通换向阀组成——集中换向；空气换向阀和煤气换向阀是独立分开的，各段均需单独配置空气和煤气换向阀，当某一段需停止燃烧时，换向阀组可起关断作用。

2）换向控制。为防止两段之间相邻烧嘴炉气"短路"，采用"依次换向"的方法，以防止出现钢坯中部产生低温及钢坯端头出现过烧的现象。

实际控制中总是靠近炉头的第一个换向阀第一个换向，第一个换向结束的信号作为相邻第二个换向的触发信号，这种"依次换向"的做法将烟气换向对炉压的影响控制在最小范围内。

3）换向干扰的消除。换向阀动作时造成的流量通断"浪涌"会造成测量值的"尖波"，控制系统中采用了"休克"中断，以避免系统产生振荡。

4）换向方式设定。换向系统具有灵活的手动、半自动、全自动控制功能。换向时间可在CRT上通过人机对话设定。换向系统以定时换向为主，当废气超温时系统强制换向。阀组换向时，整个换向动作过程可在CRT上监视。当某一动作发生异常时，系统自动报警并提示故障点及处理方法。

工控机功能包括：

（1）便捷的"人机对话"方式。操作人员可在显示屏上通过键盘或鼠标进行各种操作，设定各种工艺参数。若操作或设定参数超出有关规定，显示屏上将直接提示错误，系统的这种"人机对话"方式使操作直观、便捷、可靠。

（2）显示屏主要画面。流程监控图：以方便、直观的方式系统监视加热炉各段炉温、炉压、风量等热工参数，动态显示风机、执行机构的运行状态及各调节阀门的开度。

（3）实时温度曲线图。可以实时绘出生产过程中过去1h各点温度曲线，使操作人员直观了解各点温度趋势，以便做出及时的调整。

（4）报警图。对炉温超温、烟气超温、空气预热超温；炉压过高、过低；天然气总管压力、空气总管压力过低等进行声光报警；同时提示故障点和建议处理方法，以便操作人员及时处理各种故障。

（5）数据库。工控机可以把各种需要保存的工艺参数定时存入数据库。各种历史数据、曲线可以通过查询菜单，方便、快捷地检索、查询。并可根据用户要求打印各种参数及报表。

双网双待、在线切换、双机四显三控制：在高炉煤气双蓄热推钢式连续加热炉的计算机控制系统设计中，采用"双网双待、在线切换、双机四显三控制"技术：在加热炉仪表室计算机操作台上设置双控制网、双主机、双显示器，互相备份，在线切换，在仪表柜上除数字显示仪表外还设置了10in触摸式液晶显示屏，当出现双主机同时失灵的极端情况时，可在10in触摸式液晶显示屏上手动操作加热炉。完全避免了因故障或误操作导致瞎子摸黑、无法监控，真正做到了：无盲区、无死角、无失灵。

仪表室接地线：加热炉计算机控制系统拥有庞大的数据线，将一次仪表采集的各种过程变量通过数据线送入仪表室PLC，数据线采用铜皮外套屏蔽线，在传输过程中往往受周围强电的干扰。所以在加热炉仪表室的建设过程中要铺设可靠的接地线，防止在生产过程中产生不必要的干扰。

4.1.3.2 炉子的结构形式

"炉型"是指炉子的结构形状、尺寸以及燃烧系统的布置和排烟系统的布局等。如果炉型结构不合理，则对炉子的产量、质量和煤耗都造成影响。现代加热炉设计的特点是"先进、实用、经济、可靠""高产、优质、低耗、长寿"。

炉顶轮廓曲线的变化大致与炉温曲线相同，即炉温高的区域炉顶也高，炉温低的区域炉顶相应低。在加热炉的加热段和预热段之间，有一个过渡段，均热段和加热段之间将炉顶压下。为了避免加热段高温区域有许多热量向预热段、均热段区域辐射，加热段是主要燃烧空间、空间较大，有利于辐射换热，预热段是余热利用的区域，压低炉顶缩小炉膛空间，有利于强化对流传热。

在加热不锈钢、高合金钢和易脱碳钢时，预热段温度不允许太高，加热段不能太长，而预热段比一般情况下要长一些，才不致在钢内产生危险的温度应力。

在炉子的均热段和加热段之间将炉顶压下，是为了使端墙具有一定高度，以便于安装烧嘴。因此如果全部采用炉顶烧嘴及侧烧嘴，也可以使炉子结构更加简化，即炉顶完全是平的，上下加热都用安装在炉顶和侧墙上的烧嘴。炉温制度可以通过调节烧嘴的供热来实现，根据供热的多少控制各段的温度分布。例如产量低时，可以关闭部分烧嘴，缩短加热段的长度。即三段式连续加热炉在产量高时，可提高加热段的温度，实行强化加热，提高钢坯加热速率，然后利用均热段使钢坯温差缩小到允许范围之内，提高钢坯温度的均匀性。而在产量较低或待轧保温时，可适当降低加热段炉温或者关闭部分烧嘴，按两段炉温制度操作。因而具有较强的灵活性，能够满足不同钢种加热工艺温度曲线和钢坯对温度均匀性的要求。图4-10~图4-12分别为几种不同炉型。

为了让烟气在预热段能紧贴钢坯的表面流过，有利于对流换热，推钢式连续加热炉炉尾烟道均采用垂直向下结构。由于烟气的惯性作用，经常会从装料门喷出炉外，出现冒黑烟或冒火现象，造成炉尾操作环境恶劣，污染车间环境，并容易使炉后设备受热变形。为了改变这种状况，采取炉尾部的炉顶上翘并展宽该处炉墙的办法，其目的是使气流速度降低，部分动压头转变为静压头，也使垂直烟道的截面加大，便于烟气向下流动，从而减少

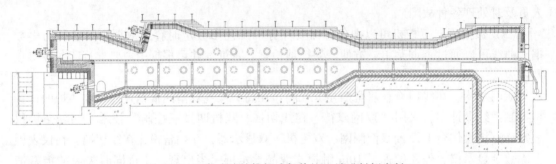

图 4-10　三段式连续推钢式加热炉（端进料侧出料）

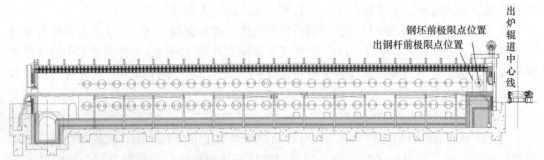

图 4-11　平顶式连续加热炉（端进料托出机端出料）

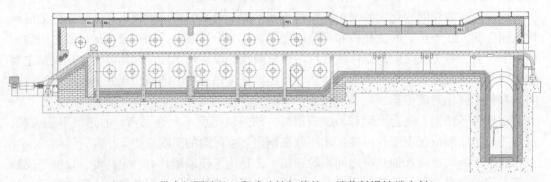

图 4-12　带中间隔墙的三段式连续加热炉（端装料滑坡端出料）

了烟气的外逸。

4.1.3.3　加热炉热工制度

连续加热炉的热工制度，包括炉子的温度制度、供热制度和炉压制度。其中，最主要的是温度制度，它是实现加热工艺要求的保证，是制定供热制度与炉压制度的依据，也是炉子进行操作与控制最直观的参数。炉型或炉膛形状曲线是实现既定热工制度的重要条件。

A　温度制度

传统三段式连续加热炉温度制作分为预热段、加热段和均热段。坯料由推钢机经炉尾推入炉内，先进入预热段缓慢升温，出炉废气温度一般保持在 850~950℃，然后坯料被推入加热段强化加热，表面迅速升温到出炉所要求的温度，并允许坯料内外有较大的温差，然后，坯料进入温度较低的均热段进行均热，其表面温度不再升高，而是使断面上的温度逐渐趋于均匀。均热段的温度一般在 1250~1300℃，即比坯料的出炉温度高 50~80℃。

连续加热炉采用蓄热式燃烧技术，其供热、排烟、炉子温度制度与传统加热炉相比有很大区别。蓄热式燃烧技术，可将空气预热至仅比炉温低 200℃ 左右的温度。各供热区独立供热、排烟，没有不供热的预热段。因此大大提高了钢坯入炉段（传统炉子预热段）的炉温，实现了钢坯的快速加热，提高了有效炉底强度，增加炉子产量。

B 供热制度

供热制度指在加热炉中的热量分配制度。热量的分配是设计的首要问题，三段式连续加热炉一般采用的是三点供热，即均热段、加热段的上下加热；或四点供热，即均热段上下加热，加热段的上下加热。合理的供热制度应该是强化下加热，下加热应占总热量的50%，上加热占 35%，均热占 15%。

三段式连续加热炉的供热点（供热烧嘴的布置）一般设在均热段端部和侧部，加热段上方和下方的端部和侧部。设在端部的烧嘴有利于炉温沿炉长方向的分布，但它的缺点是烧嘴安装比较复杂，且劳动条件较差，操作也不方便。烧嘴安装在侧部的优缺点正好与安装在端部相反。在连续式加热炉上设上、下烧嘴加热，有利于提高生产率，这是因为坯料受两面加热，其受热面积约增加一倍，这相当于减薄了近一半的坯料厚度，这样就缩短了对坯料的加热时间。另外两面加热还可消除坯料沿厚度方向的温度差，这对提高产品的质量是非常有利的，正常来讲，下加热烧嘴布置的数量应多于上加热烧嘴。这是因为：

（1）燃料燃烧后的高温气体会自动上浮，这样可以使上、下加热温度均匀。

（2）炉子下部有冷却水管，它要吸收一部分热量，这部分热量主要来自下加热。

（3）坯料放在冷却水管上容易造成其断面的温度差，又称水冷黑印，这样会影响产品的质量。

（4）如果上加热炉温高，会使熔化的氧化铁皮从钢料缝隙向下流，发生通常所说的"粘钢"事故。

C 炉压制度

连续加热炉内炉压大小及其分布是组织火焰形状、调整温度场及控制炉内气氛的重要手段之一。它影响钢坯的加热速度和加热质量，也影响着燃料利用率，特别是炉子出料处的炉膛压力尤为重要。

炉压沿炉长方向上的分布，随炉型、燃料方式及操作制度不同而异。一般连续式加热炉炉压沿炉长的分布是由前向后递增，总压差一般为 20~50Pa，这种压力递增的原因，是烧嘴射入炉膛内流股的动压头转变为静压头。由于热气体的位差作用，炉内还存在着垂直方向的压差。如果炉膛内保持正压，炉气又充满炉膛，对传热有利，但炉气将由装料门和出料口等处逸出，不仅污染环境，并且造成热量的损失。反之，如果炉膛内为负压，冷空气将由炉门被吸入炉内，降低炉温，对传热不利，并增加了炉气中的氧含量，加剧了坯料的氧化烧损。因此对炉压制度的基本要求是保持炉子出料端钢坯表面上的压力为零或10~20Pa 微正压（这样炉气外逸和冷风吸入的危害可减到最低限度），同时炉内气流通畅，并力求炉尾处不冒火或 -10Pa 微负压。一般在出料端炉顶处和进料端炉顶处分别装设测压管，以此两处炉压为控制参数，调节烟道闸板的开度。

炉压主要反映燃料和助燃空气输入与废气排出之间的关系。燃料和空气由烧嘴喷入，而废气由烟囱排出，若排出少于输入时炉压就要增加，反之炉压就要减小。影响炉压的主要因素：

一是烟囱的抽力。烟囱的抽力是由于冷热气体的密度不同而产生的。烟囱抽力的大小与烟囱的高度以及烟囱内废气与烟囱外空气密度差有直接关系。烟囱高度确定后，其抽力大小主要取决于烟囱内废气温度的高低，废气温度高则抽力大，反之则抽力小。要使烟囱抽力增加，在操作上应该减少或消除烟道的漏气部分，保持烟道的严密性，如果不严密，外部冷空气吸入，不仅会使废气温度降低，而且会增加废气的体积，从而影响抽力。烟道应具有较好的防水层，烟道内应保持无水，水漏入不但直接影响废气温度，而且烟道积水会使废气的流通断面减小，使烟囱的抽力减小。

二是烟道阻力。它与吸力方向相反。在加热炉中废气流动受到两种阻力，摩擦阻力和局部阻力，摩擦阻力是废气在流动时受到砌体内壁的摩擦而产生的一种阻力，该阻力的大小与砌体内壁的光滑程度、砌体断面积大小、砌体的长度和气体的流动速度等有关。局部阻力是废气在流动时因断面突然扩大或缩小等而受到的一种阻碍流动的力。

4.1.3.4　炉子进出料方式

连续加热炉装料与出料方式有：端进端出、端进侧出和侧进侧出几种，其中主要是前两种，侧进侧出的步进式的炉子较为常见。

一般加热炉都是端进料，坯料的入炉和推移都是靠推钢机来进行的。炉内坯料有单排放置的，也有双排放置的，要根据坯料的长度、生产能力和炉子长度来确定。

出料的方式分侧出料与端出料两种，两者各有利弊。端出料的优点是：

（1）由炉尾推钢机直接推送出料，不需要单独设出钢机，侧出料需要有出钢机。

（2）双排料只能用端出料（150mm×150mm×6000mm 双排布料也有侧出料的，双排料板坯一般都采用端出料）。

（3）轧制车间往往有几座加热炉，采用端出料方式，几个炉子可以共用一个辊道，占用车间面积小，操作也比较方便。

但端出料的缺点是出料门位置很低，一般均在炉子零压面以下，出料门宽度几乎等于炉宽，从这里吸到炉内大量冷空气。冷空气密度大，贴近钢坯表面对温度的影响大，并且增加钢坯的烧损，烧损量的增加又使实炉底上氧化铁皮增多，给操作带来困难。

为了克服端出料门吸入冷空气这一缺点，在出料口采取了一些封闭措施。常见的有：

（1）在出料口安装自动控制的炉门，开闭由机械传动，不出料时炉门是封闭的，出料时自动随推钢机一同联动而开启。

（2）在均热段安装反向烧嘴，即在加热段与均热段间的端墙或侧墙上，安装向炉前倾斜的烧嘴，喷入煤气或重油形成不完全燃烧的火幕，一方面增加出料口附近的压力，另一方面漏入的冷空气可以参加燃烧。

（3）加大炉头端烧嘴向下的倾角，同时压低均热段与加热段的炉顶，利用烧嘴的射流驱散坯料表面低温的气体，均热段气体进入加热段时阻力加大，均热段内的炉压增加，对减少冷风吸入有一定作用。

（4）在出料口挂满可以自由摆动的窄钢带或钢链（或圆环链、相当于门帘），可以减少冷空气的吸入，并对向外的辐射散热起屏蔽作用。

4.1.3.5　炉子主要尺寸的确定

连续加热炉的基本尺寸包括炉子的长度、宽度和高度。它是根据炉子的生产能力、钢坯尺寸、加热时间和加热制度等确定的。

（1）小时产量。一般钢厂都说整条生产线年产量80万吨或者100万吨，按年作业率80%计算（留出停产检修时间），即年生产时间按6500~7000h计算。假定某高线年生产能力为80万吨，年生产时间按7000h计算得出加热炉小时产量114t/h，此时加热炉设计产量就是冷装120 t/h（生产中如果轧线想提产容易，加热炉提产就需要重改设计，因此加热炉设计产能时都考虑冗余）。

（2）钢压炉底强度。其为单位面积每小时的出钢量，常规加热炉炉底强度一般取400~450kg/（m² · h），双蓄热的加热炉炉底强度一般可取550~650kg/（m² · h）。

（3）炉子有效宽度：

1）单排布料炉内宽 = 坯料长度 + 2C（C为料排间及料排与炉墙间的空隙，250 ~ 300mm）。

2）双排布料炉内宽 = 坯料长度 × 2 + 3C（C为料排间及料排与炉墙间的空隙，250 ~ 300mm）。

3）加热炉砌体总宽 = 加热炉有效宽度 + 加热炉两侧墙砌体厚度。

（4）炉子有效长度

$L_{有效}$ = 炉子的生产能力×每根钢坯的宽度×加热时间÷坯料的排数÷每根钢坯的重量

有效长度也可以按小时产量 ÷（炉底强度×有效宽度）粗略计算。

炉子砌体全长：

$$L_{全长} = L_{有效} + 出钢口到出料端墙的距离（一般为1 ~ 3m）$$

（5）推钢比=炉子的有效推钢长度 ÷ 钢坯厚度。对于推钢式加热炉来说，从理论上炉子越长对整个钢坯的最终加热效果越好，但炉长也有一定的限度，不能无限长，受限于推钢比。所谓推钢比是指坯料推移长度与坯料厚度之比。推钢比太大会发生拱钢事故。其次，炉子太长，推钢的压力大，高温下容易发生粘连现象。所以炉子的有效长度要根据允许推钢比来确定，一般原料条件时方坯的允许推钢比可取200~250，板坯取250~300。如果超过这个比值，就采用双排料或两座炉子。但如果坯料平直，圆角不大，摆放整齐，炉底清理及时，推钢比也可以突破这个数值。

（6）炉膛高度。炉膛的高度各段差别很大，炉高现在不可能从理论上进行计算，各段的高度都是根据经验数据确定的。炉膛高度的确定由热工因素和结构因素决定。

首先，炉高应保证火焰能充满炉膛，否则，火焰飘在上面，靠近坯料炉气温度较低，不利于传热。但炉膛太低，炉墙辐射面积减少，气层减薄，对热交换也不利。此外炉墙高度还要考虑端墙有一定的高度，以便烧嘴的安装。

加热段供给的燃料最多，应有较大的加热空间，如果用侧烧嘴高度可以降低一些。加热段下加热的高度比上加热低一些，如果太深吸入冷风多，将使下加热工作条件恶化。

预热段因为下部炉膛有支持炉底水管墙或支柱，又因炉底结渣使下部空间减少，故预热段下部炉膛高度稍大于上部炉膛高度。另外，预热段适当加大高度可以减少气流的阻力。

均热段炉膛高度低于加热段。为保证炉膛正压和炉气充满炉膛，加热段与均热段之间的压下越低越好，但必须至少比两倍坯料高200mm。

某钢厂三段式连续加热炉的尺寸如图 4-13 所示。

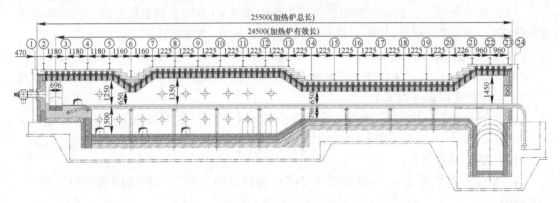

图 4-13 某钢厂三段式连续加热炉的尺寸

(7) 额定煤气消耗量 = 单位能耗 × 小时产量 ÷ 煤气低发热值。

(8) 额定空气消耗量 = 空气过剩系数 × 单位燃烧理论生成空气量 × 额定煤气量。

(9) 生成烟气量 = 单位燃烧生成烟气量 × 额定煤气量。

4.1.3.6 加热炉自动化控制

加热炉自动化控制包括热工控制、汽化冷却系统控制、机械控制和仪表控制几大部分，详见 4.1.3.1 中 F 小节。

4.1.3.7 炉子主要节能措施

炉子主要节能措施包括：

(1) 减少废气从炉膛带走的热量。

1) 低空气消耗系数的富氧燃烧。连续加热炉中废气带走的热量占总热损失的很大一部分。选择合理的空气消耗系数，在保证燃料完全燃烧的前提下，应尽可能降低空气消耗系数，以提高燃烧温度，减少废气量。

2) 合理地控制炉膛压力。负炉压是造成加热炉燃料浪费的主要因素之一，所以一定要注意炉子的密封问题，控制炉压在微正压水平，防止冷空气吸入炉内，增加了炉气量并降低了燃烧温度。

3) 要合理地控制废气出炉温度。废气温度越高，废气带走的热量越大，热效率越低。但废气温度太低，炉内的平均炉温水平降低，炉内热交换恶化，加热慢，炉子生产率下降。

总之，为了减少废气带走的热损失，除了选择最佳的空气系数和合理的控制炉膛压力外，还必须进一步降低排烟温度、选用最佳热负荷和采用高发热量的燃料。

(2) 减少炉子砌体损失的热量（减少炉体散热损失）。

1) 选用轻质、导热系数小的耐火材料。

2) 选用合理的炉墙结构。

3) 提高炉壁辐射率。

4) 降低砌体质量。用轻质耐火材料砌筑炉子蓄热量少，升温快；间断操作的炉子，在冷炉升温时也有蓄热问题。高纯硅酸铝纤维是一种很轻、导热系数很小的纤维耐火材料，用它制作的毯或毡或者压缩成纤维块代替耐火砖制作炉衬，炉重可降低 85%，蓄热损失减少 90% 以上。

目前在连续推钢式加热炉上采用全纤维炉顶技术代替之前的整体浇注炉顶或拱顶,节能可达20%~25%。全纤维炉顶选用的材料为耐火纤维,与浇筑式炉顶使用的浇注料和锚固砖相比较,具有导热性和热容量低,可塑性、绝热性和耐热震性好等优点,其实耐火纤维在浇筑式加热炉中早已广泛应用,但仅仅只是将其用作隔热材料使用。

耐火纤维主要特点如下:

1)耐高温。最高使用温度可以达到1250~2500℃。最常用石棉仅为500~550℃,矿渣棉为580~830℃,而硅酸铝纤维可达1000℃以上。

2)导热能力低。耐火纤维在高温下导热能力很低。例如在1000℃时硅酸铝质纤维的导热能力只有黏土砖的20%,为轻质黏土砖的38%。

3)体积密度小。一般为0.1~0.2g/cm³,为轻质黏土砖的1/5~1/10。因此,工业炉应用耐火纤维代替耐火砖,可以使炉体质量大大减轻,炉墙厚度变薄。

4)化学稳定性能好。除了强碱、氟、磷酸盐外,几乎不受化学药品的侵蚀。

5)耐热震性好。无论纤维材料或者制品,均有耐火砖无法比拟的良好的耐热震性。

6)热容量低。纤维材料的热容量只有耐火砖的1/72,为轻质黏土砖的1/42。用耐火纤维做炉衬,蓄热损失小,节省燃料。

7)柔软、易加工。可以制成多种产品和任意形状部件,施工方便,劳动强度低,效果好。

结合以上优点,耐火纤维在热处理炉中已经广泛使用。但是在钢坯加热炉中,借鉴西方的先进材料及制作工艺,克服了种种困难才使全纤维炉顶得以实现。

全纤维炉顶已在国内唐山、江苏、广东等多个钢铁公司应用,节能效果显著,是工业炉未来发展的主打方向。

(3)废热利用。回收废气,预热空气、煤气和坯料。连续式加热炉排烟温度一般在800~950℃,烟气带走的废热占总热量的50%~70%。利用炉膛排出的废气所携带的热量,预热空气与煤气,是降低燃料消耗、提高热利用率的重要途径。国外还有利用余热预热钢料和作为低温炉热源的。从热能利用的方法看,也可以利用余热生产蒸汽。

(4)减少炉子冷却水带走的热量。冷却水带走的热量,通常都在13%~15%范围内,高的可达20%以上。为了减少炉子冷却水带走的热量,通常的措施有:1)对炉底水管进行绝热包扎;2)采用汽化冷却代替水冷却;3)采用无水冷滑轨。

(5)加强炉子的热工管理。炉子燃耗高及热效率低有时不是设计方面的原因,而是管理与调度的不善造成的。例如加热炉与轧机配合不好,钢坯在炉内待轧,造成燃耗增加和热效率、生产率降低。因此,应使炉子保持在额定产量下均衡的操作,并实现各项热工参数的最佳控制。

(6)提高入炉钢坯温度。实行钢坯的热送热装是降低燃料消耗的重要途径。钢料入炉温度越高,加热所需要的热量越少,燃料消耗量越低。

(7)采取全自动化控制系统。

采取全自动化控制。现代化轧钢加热炉的发展要与轧机的发展相适应,应逐渐采用电子计算机以实现操作与控制的自动化。加热炉自动控制包括炉温控制、燃烧控制以及输送钢料的机械控制等。炉温和燃料燃烧的控制包括炉温控制、燃料流量控制、空气和燃料比控制、炉压控制以及保护换热器的控制等。采用计算机控制,加热炉上所有有关数据都可在计算机上显示，当这些数据与设定数据有差别时，由计算机自动调节。在钢料输送方面，从输送辊道到装出炉全部自动化。这样，可以避免不必要的浪费，降低燃料消耗，提高钢的加热质量。

另外，还有其他一些节能措施，如低温轧制、延长加热炉炉体、改进加热曲线等，都可以降低加热炉燃料消耗量，节约能量。

4.1.3.8　加热炉技术性能指标

评判一座加热炉好坏的重要指标有生产率、单位燃耗、热效率、加热质量、氧化烧损、劳动条件、炉子的使用寿命等。

（1）生产率。单位时间内热出的温度达到规定要求的钢坯的产量称为炉子的生产率。单位生产率为每平方米炉底布料面积上每小时的产量，单位是 $kg/(m^2 \cdot h)$，或者称为"钢压炉底强度"。

（2）单位燃耗。单位燃耗也称吨钢煤耗，即每小时生产每吨钢需要多少煤或者多少煤气（尤其是燃发生炉煤气的加热炉煤耗指标更是至关重要）。单位燃料消耗量取决于燃料的品种和质量、炉子的结构、生产率、工人操作的熟练程度等。使用不同品种的燃料，固体、液体、气体燃料的单位燃料消耗量是不同的，当燃料的发热量很低时由于炉温不能提高而降低了加热速度，会使单位燃料消耗量增加。

不同结构的炉子，单位燃料消耗量水平也不尽相同。同样结构的炉子，由于操作不当，单位燃料消耗量水平也会有很大差别。如炉子的空气消耗系数太大或过小时，都会促使炉温降低，这时虽然燃料消耗量并没有增加，由于产量降低了，单位燃料消耗量就会增高；另外，加热温度过高或加热速度过快，也会使单位燃料消耗量增高。为便于比较发热量不同的燃料消耗量，将燃耗或热耗折算成标准燃料。在生产中，统计燃耗的方法有两种，一种是按炉子正常生产每小时平均，即小时燃料消耗量除以平均小时产量；另一种是按月或季度平均，即以这一时期内燃料的总消耗量，除以合格产品的产量。前者可直接说明炉子热工作的好坏；后者除和炉子热工作好坏有关外，还和作业率、停炉次数、产品合格率、燃料漏损等各项因素有关。对炉子进行热工分析时，应采用前一种统计得出的燃耗指标。

（3）热效率。炉子的热效率指加热金属的有效热量占供给炉子热量（燃料燃烧的化学热）的百分率，用符号 η 表示。即 η = 金属加热所需的热 Q_1 ÷燃料燃烧的化学热 Q_2 ×100%。

炉子的热效率越大，说明热能的利用越好。一般连续式加热炉的热效率为 30% ~ 50%。热效率也是评价炉子热工作的指标之一。

（4）加热质量。加热质量是指炉子在点火后，炉子的升温速度、炉温的均匀性、加热速度及金属在炉内的氧化、脱碳等情况。其中氧化烧损是衡量加热质量好坏的重要指标。氧化烧损越小越好。影响因素有：1）加热温度；2）加热时间；3）炉气成分（炉气成分取决于燃料成分、空气系数、完全燃与否）；4）钢的成分（随着钢中含碳量增加，钢的烧损率有所下降）。一般氧化烧损可控制在 1.0% 以下。

（5）劳动条件。劳动条件指的是炉子的机械化、自动化程度；工作面内有无冒烟、喷火现象，工人是否受高温烘烤。一个较好的炉子，炉门处应有降温措施；当炉门关闭时，距炉门 1.5m 处应为室温；当烟道闸板全开，风机不停，炉门关闭时，炉子不冒烟不喷火；炉子排出的烟尘应在国家规定的排放标准以内，即小于200mg/m³（标准状态）。

（6）炉子寿命。炉子寿命和造价是炉子的重要指标之一，它关系到炉子是否有推广使用的价值。炉子的寿命是指从炉子投产到大修为止所使用的期限。影响炉子寿命的主要因素为：高温，高温下氧化物、硫化物的腐蚀以及机械损伤等。最易损坏的部位有炉顶、炉口、高温段炉底等。

4.1.3.9 加热工艺

钢坯的加热质量直接影响到成品的产量、质量、能源消耗和轧机寿命。不同的钢种应采用不同的加热工艺。正确的加热工艺可以保证轧钢生产顺利进行。如果加热工艺不合理，则会直接影响轧钢生产。

A 加热的目的及要求

钢坯在轧前进行加热，是钢在热加工过程中一个必须的环节。对轧钢加热炉而言，加热的目的就是提高钢的塑性。

钢在常温状态下的可塑性很小，因此它在冷状态下轧制十分困难，通过加热，提高钢的温度，可以明显提高钢的塑性，使钢变软，改善钢的轧制条件。一般说来，钢的温度越高，其可塑性就越大，所需轧制力就越小。钢的加热应满足下列要求：

（1）加热温度应严格控制在规定的温度范围，防止产生加热缺陷。钢的加热应当保证在轧制全过程都具有足够的可塑性，满足生产要求，但并非说钢的加热温度越高越好，而应有一定的限度，过高的加热温度可能会产生废品和浪费能源。

（2）加热制度必须满足不同钢种、不同断面、不同形状的钢坯在具体条件下合理加热。

（3）钢坯的加热温度应在长度、宽度和断面均匀一致。

B 加热缺陷的预防与处理

钢在加热过程中，往往由于加热操作不好，加热温度控制不当以及加热炉内气氛控制不良等，钢产生各种加热缺陷，严重地影响钢的加热质量，甚至造成大量废品和降低炉子的生产率。因此，必须对加热缺陷及其产生的原因、影响因素以及预防或减少缺陷产生的办法等进行分析和研究，以期改进加热操作，提高加热质量，从而获得加热质量优良的产品。

钢在加热过程中产生的缺陷主要有以下几种：钢的氧化、脱碳、过热、过烧以及加热温度不均匀等。

a 钢的氧化

钢在高温炉内加热时，由于炉气中含有大量O_2、CO_2和H_2O，钢表面层要发生氧化。钢坯每加热一次，有0.5%~2%的钢由于氧化而烧损。随着氧化的进行及氧化铁皮的产生造成了大量的金属消耗，增加了生产成本。

氧化不仅造成钢的直接损失，而且氧化后产生的氧化铁皮堆积在炉底上，特别是实炉底部分，不仅使耐火材料受到侵蚀，影响炉体寿命，而且清除这些氧化铁皮是一项很繁重的劳动，严重的时候加热炉会被迫停产。氧化铁皮还会影响钢的质量，它在轧制过程中压在钢的表面上，就会使表面产生麻点，损害表面质量。如果氧化层过深，会使钢坯的皮下气泡暴露，轧后造成废品。为了清除氧化铁皮，在加工的过程中，不得不增加必要的工序。

氧化铁皮的导热系数比纯金属低，所以钢表面上覆盖了氧化铁皮，又恶化了传热条件，炉子产量降低，燃料消耗增加。

影响氧化的因素有加热温度、加热时间、炉气成分和钢的成分，这些因素中炉气成分、加热温度、钢的成分对氧化速度有较大的影响，而加热时间主要影响钢的烧损量。

操作上可以采取以下方法减少氧化铁皮：

（1）保证钢的加热温度不超过规程的规定温度。

（2）采取高温短烧的方法，提高炉温，并使炉子高温区前移并变短，缩短钢在高温中的加热时间。

（3）保证煤气燃烧的情况下，使过剩空气量达最小值，尽量减少燃料中的水分与硫含量。

（4）保证炉子微正压操作，防止吸入冷风贴附在钢坯表面，增加氧化。

（5）待轧时要及时调整热负荷和炉压，降炉温，关闭闸门，并使炉内气氛为弱还原性气氛，以免进一步氧化。

b 钢的脱碳

钢在加热时，在生成氧化铁皮的基础上，由于高温炉气的存在和扩散的作用，未氧化的钢表面层中的碳原子向外扩散，炉气中的氧原子也透过氧化铁皮向里扩散，当两种扩散会合时，碳原子被烧掉，导致未氧化的钢表面层中化学成分贫碳的现象叫脱碳。

碳是决定钢性质的主要元素之一，脱碳使钢的硬度、耐磨性、疲劳强度、冲击韧性、使用寿命等力学性能显著降低。对工具钢、滚珠轴承钢、弹簧钢、高碳钢等质量有很大的危害，甚至因脱碳超出规定而成为废品。因此脱碳问题是优质钢材生产中的关键问题之一。

和氧化一样，影响脱碳的主要因素是温度、时间、气氛，此外钢的化学成分对脱碳也有一定的影响。防止脱碳的主要方法：

（1）对于脱碳速度始终大于氧化速度的钢种，应尽量采取较低的加热温度；对于在高温时氧化速度大于脱碳速度的钢，既可以低温加热又可以高温加热，因为这时氧化速度大，脱碳层反而薄。

（2）应尽可能采用快速加热的方法，特别是易脱碳的钢应避免在高温下长时间加热。

（3）由于一般情况下火焰炉炉气都有较强的脱碳能力，即使是空气消耗系数为 0.5 的还原性气氛，也不免产生脱碳。因此，最好的方法只能根据钢的成分要求、气体来源、经济性及要求等，选用合适的保护性气体加热。在无此条件的情况下，炉子最好控制在中性或氧化性气氛，可得到较小的脱碳层。

c 钢的过热与过烧

如果钢加热温度过高，而且在高温下停留时间过长，钢内部的晶粒增长过大，晶粒之间的结合能力减弱，钢的力学性能显著降低，这种现象称为钢的过热。过热的钢在轧制时极易发生裂纹，特别是坯料的棱角、端头尤为显著。

产生过热的直接原因，一般为加热温度偏高和待轧保温时间过长。因此，为了避免产生过热的缺陷，必须按钢种对加热温度和加热时间，尤其是高温下的加热时间，加以严格控制，并且应适当减少炉内的过剩空气量，当轧机发生故障长时间待轧时，必须将炉温降低。

过热的钢可以采用正火或退火的办法来补救，使其恢复到原来的状态再重新加热进行轧制，但是，这样会增加成本和影响产量，所以应尽量避免产生钢的过热。

如果钢加热温度过高，时间又长，使钢的晶粒之间的边界上开始熔化，有氧渗入，并在晶粒间氧化，这样就失去了晶粒间的结合力，失去其本身的强度和可塑性，在钢轧制时或出炉受震动时，就会断为数段或裂成小块脱落，或者表面形成粗大的裂纹，这种现象称为钢的过烧。

过烧的钢无法挽救，只好报废，回炉重炼。生产中有局部过烧，这时可切掉过烧部分，其余部分可重新加热轧制。

为预防过热、过烧和粘钢等事故，应注意以下几点：

（1）注意均衡生产，不追急火，追产量。

（2）注意根据待轧时间处理炉子的保温和压火，即应遵守停机待轧时的炉子热工制度。

（3）加热特殊钢种时，首先熟悉其加热工艺要求，并在生产中严格掌握。

（4）注意"三勤"操作，克服懒惰，增强责任心，随时检查，随时联系，随时调整以免事故发生。

d　表面烧化和粘钢

由于操作不慎，可能出现表面烧化现象，表面温度已经很高，使氧化铁皮熔化，如果时间过长，便容易发生过热或过烧。

一般情况下，产生粘钢的原因有三个：

（1）加热温度过高使钢表面熔化，而后温度又降低。

（2）在一定的推钢压力条件下，高温长时间加热。

（3）氧化铁皮熔化后黏结。

防止表面烧化的措施，主要是控制加热温度不能过高，在高温下的时间不能过长，火焰不直接烧到钢上。

e　钢的加热温度不均匀

钢温不均通常表现以下几种：内外温度不均匀、上下面温度不均匀、钢坯长度方向温度不均。

避免钢坯加热温度不均的措施有以下几点：

（1）对于中心与表面温差大的硬心钢，应适当降低加热速度或相应延长均热时间，以减小温差。

（2）钢的上下表面温差太大时，应及时提高上或下加热炉炉膛温度，或延长均热时间，以改变钢温的均匀性。但应注意并非所有的炉子都是这样，应根据具体情况采取相应措施。

（3）避免钢在长度方向上加热温度不均匀的措施，是适当调整烧嘴的开启度，特别是采用轴向烧嘴的炉子，以保证在炉子宽度方向炉温分布均匀；同时还要注意调整炉膛压力，保证微正压操作，做好炉体密封，防止炉内吸入冷空气。

f　加热裂纹

加热裂纹分为表面裂纹和内部裂纹两种，加热中的表面裂纹往往是由原料表面缺陷

（如皮下气泡、夹杂、裂纹等）消除不彻底造成的。原料的表面缺陷在加热时受温度应力的作用发展成为可见的表面裂纹，在轧制时则扩大成为产品表面的缺陷，此外过热也会产生表面裂纹。

C 加热工艺

加热工艺制度包括加热温度、加热速度、加热时间、加热制度等。

a 加热温度

钢的加热温度是指钢料在炉内加热完毕出炉时的表面温度。确定钢的加热温度不仅要根据钢种的性质，而且还要考虑加工的要求，以获得最佳的塑性，最小的变形抗力，从而有利于提高轧制的产量、质量，降低能耗和设备磨损。

b 加热温度与轧制工艺的关系

实际生产中，钢的加热温度还需结合压力加工工艺的要求。如轧制薄钢带时为满足产品厚度均匀的要求，比轧制厚钢带时的加热温度要高一些；坯料大加工道次多要求加热温度高些，反之小坯料加工道次少则要求加热温度低些等。这些都是由压力加工工艺特点决定的。

高合金钢的加热温度则必须考虑合金元素及生成碳化物的影响，要参考相图，根据塑性图、变形抗力曲线和金相组织来确定。

目前国内外有一种意见，认为应该在低温下轧制，因为低温轧制所消耗的电能，比提高加热温度所消耗的热能要少，在经济上更合理。

c 加热速度

钢的加热速度通常是指钢在加热时，单位时间内其表面温度升高的度数，单位为℃/h。有时也用加热单位厚度钢坯所需的时间（min/cm），或单位时间内加热钢坯的厚度（cm/min）来表示。钢的加热速度和加热温度同样重要。在操作中常常由于加热速度控制不当，造成钢的内外温差过大，钢的内部产生较大的热应力，从而使钢出现裂纹或断裂。加热速度越大，炉子的单位生产率越高，钢坯的氧化、脱碳越少，单位燃料消耗量也越低。所以快速加热是提高炉子各项指标的重要措施。但是，提高加热速度受到一些因素的限制，对厚料来说，不仅受炉子供热能力的限制，而且还受到工艺上钢坯本身所允许的加热速度的限制，这种限制可归纳为在加热初期断面上温差的限制，在加热末期断面上烧透程度的限制和因炉温过高造成加热缺陷的限制。

一般低碳钢大都可以进行快速加热而不会给产品质量带来什么影响。但是，加热高碳钢和合金钢时，其加热速度就要受到一些限制，高碳钢和合金钢坯在 $500 \sim 600℃$ 以下时易产生裂纹，所以加热速度的限制是很重要的。

d 加热时间

钢的加热时间是指钢坯在炉内加热至达到轧制所要求的温度时所必需的最少时间，通常，总加热时间为钢坯预热、加热和均热三个阶段时间的总和。

要精确地确定钢的加热时间是比较困难的。因为它受很多因素影响，目前大都根据现有炉子的实践大致估计，也可根据推荐的经验公式计算。

钢的加热时间采用理论计算很复杂，并且准确性也不大，所以在生产实践中，一般连续式加热炉加热钢坯常采用经验公式：

$$\tau = CS \qquad\qquad (4\text{-}1)$$

式中 τ——加热时间，h；

  S——钢料厚度，cm；

  C——每厘米厚的钢料加热所需的时间，h/cm。对低碳钢，$C = 0.1 \sim 0.15$；对中碳钢和低中合金钢，$C = 0.15 \sim 0.2$；对高碳钢和高合金钢，$C = 0.2 \sim 0.3$；对高级工具钢，$C = 0.3 \sim 0.4$。

 e 加热制度

所谓加热制度是指在保证实现加热条件的要求下所采取的加热方法。具体地说，加热制度包括温度制度和供热制度两个方面。

对连续式加热炉来说，温度制度是指炉内各段的温度分布。所谓供热制度，对连续加热炉是指炉内各段的供热分配。

从加热工艺的角度来看，温度制度是基本的，供热制度是保证实现温度制度的条件，一般加热炉操作规程上规定的都是温度制度。

具体的温度制度不仅取决于钢种、钢坯的形状尺寸、装炉条件，而且依炉型而异。加热炉的温度制度大体分为：一段式加热制度、两段式加热制度、三段式及多段式加热制度。这里重点介绍三段式加热制度。

三段式加热制度是把钢坯放在三个温度条件不同的区域（或时期）内加热，依次是预热段、加热段、均热段（或称应力期、快速加热期、均热期）。

这种加热制度是比较完善的加热制度，钢料首先在低温区域进行预热，这时加热速度比较慢，温度应力小，不会造成危险。当钢温度超过 $500 \sim 600℃$ 以后，进入塑性范围，这时就可以快速加热，直到表面温度迅速升高到出炉所要求的温度。加热期结束时，钢坯断面上还有较大的温度差，需要进入均热期进行均热，此时钢的表面温度不再升高，而使中心温度逐渐上升，缩小断面上的温度差。

三段式加热制度既考虑了加热初期温度应力的危险，又考虑了中期快速加热和最后温度的均匀性，兼顾了产量和质量两方面。在连续式加热炉上采用这种加热制度时，由于有预热段，出炉废气温度较低，热能的利用较好，单位燃料消耗低。加热段可以强化供热，快速加热减少了氧化和脱碳，并保证炉子有较高的生产率，所以对许多钢坯的加热来说，这种加热制度是比较完善与合理的。

这种加热制度适用于大断面坯料、高合金钢、高碳钢和中碳钢冷坯加热。

4.2 传统蓄热式加热炉

4.2.1 蓄热式加热炉工作原理

一个蓄热式燃烧单元至少有两个蓄热室（蓄热式烧嘴），燃料供给系统、换向阀和控制系统与之配合，其热效率可达 $75\% \sim 90\%$。即应用高效蓄热式燃烧技术的加热炉蓄热室（烧嘴）需成对安装。如图 4-14 所示，蓄热室 A 工作时，产生的大量高温烟气经由蓄热室 B 排出，与蓄热体换热后，可将排烟温度降到 $200℃$ 以下（方式 A）；一定时间间隔后，换向阀使助燃空气（或煤气）通过 B 的蓄热体，空气立即被预热到烟气温度的 90% 左右，蓄热室 B 启动的同时，蓄热室 A 转为排烟和蓄热（方式 B，与方式 A 相反）。通过这种交替运行方式，实现"烟气余热的极限回收"和助燃空气（和煤气）的高温预热。

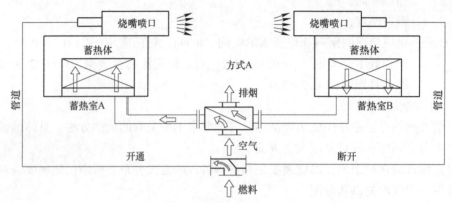

图 4-14 蓄热式燃烧原理

蓄热式连续加热炉，就这样通过 A、B 状态的不断交替，实现对坯料的加热。

高效蓄热式加热炉取消了常规加热炉上的烧嘴、换热器、高温管道、地下烟道及高大的烟囱。操作及维护简单，无烟尘污染，换向设备灵活，控制系统功能完备。采用低氧扩散燃烧技术，形成与传统火焰迥然不同的新型火焰类型，空气、煤气双双预热温度均超过1000℃，创造出炉内优良的均匀温度分布，节能 40%~60%，钢坯氧化烧损可减少 1%。

采用蓄热式燃烧技术后，炉内火焰流动与传统加热炉比有很大的区别，烟气成横向流动，烧嘴成对工作，其中一个烧嘴工作时另一个烧嘴排烟蓄热，烧嘴布置于炉子两侧，一侧烧嘴喷出的火焰被对侧烧嘴吸引，这相当于加长了火焰长度，因此炉子宽度方向的温度较传统加热炉均匀。

（1）蓄热体。常用的蓄热体有陶瓷小球和陶瓷蜂窝体。理想的蓄热体应具有以下特点。

1）从物性参数考虑：高比热，蓄热量大；高密度，蓄热量大；高导热系数，传热速度快。

2）从形状考虑：高比表面积，传热速度快；高容重，蓄热量大；高流通性，阻力小。

3）从使用方面考虑：机械强度高，热强度好，使用寿命长，维护性好，成本低廉。

陶瓷小球与蜂窝体的比较见表 4-1。

表 4-1 陶瓷小球与蜂窝体的比较

项 目	陶瓷小球	陶瓷蜂窝体
蓄热量	★★★★★	★★★
传热速度	★★	★★★★★
流动阻力	★★★	★★★★★
体 积	★★★★★	★★★★
强 度	★★★★★	★★
使用寿命	★★★★★	★★★
维护性	★★★★★	★★★★★
成 本	★★★★★	★

（2）换向阀。换向阀组是蓄热式加热炉的关键控制设备，其中每个换向阀每年的动作次数大约是 40 万次甚至上百万次左右，其寿命应在三年以上。换向装置集空气、燃料换向一体，结构独特。空气换向、燃料换向同步进行，空气、燃料、烟气绝无混合的可能，彻底解决了以往换向阀在换向过程中气路瞬间串通的弊病。由于换向装置和控制技术的提高，使换向时间大为缩短，新型蓄热式加热炉的换向时间仅为 0.5~3min。新型蓄热室传热效率高和换向时间短，带来的效果是排烟温度低（150℃ 以下），被预热介质的预热温度高（只比炉温低 80~150℃）。

1）四通换向阀。用于集中换向的加热炉，分为四阀板四位四通换向阀和双阀板四通换向阀。

2）大型三通换向阀。用于集散换向控制的加热炉。

3）小型三通换向阀。用于全分换向（单独换向）控制的加热炉，分为二位三通换向阀和双缸三通换向阀。

4）快速切断阀。用于单蓄热式加热炉中换向时燃料的切断，有旋转快切阀、单向快切阀和高温快切阀几种形式。不同换向阀结构形式见图 4-15。

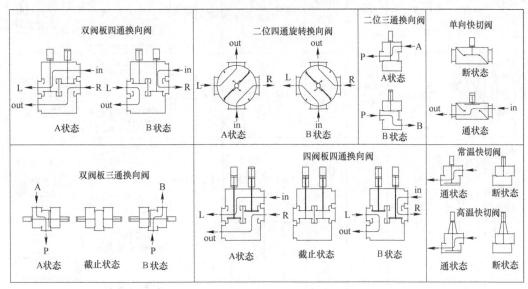

图 4-15　几种常用阀门结构示意图

（3）蓄热式烧嘴。主要有内置通道式、外挂箱式、外置挂包式（一带一）、外置挂包一拖二式、嵌入式几种形式，不同蓄热式烧嘴结构比较见表 4-2。

（4）换向时间。蓄热体的效率是以空气和煤气预热得到的热量与通过蓄热体的烟气所具有的显热之比来表示的。但通常热蓄热体的效率指标是温度效率 η_t，即（出口空气温度 – 入口空气温度)/(入口烟气温度 – 出口烟气温度)，烟气不通过旁通时温度效率可达 0.9~0.94。温度效率与切换时间 τ 有关系，采用蜂窝体时，通常 τ 设定在 60~90s，采用陶瓷小球时一般在 2~3min。

（5）低 NO_x 控制。由于助燃空气预热温度的提高，火焰温度上升增加 NO_x 排放量。通常工业炉内要抑制 NO_x 的生成，采用控制炉温、两段燃烧、废气再循环、炉内还原性气氛等措施。单纯从结构上考虑，降低蓄热燃烧中 NO_x 浓度的基本方法是采用两段燃烧法。一次燃烧区域是还原燃烧，二次燃烧区域是低氧燃烧，借此来降低 NO_x 的浓度。低 NO_x 高效蓄热式燃烧技术具有高的热回收率、高速火焰特性，而不产生因为高空气预热温度相关的高 NO_x 生成率。高炉煤气蓄热燃烧时，燃烧温度正好达到加热炉的工艺要求燃烧温度，NO_x 的生成量很低。

表 4-2　不同蓄热室结构比较

序号	蓄热室烧嘴结构形式	蓄热体形式	蓄热室散热面积/炉墙外表面积/%	不同结构优缺点比较						结构原理图
				炉墙厚度/mm	检修蓄热室	换蓄热体	施工安装难易程度	操作空间	造价	
1	内置通道式	小球蜂窝体	0	950~1300	无法检修需拆炉墙	困难	难	好	最高	
2	外置箱体式	小球蜂窝体	1.65	950	检修方便	容易	有一定难度	差	较高	
3	外置挂包分体式	小球蜂窝体	3.03	500~550	检修方便	容易	容易	最差	较高	
4	外挂蓄热室嵌入式左右组合	小球蜂窝体	0.48	500~550	检修方便	容易	容易	较好	适中	
5	外挂蓄热室嵌入式上下组合	小球蜂窝体	0.48	500~550	检修方便	容易	有一定难度	较差	适中	
6	外置挂包一拖二式	小球蜂窝体	3.03	500~550	检修方便	容易	容易	最差	适中	

4.2.2　内置通道式蓄热式加热炉

内置通道式蓄热式加热炉是将空气、煤气蓄热室布置在炉底，将空气、煤气通道布置在炉墙内，既有效地利用了炉底和炉墙，同时没有增加任何炉体散热面，即蓄热式燃烧系统把蓄热室和炉体有机地结合为一体。

内置通道式蓄热式加热炉所特有的煤气流股贴近钢坯，煤气和空气在炉内分层扩散燃烧的混合燃烧方式，由于在钢坯表面形成的气氛氧化性较弱，从而抑制了钢坯表面氧化铁皮的生成趋势，使得钢坯的氧化烧损率大幅度降低。对于加热坯料较长和产量较大的加热炉，由于对加热钢坯宽度方向上即沿炉长方向的温差要求较高，常规加热炉由于结构和设备成本的限制，烧嘴间距一般均在1160mm以上，造成炉长方向上温度不均而影响加热质量，而内置式蓄热式加热炉所特有的多点分散供热方式，喷口间距最小处达500mm，并且布置上不受钢结构柱距的限制，炉长方向上温度曲线几近平直，使得加热坯料的温度均匀性大大提高。

内置通道式蓄热式加热炉设计和施工相对复杂，炉墙厚度达1m，炉墙要求耐火材料理化指标性能高，强度合适，热震稳定性好，重烧线变化小，体积稳定性好，从而确保通道之间的密封性。炉墙有多个蓄热室通道和煤气/助燃空气通道，内模结构复杂，浇注时施工难度相对较大。若炉墙出现问题，不便维修，且维修时间长。

4.2.3 外置式蓄热式加热炉

外置式蓄热式加热炉分三种形式，外置箱式蓄热式加热炉见图4-16，外置挂包式蓄热式烧嘴（一拖二）见图4-17，外置挂包式蓄热式烧嘴（一对一）见图4-18。

外置式蓄热式加热炉是介于内置通道式加热炉与嵌入式蓄热式烧嘴（壁挂式烧嘴）加热炉之间的一种形式，将蓄热室全部放到炉墙外，体积庞大，占用车间面积大，检修维护非常不便。炉体散热量成倍增加，蓄热室与炉体连通的高温通道受钢结构柱距的限制，空气、煤气混合不好，燃烧不完全，燃料消耗高，更无法实现低氧化加热。它既没有嵌入式蓄热式烧嘴的灵活性，又没有内置通道式蓄热式加热炉的节能性，但适用于任何低发热量的燃料且场地不受限制的加热炉。

4.2.4 烧嘴式蓄热式加热炉

嵌入式蓄热式烧嘴是一种集蓄热室和烧嘴一体化的设备。烧嘴的前部嵌埋在炉墙内，后部设置在炉墙外便于更换蓄热体和操作维护。结构紧凑，散热面积小。嵌入式蓄热式烧嘴由烧嘴砖、蓄热室、蓄热体及通道组成。蓄热室是放置蓄热体的设备，也是热交换的区域。它的外壳是由型钢及钢板焊接而成的，内部四壁由轻质高强浇注料和高纯纤维毯砌筑而成，中间堆放蓄热体。蓄热体采用莫来石浇注的蜂窝体或小球（目前高温通道由低水泥浇注料和硅酸铝纤维毯砌筑而成）。嵌入式蓄热式烧嘴对称布置在炉子两侧，蓄热室为外置式，高温通道与炉墙上烧嘴砖的喷口有机地结合在一起，从而保证蓄热后高温气体喷入炉内。嵌入式蓄热式烧嘴可以同时将空气和煤气预热到1000℃，出蓄热式烧嘴的废气温度可以降至150℃以下。

4.2.4.1 烧嘴布置方式

嵌入式蓄热式烧嘴分左右组合燃烧方式和上下组合燃烧方式两种。上下组合燃烧的结构，钢坯氧化烧损相对低些，靠近钢坯表面的是煤气蓄热式烧嘴，远离钢坯表面的是空气蓄热式烧嘴；但是炉膛高度相对较高，烧嘴火焰柔、软，见图4-19。左右组合燃烧方式的结构，烧嘴供热能力相对大，火焰刚性强，换向时加上炉压波动气流冲刷钢坯，氧化铁易落入炉内，见图4-20。

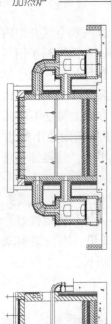

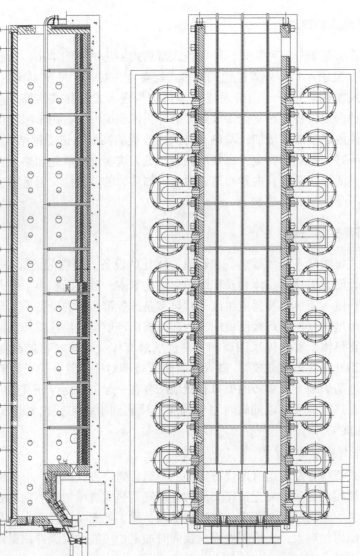

图 4-16　某钢铁公司年产 40 万吨棒材生产线配套加热炉工程
（高炉煤双蓄热、外拖包一拖二式蓄热烧嘴式烧嘴供热，端进端出加热炉）

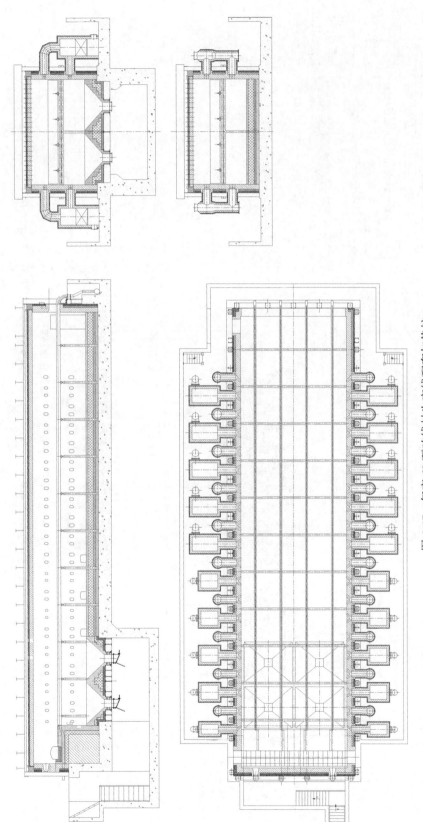

图 4-17 年产 60 万吨线材生产线配套加热炉
（发生炉煤气供热，空气单蓄热，端进侧出连续式加热炉，带自动漏渣）

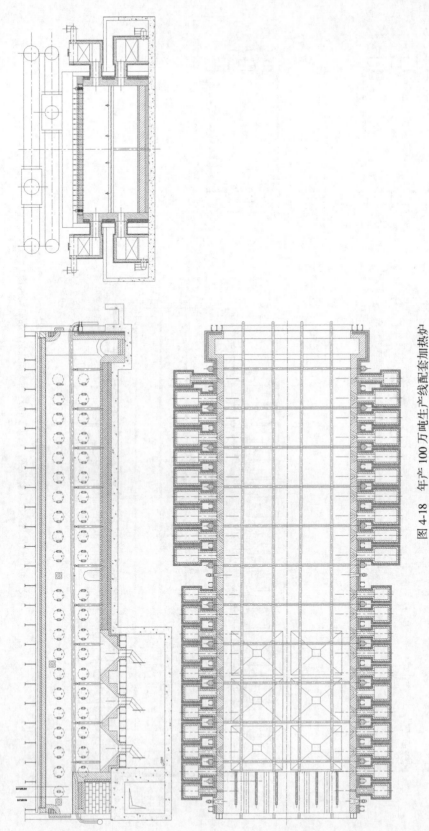

图 4-18　年产 100 万吨生产线配套加热炉

（高炉煤气双蓄热，外挂箱式蓄热烧嘴上下分体结构，推钢机端装料托机端出料，带漏渣结构）

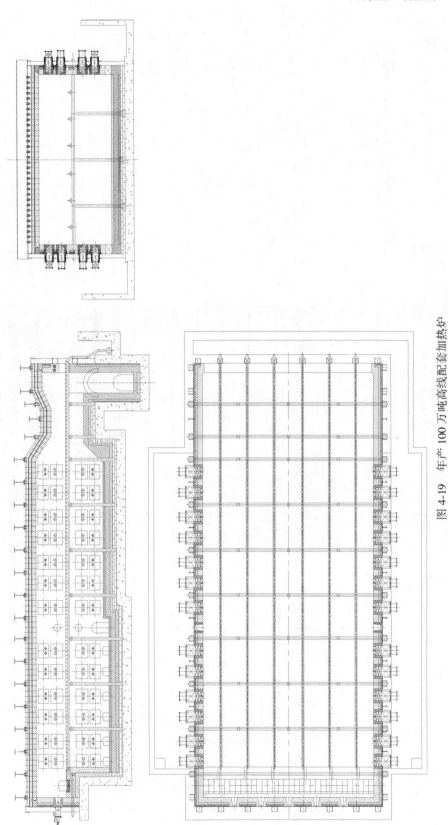

图 4-19 年产 100 万吨高线配套加热炉

（高炉煤气双蓄式，嵌入式蓄热式烧嘴上下组合炉两侧对称布置；推钢机端装料，顶钢机侧出料）

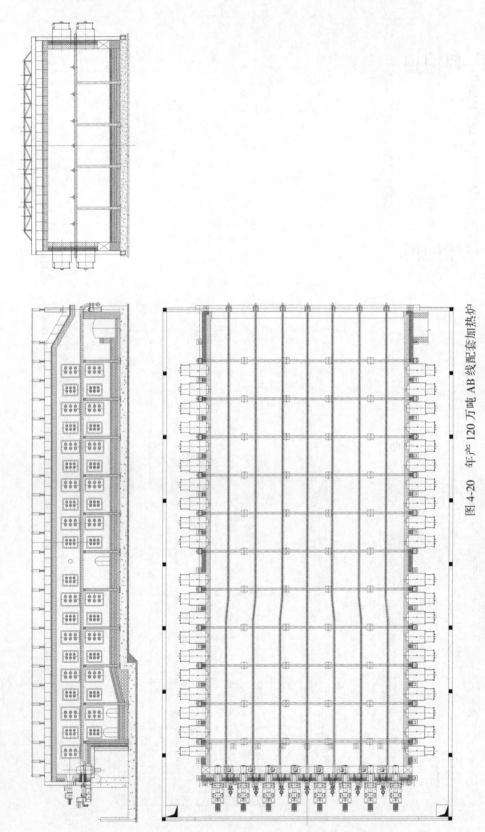

图 4-20　年产 120 万吨 AB 线配套加热炉

（高炉煤气双蓄热，嵌入式烧嘴式左右组合式炉两侧对称布置，推钢机端装料悬臂辊侧出料。炉顶为全纤维炉顶整体拼装结构）

4.2.4.2 换向阀组

蓄热式加热炉的换向燃烧系统根据所选换向方式不同，换向阀的结构也不尽相同。换向方式主要分为三种：集中换向、分散换向（又称单独换向）、集散换向（介于集中换向和分散换向之间的一种换向方式）。集中换向一般选用四位四通换向阀或二位四通换向阀，单独换向采用双缸三通换向阀，集散换向采用大型三通换向阀。

A 集中换向方式实例

某钢铁集团有限公司年产60万吨棒材生产线配套加热炉如图4-21所示：高炉煤气双蓄热，嵌入式蓄热式烧嘴上下组合供热，集中换向燃烧方式，带附烟道。

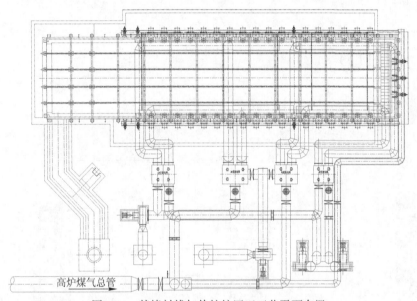

图4-21 某棒材线加热炉炉区工工艺平面布置

集中换向的燃烧系统特点：系统简洁；管道少；可靠性高；操作、维护方便；实用性好；一般连续推钢式加热炉分两段或三段燃烧控制，对于双蓄热的加热炉来说，就是两段四个四通换向阀或者三段六个四通换向阀，换向阀数量少，事故点少。但因集中换向时炉子有一段不工作时间，空气和燃气双蓄热情况下浪费煤气，炉子两侧状态不均匀，换向时炉压波动大。集中换向时间一般为2~3min，随着换向时间缩短煤气浪费严重。

B 全分散换向方式

所谓全分散换向燃烧方式是指每侧每对烧嘴单独换向的燃烧方式。其优点是换向系统惯性进一步减小，延时换向，炉压波动小；炉子不工作时间大大缩短，效率高；煤气损耗量几乎为零；系统故障危险分散，某个换向阀故障时可以不停产状态下检修维护。缺点是管道较复杂，阀门多，事故点多。

全分散换向原理实际案例，如图4-22所示。

C 集散换向方式

集散换向燃烧方式即为分侧分段集中换向的燃烧方式，如图4-23所示。其优点是缩短了换向阀到烧嘴的管路，加热炉两侧的管路长度相等，大大缩短了炉子不工作时间，减少了煤气耗损，平衡了炉子两侧状态。集散换向是介于集中换向和分散换向之间的一种换

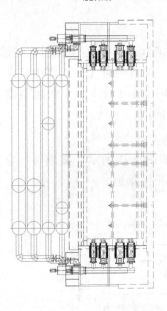

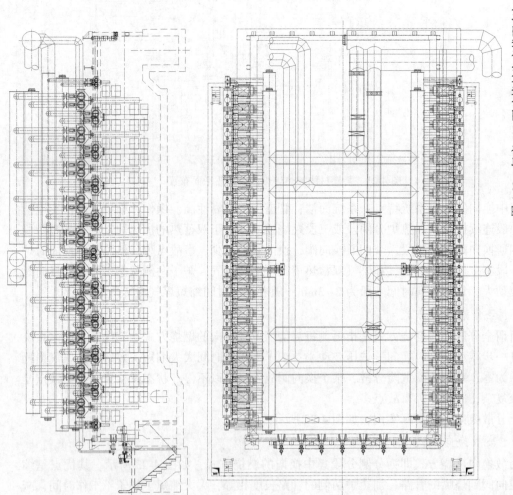

图 4-22 年产 100 万吨棒材生产线配套加热炉

（高炉煤气双蓄热，嵌入式蓄热式烧嘴上下组合式炉两侧对称布置，推钢机端装料悬臂辊侧出料。
小型双缸三通换向阀炉两侧全分散换向）

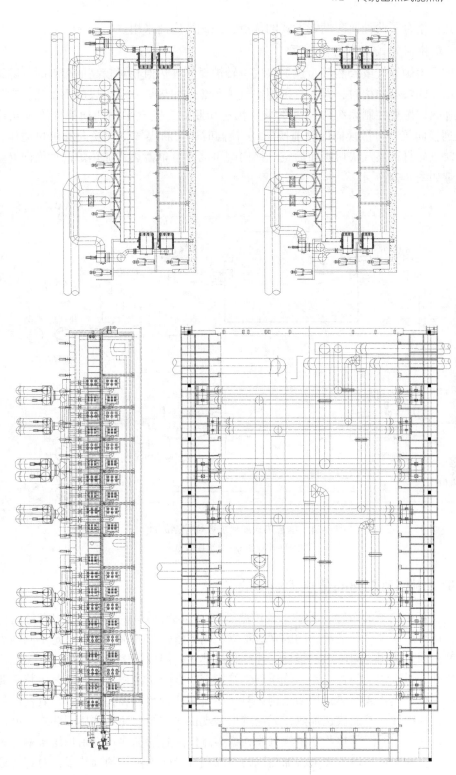

图 4-23　高炉煤气双蓄热集散换向控制的加热炉布置

向燃烧方式，结合了两种换向燃烧方式的优点，因此被广泛采用。

D 燃烧换向方式的应用及原理

对于燃发生炉煤气或天然气、焦炉煤气、转炉煤气等热值相对较高的燃料时，除采用常规多点供热的炉型结构时，偶尔有采用空气单蓄热式加热炉。对于煤气不蓄热，空气单蓄热式的加热炉燃烧控制系统中，煤气采用快速切断阀，空气采用四通换向阀（集中换向）或三通换向阀（分散换向即嘴前换向）。换向时先切断煤气空气换向阀组再动作，同理，打开时也先打开煤气快切阀而后空气换向阀再动作。单蓄热式加热炉两种换向燃烧控制方式原理如图 4-24 所示。

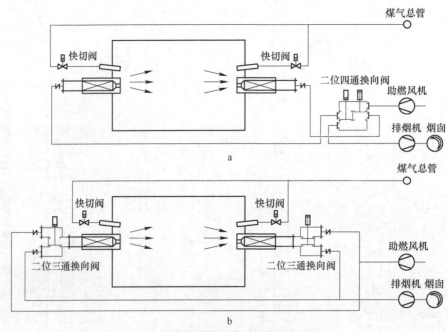

图 4-24 单蓄热式加热炉燃烧控制原理

a—集中换向模式；b—分散换向模式

4.3 带炉尾附烟道烟囱的蓄热式加热炉

炉型（包括供热点的布置）和炉子的炉温制度（包括供热能力）是影响产量指标的重要因素，也是炉子设计中最活跃的因素。根据不同的条件和要求，可以选定不同的炉型和炉温制度，因而选用不同的产量指标。连续式加热炉的温度制度分为两段式、三段式及强化加热三种。对于常见的普碳钢、优质碳素结构钢、合金结构钢等加热工艺无特殊要求的可选常规多点供热式或蓄热式炉型结构；对于不锈钢、轴承钢和弹簧钢、模具钢等具有典型加热工艺的钢种，不能快速加热，无论选用常规供热式炉型还是选用蓄热式炉型，都需要有一个足够长的低温预热段。常规三段式或多点供热式的加热炉，由炉尾排烟，只有一根排烟烟囱；利用炉尾地下烟道将加热段的高温烟气拉向不供热的预热段，对钢坯进行缓慢预热。对于蓄热式加热炉，通常是机械排烟，双蓄热的加热炉分空气侧排烟和煤气侧排烟两套排烟系统；为了适应优特钢、不锈钢等的加热工艺要求，在设计蓄热式加热炉时增加不供热的预热段，并设炉尾地下烟道增加附烟囱。一方面利用附烟道将高温段一部分热气拉向炉尾，使其对不供热的预热段钢坯进行缓慢加热；另一方面利用附烟道烟囱的排烟量辅助调节炉压（附烟道内设置烟道闸板或者变频引射风机，通过调节烟道闸板的开度或者变频引射风机的频率来调节炉压），使蓄热式加热炉在换向时炉压波动大大减小。

碳素结构钢、合金结构钢、滚珠轴承钢和弹簧钢，是加热工艺有较大区别的四类典型钢种。特殊钢钢坯在炉内加热，除了要达到轧制工艺所要求的出炉温度和温度均匀性，还要满足其他特殊的质量控制要求。

4.3.1 碳素结构钢

碳素结构钢中的 Q235 钢推荐加热温度为 1100~1150℃，45 钢推荐加热温度为 1100~1150℃。这类钢的加热制度比较宽松，加热速度不受限制，装炉时的炉温也不限制。

4.3.2 合金结构钢

合金结构钢中的 40Cr，推荐加热温度为 1100~1150℃，加热速度不受限制，装炉时的炉温也不限制。

合金结构钢中的 20CrMnTi 和 20CrMo，推荐加热温度为 1100~1150℃，这类钢加热时要难免由于热应力大而产生裂纹，低温阶段应缓慢加热，因此装炉时的炉温需限制在 700℃以下。

4.3.3 滚动轴承钢

轴承钢 GCr15 导热系数较小、低温塑性较差，在 250~400℃时还有强度较低的蓝脆区，只有当温度达到 600℃以上时钢的塑性和强度才会提高，所以必须防止 600℃以下由于加热速度太快而造成的热应力内裂或断裂。即使到了 800℃左右，由于钢坯进行相变，也会因体积膨胀而产生较大的组织应力，这些组织应力与热应力相结合仍能导致钢的裂纹产生。因此在 900℃以前钢的加热速度要非常缓慢，针对 1502 钢坯，总加热速度不应超过 9.4min/cm。入炉温度对钢的加热质量影响也较大，一般规定不超过 800℃，最好不超过 700℃。

轴承钢铸态钢坯中存在碳化物偏析现象，它将严重影响轴承钢产品的质量，会造成硬度不均匀或裂纹。因此钢坯轧制前的加热时，要求在 1160~1200℃进行高温扩散，以使碳化物团块分散以及消除碳化物偏析，并能促使钢中氢气的析出，减少白点缺陷。进行高温扩散的时间一般为 0.3~3h，依钢坯尺寸大小而定，对于断面 200mm×200mm 的钢坯，高温扩散时间应为 1h 以上。

4.3.4 弹簧钢

弹簧钢有脱碳层时，其使用价值降低，使用寿命缩短，因而这两类钢都不允许有脱碳缺陷，而弹簧钢炉内加热过程中恰恰易产生脱碳现象。影响脱碳的因素主要是加热温度、加热时间、炉内气氛、化学成分、钢的氧化速度、氧化铁皮性质等。

如果钢在完全的中性气氛中，即炉气成分中 CO_2：$CO \leq 1:7$ 时，在任何温度区域内都不会脱碳。如果钢在还原性气氛中，特别是 CO_2：$CO = 3:1$ 时则在 A_c 点以下就有明显脱碳过程，且随着温度的升高，脱碳将越来越强烈。而在一般的加热炉中，炉气一般都为弱氧化性气氛，在这种气氛中，脱碳表现非常特别：在 800℃之前几乎没有脱碳发生，在 800~900℃之间开始出现脱碳和氧化，而超过 900℃脱碳则急剧发展，但当钢温超过

1100℃后，随着氧化速度超过脱碳速度，脱碳速度随温度的升高而降低，当达到1200℃时，脱碳停止，也就是在900~1100℃之间为钢的脱碳敏感区，在这期间内相同的温度条件下，脱碳的速度取决于氧化速度、脱碳层厚度，以及钢在此温度区的加热时间。

根据以上特点，为了减少脱碳层厚度，一要尽量控制好加热炉内钢坯表面周围的气氛，二要尽量减少钢在900~1100℃温度区域的停留时间，实现在该高温段的快速加热，并尽量利用低温轧制工艺降低加热温度。

实现上述钢种加热工艺的措施如下：

碳素结构钢及加热工艺无特殊要求的合金结构钢，可以采用常规炉温制度或不带附烟道的蓄热式加热炉加热，无须赘述。

轴承钢先在炉尾温度不超过700℃的条件下缓慢加热到900℃，然后快速加热到1160~1200℃，接着在该温度范围内保温1~2h，完成碳化物的高温扩散。

弹簧钢先在炉尾温度不超过700℃的条件下缓慢加热到900℃，然后快速加热到1040℃左右，适当均热后即出炉。

为了适应上述各种钢的加热制度，炉子至少应分为4个段，即预热段、第二加热段、第一加热段和均热段，其中预热段为不供热段，另外三段为供热段。需要设置适当长度的不装烧嘴的预热段，以便从炉尾排出的烟气与入炉的冷钢坯进行热交换，降低排烟温度，以适应合金钢低温装炉的需要。第二加热段将起重要作用，炉温制度的变化主要靠这一段来调节。第二加热段负荷减小或关闭，炉温调低，相当于延长预热段，可适应合金钢缓慢加热的需要。第一加热段负荷增大，炉温调高，相当于延长加热段，适用于高产量的普通钢种的加热，也可适应轴承钢长时间高温扩散的需要。加热段应配备较大的供热能力，而且烧嘴应具备较大的调节范围。所以对于加热多钢必要设置第一和第二两个加热段，以适应不同钢种的不同加热制度。均热段的作用主要是使钢坯温度均匀化，但供热能力也要足够富裕，以适应某些钢种后期快速加热的需要。

图4-25为带炉尾附烟道的加热炉区域平面布置。

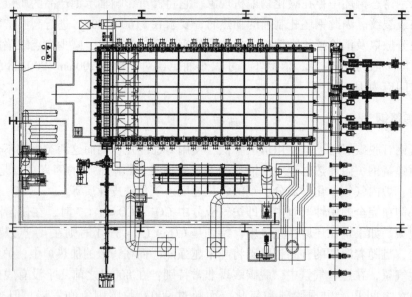

图4-25 带炉尾附烟道的加热炉区域平面布置

4.4 步进底式加热炉的应用

4.4.1 步进式加热炉概述

步进式加热炉是机械化炉底加热炉中使用较为广泛的一种，是取代推钢式加热炉的主要炉型。随着轧钢工业的发展，对加热产品质量、产量、自动化和机械化操作计算机控制等方面的日益提高，在生产中要求在产量和加热时间上有更大的灵活性，这就要求与之相适应的炉子也具有很大的灵活性，以适应生产的需要，基于上述原因，传统的推钢式加热炉已难于满足要求。而与传统的推钢式加热炉相比，步进式加热炉具有加热质量好、热工控制与操作灵活、劳动环境好等优点，特别是炉长不受推钢比的限制，可以提高炉子的容量和产量，更适应当代轧机向大型化、高速化与现代化发展的需要。目前，合金钢的板坯、方坯、管坯甚至钢锭等轧制前的加热已有不少采用步进炉加热，使用效果好。大型步进炉生产率高达 400 万吨/年。

步进式加热炉的炉底基本由活动部分和固定部分构成。按其构造不同又有步进梁式、步进底式和步进梁、底组合式加热炉之分。一般坯料断面大于 120mm×120mm 多采用步进梁式加热炉，钢坯断面小于 100mm×100mm 多采用步进底式加热炉。

4.4.1.1 步进式加热炉原理

步进式加热炉是靠炉底或步进梁的升降进退来带动料坯前进的，其工作原理如下：步进周期运行前步进梁停"1"点位，步进周期运行时根据运行动作时序表，步进梁由"1"点位开始向"2"点位做上升运动，中间有加速、减速过程，将钢坯轻轻托起。步进梁再由"2"点位水平移动到"3"点位，即步进梁托着钢坯向前移动一步，然后步进梁开始由"3"点位向"4"点位做下降运动，中间经过加、减速过程，将钢坯轻放到固定梁上。然后步进梁由"4"点位回到"1"点位，完成一个正循环。步进式加热炉矩形轨迹如图 4-26 所示。

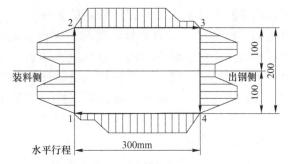

图 4-26 步进式加热炉矩形轨迹

4.4.1.2 步进式加热炉优缺点

与推钢式加热炉相比较步进式加热炉的优点是：（1）加热灵活。在炉长一定的情况下，炉内坯料数目是可变的。（2）加热质量好。因为在步进炉内可以使坯料间保留一定的间隙，这样扩大了坯料受热面，加热温度比较均匀，钢坯表面一般不会有划伤的情况，两面加热时坯料下表面水管黑印的影响比一般推钢式连续加热炉的要小些。（3）炉长不受推钢比的限制。对于不利于推钢的细长坯料、圆棒、弯曲坯料等均可在步进炉内加热。（4）操作方便。改善了劳动条件，在必要时可以将炉内坯料全部或部分退出炉外，开炉时间可缩短；由于不容易粘钢，因此可减轻繁重的体力劳动；和轧机配合比较方便、灵活。（5）可以准确地控制炉内坯料的位置，便于实现自动化操作。

步进式炉存在的缺点主要是造价比较高，设备制造和安装技术要求较高，基建施工量大，要求机电设备维护水平高，在操作中要对炉底勤维护、及时清渣，经常保持动床和定床平直以防坯料跑偏。其次，步进式炉（两面加热的）炉底支撑水管较多，水耗量和热耗量超过同样生产能力的推钢式炉。

4.4.1.3 步进式加热炉的炉型结构

A 炉膛宽度

炉膛宽度是由坯料长度与装料排数确定的，料排间和料排与炉墙间的空隙一般取0.15~0.3m。

B 炉长

有效炉底长度是指钢料在炉内有效加热所占的长度，是由炉子产量计算确定。端装料侧出料的炉子为炉尾砌体外缘至出料门中心线的距离；端装端出料的炉子为炉尾砌体外缘至出料滑坡折点的距离，用托出机出料的炉子则算至钢坯在炉内最后位置的前端线；侧装料的炉子，其炉尾从侧装料门或辊道中心线算起。炉子全长指前后端墙砌体外缘间的距离。步进式炉炉长无上述限制，但炉子过长时跑偏量也将增大。

C 炉膛高度

它们直接影响炉子的加热能力和热量利用，是根据类似炉子的经验来确定的。炉子各段长度一般可根据钢材加热计算中各段加热时间的比例及类似炉子的实际情况确定，两段式加热炉的加热段和预热段长度各约占有效炉长的一半，产量较小的炉子加热段长度比例也要小一些，三段式加热炉均热段长度约占有效炉长的15%~25%，加热段占25%~40%，预热段占35%~50%；多点供热加热炉均热段和加热段总长可占70%以上。炉膛高度（或深度），指炉底滑道或固定梁顶面到炉顶或炉底表面之间的距离，在炉宽已定，各段长度比例相对稳定的条件下，它是决定炉膛空间大小、炉型曲线是否合适的关键尺寸。影响炉膛高度与炉型曲线的因素较多，根据理论分析与实践验证，炉膛空间大小应保证燃料的充分燃烧和被炉气充满，它随燃料种类、燃烧方式及热负荷的不同而异。在带入炉内同样热量条件下，低热值煤气的废气量要大于高热值煤气的，因此需要较大空间；燃重油和天然气的炉子炉膛一般较小；有焰燃烧时，火焰对钢料传热比例较无焰燃烧时大，此时炉膛高度要尽量保证火焰接近钢料而不应追求加大炉壁面积的作用。

4.4.1.4 步进式加热炉的热工制度

炉温制度对于加热坯料厚度较小或对坯料加热内外温差要求不严的中小型加热炉，多采用两段式炉温制度，即只有加热段和不供热的预热段。对于坯料厚度较大或温差要求比较严格的加热炉则采用三段式炉温制度，即在出料段再设一个均热段，其温度低于加热段而略高于坯料表面温度，供热强度很小，以使坯料表面与中心温差缩小到允许范围。按三段式炉温制度设计的加热炉也可以按两段式炉温操作。大产量的板坯、型钢及高速线材加热炉均采用三段式加热炉。单面加热或双面加热，加热厚度小于90~100mm 的坯料时，一般选用单面加热工艺，即选用没有下加热的推钢式炉或步进底式炉，其单位炉底面积小时产量适中而热耗较低；加热厚度大于100mm 的坯料时，则选用双面加热工艺，即选用上下加热的推钢式炉或步进梁式炉。由于步进梁式炉坯料有间隙，120~130mm 的方坯或圆坯也可采用单面加热。由于炉内滑道间距（纵水管或步进梁与固定梁）等结构上的限制，短坯料不能采用双面加热，推钢式炉坯料长度应大于 1000mm，步进梁式炉坯料长度宜大于 2500mm，否则其下表面遮蔽大、受热差且运行不可靠，容易发生"掉道"事故。为了避免水管"黑印"对小坯料的不利影响及节约燃料，还有采用无水冷滑道（如用棕刚玉滑轨）两面加热的推钢式炉，其坯料断面尺寸不大于 75mm×75mm，滑轨寿命为 6～12 个月。高速线材轧机加热炉的坯料长度为 12～22m，冷料进炉时单面受热易变形弯曲，要求两面受热，常采用进料端为步进梁的梁底组合式步进炉。

4.4.2 步进梁式加热炉实例

某钢铁公司年产 120 万吨棒线燃高炉煤气双蓄热步进梁式加热炉结构图如图 4-27～图 4-29 所示。

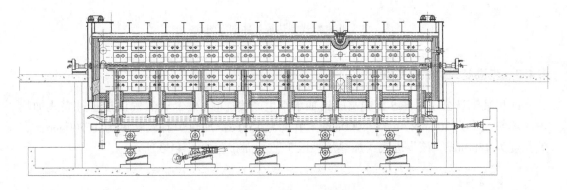

图 4-27 步进梁式加热炉炉体剖面图（一）

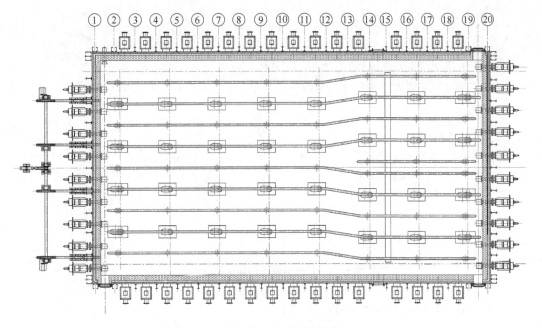

图 4-28 步进梁式加热炉炉体剖面图（二）

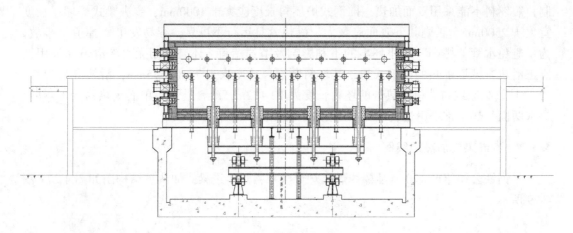

图 4-29　步进梁式加热炉炉体剖面图（三）

4.4.3　步进底式加热炉实例

四川某钢铁公司年产 5 万吨高碳铬轴承钢生产线配套 15t/h 天然气供热步进底式加热炉。坯料规格为 70mm×70mm×4000mm，单重为 155kg；加热炉有效长度为 16500mm；有效宽度为 4500mm。该步进底式加热炉炉区工艺平面布置如图 4-30 所示。

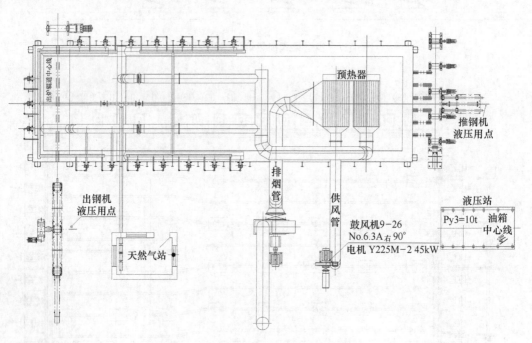

图 4-30　双步进底式加热炉平面布置

4.4.3.1　步进底式加热炉的组成部分

A　炉子砌体

炉子砌体包括炉顶、炉两侧墙、进出料端墙、固定炉底和活动底。常规加热炉炉型结构，包括各种浇注料、轻质保温砖、耐火砖、高铝砖、纤维板/毯等，在此不再赘述。

B　炉子钢结构

框架结构，由炉子两侧立柱、炉顶横梁和护炉钢板等组成。整个框架支撑在混凝土基础上。炉体两侧上部烧嘴及炉子周围设有操作平台、梯子和钢结构通道。钢结构由工字钢、槽钢、角钢、钢板、花纹钢板及钢管的型钢焊接而成。步进底式加热炉由上部钢结构和炉底钢结构两部分组成。（1）上部钢结构炉：墙立柱用 20 号槽钢或工字钢焊接而成，中间用筋板连接；炉墙钢板用 6mm 厚的钢板焊接；炉顶吊挂大梁用 30 号工字钢；炉顶吊挂次梁用 $\phi76mm×4.5mm$ 焊管。烧嘴、人孔门、窥孔及等炉子附件均固定在炉墙的钢结构上。（2）炉底钢结构：由炉底小框架和炉底钢板、炉底纵向大梁、炉底支柱三部分组成。炉底小框架和炉底钢板是由 20 号、25 号、30 号和 36 号工字钢、槽钢、H 型钢以及各种钢板焊接而成，用来支撑炉底耐火材料和钢坯。炉底钢结构纵向大梁在炉底纵向贯穿全炉长，支托所有的炉底小框架。在炉底纵向大梁下面每隔一段距离有一炉底支柱来支撑，炉底支柱用 H 型钢和钢板焊接而成。

C　供热系统

供热系统包括天然气减压站、天然气烧嘴和管道。

D　供风系统

供风系统包括鼓风机、供风管道和换热器。

E　排烟系统

排烟系统包括排烟烟道和烟囱。

F　步进机构

本步进底式加热炉的设计采用单层框架结构。在保证步进机构的高刚度、平稳运行、检修便利的同时，设备质量减轻，整个机构的高度降低。步进机构为液压驱动，主要由液压站、油缸（包括升降缸及平移缸）、升降机构、平移机构及纠偏机构等几部分组成。由拖梁及滚轮组成的升降机构（以升降液压缸为动力源）依靠在斜轨上的移动完成升降过程。当升降缸锁定时，水平缸推动动床在轮对上前后移动完成平移运动。

液压系统的设计能够保证动床在与坯料接触或脱离的时候，做到"轻抬轻放"，并且控制平移时的起停加速度值，保证钢坯不产生滑移。当出现待轧等延时出钢要求时，升降机构单独动作即可实现动床的原地"踏步"，以减少钢坯黑印，防止坯料弯曲，还能实现动床与定床在同一平面上的抬平动作。

液压系统设计具有安全锁定装置，每个斜轨下部设安全止挡，可方便地更换滚轮组和液压缸。步进机构步进参数如下：

步距：110~140mm（可调）；

动床升降行程（相对定床）：上升 100mm，下降 90mm（可调）；

步进周期：36s（可调）。

G　液压及干油润滑措施

液压及干油润滑措施有：

（1）选定的系统压力为最小安全系数 1.3×液压缸和旋转执行机构所需的压力。

（2）设计中包括所有临界液位、温度和压力的自动监控，并为这些功能配备报警或允许信号装置，配有随时显示液位及低液位报警和事故停车功能的装置。

（3）油冷却器流量与系统要求相匹配，选用板式或管式冷却器，其水量的控制可满足系统的动态要求。

（4）控制阀在可能的部位使用叠加阀，在合适部位装有方向指示灯。

（5）油箱的尺寸足以保证散热和污物沉降，内壁经喷砂处理和清洗后，涂装。

（6）所有电磁线圈均为湿式，以增加抗燃性。

（7）所有过滤器的选型与流通量、油品的黏度、过滤精度有关，其规格等于所需流量的两倍（压力），所有回流管路过滤器规格为所需流量的 3 倍。

（8）所有过滤器都装有报警装置，在主过滤器上也安装目视指示器。

（9）液压站除满足加热炉本体要求外，向上料推钢机、加热炉推钢机、出钢机提供液压源。动床的运行轨迹为矩形，升降运动和水平运动在任何情况下都不会同时进行，升降、水平运动均按炉区机械控制 PLC 指令，完成不同运行周期及速度变化。

一套干油润滑系统（含管线、配件及安装调试），用于炉子机械的润滑。

H 自动化控制系统

加热炉自动化控制系统包括仪控系统和顺控系统两部分，控制设备主要由 PLC 和工作站组成。

（1）仪控系统。热工仪表和自动检测控制系统的装备以先进、经济、实用、可靠为原则，以满足加热炉的高效率、低消耗、安全、全自动的操作要求。系统特点：本系统采用德国西门子（SIEMENS）公司的可编程控制器（PLC）S7 系列和工控机，组成先进、实用、可靠的自动调节控制系统。由一次仪表采集的各种过程变量送入 PLC，再由 PLC 根据设定控制方式和控制目标值分别驱动相应的执行机构，调节过程变量，实现对各点的温度、压力、流量的调节控制。

（2）顺控系统。当接到装钢信号，炉前装钢机将上料台架上的钢坯推入炉内固定炉底上，由动床经过上升、前进、下降、后退的正循环动作一步一步将钢坯输送到出料端，当接到轧线的要钢信号后，由动床将加热好的钢坯放到出料滑坡上，钢坯靠自重滑到出钢槽内，出钢机启动将钢坯顶出炉外，进入出炉辊道。

炉区设备的控制包括以上各单体设备的控制设定及所有上述设备的顺序连锁控制。控制方式为：手动控制、半自动控制。

手动控制：当操作人员就地发出一个动作指令时，各单体设备能完成一个单独动作，或相互配合各设备按照连锁关系相应动作一个步骤，或调试时某一设备发出信号，其他设备停止运转（安全措施）。

半自动控制：当操作人员给出一个单循环操作信号，炉区各设备按连锁关系相互配合自动完成一个单循环动作。同时，顺序控制设备还包括对助燃风机和液压系统的控制。

4.4.3.2 步进底式加热炉炉体总图

某钢铁公司棒材线 15t/h 天然气供热双步进底式加热炉结构见图 4-31 和图 4-32。

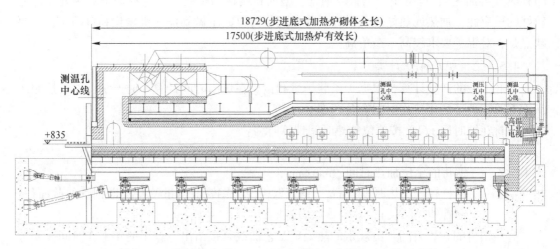

图 4-31　某钢铁公司 15t/h 天然气供热双步进底式加热炉主体

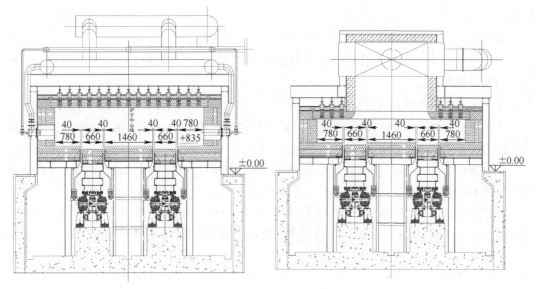

图 4-32　四川某公司 15t/h 天然气供热双步进底式加热炉剖面图

4.5　特殊钢行业各种炉子

4.5.1　辊底式加热炉

具有室状炉膛，炉底由炉辊及传动机构组成，依靠炉辊转动将工件由进料端移出炉外的加热炉。用于各类型加热炉，也可用于高温热处理炉。

4.5.1.1　概述

辊底式炉是在直通的炉膛底部设有许多横向旋转辊子，带动放在辊子上的炉料沿辊道移动。炉料在加热过程中连续移动，与辊道没有固定的接触点，因此加热均匀、无碰伤、变形小。由于辊棒始终在炉内，热能消耗相对较少，炉子热效率高。辊底式炉可以用于中间补热（再加热），也可用于钢板、钢管、型钢和线材的热处理。这种炉子对热处理件有较好的适应性，加热或热处理质量好，产量高，可以完全做到操作机械化和自动化，主要缺点是，对辊子要求较高，造价高。

4.5.1.2 辊底式炉计算

辊底式炉的产量计算，根据炉子装炉量和钢材在炉内时间计算小时产量，然后按照产品方案验算炉子的年工作时间和负荷率。

钢材在炉时间 $\tau(h)$ 按单位加热时间计算时为：

$$\tau = ZS/60 \tag{4-2}$$

式中　Z ——钢材的单位加热时间，min/mm；
　　　S ——钢材有效加热厚度，mm。钢板取板厚，钢管取当量壁厚（即钢管的截面积/钢管外径周长），球扁钢取腹板厚。

有些钢材的在炉时间则由规定的热处理工艺曲线直接给出。炉子的年工作时间，要考虑所在车间的生产特点、炉子结构和操作制度等因素，并参照类似炉子的实际生产情况选定，一般为 5700~7000h。由于生产中的不平衡性，炉子的负荷率一般在 75%~90% 范围内。

4.5.1.3 辊底式炉实例

以江苏某公司棒线材连轧生产线辊底式加热炉为例说明辊底式炉功能、用途、结构等，附图纸和照片。

A　工艺要求和设计条件

工艺要求：辊底式加热炉用于粗轧后的中间红坯的补热（升温 250~300℃），并消除头尾温差，兼有设备故障时中间红坯的保温功能。

设计条件：$\phi(58~75)$ mm，长度为 4000~16000mm；单重为 400kg（最大），弯曲度不大于料长的 10‰。

加热制度：来料中间红坯表面温度 850℃ 时，坯料表面升温速率为 3.5~17.5℃/s，最高炉气温度为 1200℃（高速钢、模具钢中间坯的在线加热温度为 1100~1150℃）。

技术参数：（1）炉型为辊底式加热炉；（2）加热钢坯规格为 $\phi(57~75)$ mm，长度 4000~16000mm；（3）钢坯入炉温度为 850℃；（4）加热温度为 1100~1150℃；（5）燃料天然气，低发热值 8300×4.18kJ/m³（标准状态）；（6）燃料消耗量为 175m³/h（额定，标准状态），230m³/h（配备，标准状态）；（7）空气预热温度为 600~650℃；（8）生产节奏为轧机咬入速度 0.2~1.0m/s，轧件在炉内运行速度与轧机咬入速度匹配；坯料进炉速度约为 2.5m/s；（9）加热形式为单支通过式加热；（10）炉辊驱动为分组传动，变频控制；（11）炉辊冷却方式为间接水冷。

B　主要功能

辊底式炉的主要功能为：恢复粗轧机后棒料温度，在轧制期间保持棒料合适的温度范围，当轧线故障时作为棒料的温度缓冲，棒料从飞剪、轧机再次回到炉子内均温。

从粗轧来的坯料在辊底式加热炉中有三种加热模式：（1）单根坯料定速通过炉子加热；（2）单根坯料进入炉内，摆动加热；（3）可两根坯料（一短，一长）进入炉内，摆动加热，分别出炉。

炉子采用自身预热式烧嘴，烟气经过自身预热式烧嘴预热空气后由烧嘴上的引射器直接进入排烟管，汇总后引出车间外。用自身预热烧嘴直接回收炉内燃烧完全并与工件进行充分热交换后烟气的余热，节能降耗减排，可以将空气预热至 600~650℃。供风系统中配备两台助燃空气鼓风机，一用一备。从车间天然气总管送来的天然气分别送至炉子各供热段，计量、控制。炉辊辊轴采用净环水冷却，开式循环、无压排水。

C　炉型结构

下面介绍辊底式加热炉炉型结构。

（1）炉型为端进料、端出料的辊底式加热炉，炉子为一个狭长通道，设置在轧线中间。钢坯经过粗轧后温度下降，不能继续进行轧制，利用本辊底式加热炉进行在线加热（补热），使经过粗轧后的半成品钢坯在行进过程中在线加热，温度加热至 1100~1150℃时出炉，供后序的精轧机继续轧制。

（2）辊底式加热炉设计为炉侧单面供热，由于是 850℃入炉，轧坯一入炉便可进行快速加热。

（3）全炉沿炉长方向分为 4 个供热区。从进料端依次分为供热一区、供热二区、供热三区、供热四区，一区和四区每个区设置 3 套烧嘴，二区和三区每个区分别设置 4 套烧嘴，全炉共设 14 套自身预热式烧嘴，采用数字式脉冲控制，各段炉温调节灵活。

（4）全炉共设 24 套炉内辊道，2+2 套炉外辊道。辊道分四组集中变频控制，即辊道传动采用分组链条传动方式，可满足不同加热模式的坯料运行控制要求。

（5）本辊底式加热炉采用自身预热式烧嘴，由安装在烧嘴上方的引射器直接进入排烟管，汇总后引出车间外。

（6）辊底式加热炉采用箱式炉壳结构，炉子所有传动设备均直接安装在炉侧基础上，炉体严密、设备安装精度高。炉壳为钢板和槽钢、工字钢焊接，现场拼装焊接。

（7）炉侧墙（辊下部）设置 6 个清渣口，便于清渣。

D　炉子组成

辊底炉砌体结构、钢结构、供热系统（天然气站、自身预热式天然气烧嘴、天然气管道及流量调节设备）、供风系统（风机、风管道）、排烟系统（引风机、烟囱）、炉门等类似于连续推钢式加热炉，不再赘述。

炉辊及传动：炉辊是辊底式加热炉传动的重要部件，其性能好坏直接影响着炉子的正常使用。传统的炉底辊结构一般有空腹炉辊和水冷通轴炉辊两种形式，水冷通轴炉辊有一头同时进、出水的；也有一端进水，另一端出水的。

本辊底式加热炉由于是高温炉，所以本设计采用通轴水冷炉辊，同侧进水、出水。

（1）炉辊。全炉共设 24 套炉内辊、2+2 套炉外辊，炉内辊间距为 800mm 和 850mm，两侧端部炉内辊和炉外辊的间距为 980mm。炉辊辊套外径为 ϕ220mm，材质为 ZG4Cr28Ni48W5Si2，壁厚为 20mm。水冷通轴直径为 ϕ89mm，材质为 1Cr18Ni9Ti 厚壁无缝管。

（2）炉辊水冷。炉辊为套管式间接水冷却。采用净环水冷却，开式循环、无压排水。每个冷却回路，设有流量开关和温度开关。安全水在净环水接点前自动投入。

（3）炉辊传动。本辊底式加热炉包括 24 套炉内辊和 2+2 套炉外辊共计 28 套炉辊，采用链式分组传动，共分为四组，设有链条张力压紧装置，沿入炉方向 M1~7 为第一辊道组，M8~14 为第二辊道组，M15~21 为第三辊道组，M22-28 为第四辊道组。

为了坯料在炉内准确定位，在第一辊道组、第二辊道组、第三辊道组和第四辊道组的各组辊道电机上设置一台增量型编码器（加上手摇装置，突然故障时，防止炉辊变形）。

　　E　辊底式加热炉结构

燃天然气自身预热式烧嘴供热棒线材连轧生产线配套辊底式加热炉结构见图 4-33 和图 4-34。

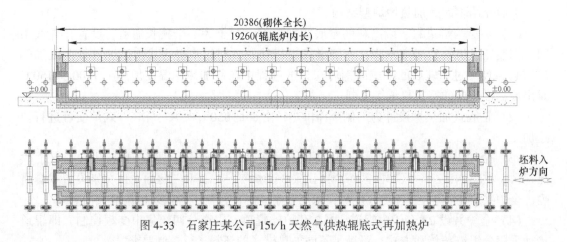

图 4-33　石家庄某公司 15t/h 天然气供热辊底式再加热炉

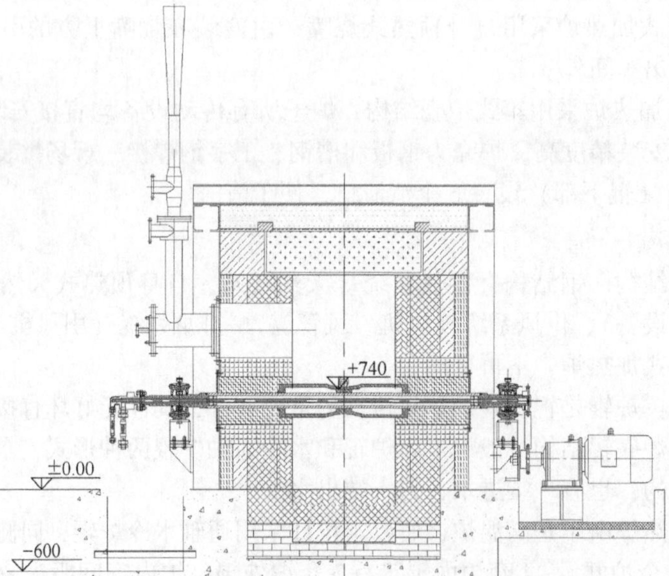

图 4-34　辊底式再加热炉剖面图

4.5.2　隧道窑

4.5.2.1　隧道窑概述

隧道窑一般是一条长的直线形隧道，其两侧及顶部有固定的墙壁及拱顶，底部铺设的轨道上运行着窑车。燃烧设备设在隧道窑的中部两侧，构成了固定的高温带-烧成带，燃烧产生的高温烟气在隧道窑前端烟囱或引风机的作用下，沿着隧道向窑头方向流动，同时逐步地预热进入窑内的制品，这一段构成了隧道窑的预热带。在隧道窑的窑尾鼓入冷风，冷却隧道窑内后一段的制品，鼓入的冷风流经制品而被加热后，再抽出送入干燥器作为干燥生坯的热源，这一段便构成了隧道窑的冷却带。

在窑车上放置钢锭或带钢薄板等，连续地由预热带的入口慢慢地推入（常用机械推入），而载有成品的窑车，就由冷却带的出口渐次被推出来（约1h左右，推出一车）。

应用于钢坯连续加热，或连续退火热处理。

4.5.2.2　隧道窑实例

以石家庄河冶公司8t/h钢锭退火隧道窑为例：选用隧道式全高纯硅酸铝纤维钢锭连续退火窑，其用途是对速钢、模具钢、高合金钢轧前热处理。钢锭规格有：450kg方锭，头300mm×300mm、尾210mm×210mm，长度1050mm；1t八角锭，头440mm×440mm、尾320mm×320mm，长度1300mm。生产能力8t/h（每3h处理23t）。钢锭入炉温度为500℃，钢锭退火温度为750℃、最高炉温为950℃。天然气细流股烧嘴炉两侧交叉供热。

A　工艺流程及功能描述

隧道窑主体是一条类似隧道的狭长通道，两侧炉墙及炉顶由高纯硅酸铝耐火纤维材料砌筑而成，窑体内部布满窑车，其运动方向为沿窑内轨道自预热段向冷却段按推车节拍间断运动。隧道窑平面布置如图4-35所示。

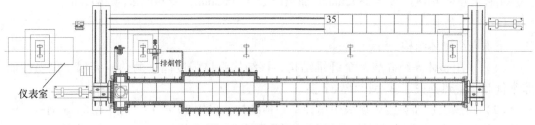

图4-35　隧道窑平面布置

隧道窑属于逆流操作的热工设备，沿窑长方向分为预热段、加热段、冷却段三段，段与段之间设有扼流隔墙，使各段之间能够明确区分开。装满钢锭的窑车与气流呈相反方向运动，在隧道窑内三段之间依次完成预热、加热、冷却，与钢锭的退火工艺曲线相对应，从而在不需要调整炉子温度、停炉冷却的情况下自然而然地连续完成钢锭的退火处理。

窑体两端设有电动升降炉门，每隔一定时间（节拍）用液压推车机将装好钢锭的窑车推入一辆，同时已完成退火热处理的窑车被顶出一辆，出炉的窑车被顶到位于下部的横移车上，由横移车摆渡到回车区自动定位后，由另外一台液压推车机把窑车推上回车道，然后进行卸料、装料。由于回车道上没有布满窑车，需要由设置在进料区的卷扬机牵引进行大距离的位移以及拉上进料区的横移车。如此循环移动。

窑车进入预热段后，车上钢锭与来自加热段的燃烧烟气接触并被加热，而随着窑车的移动逐步进入加热段，借助燃料燃烧释放出的大量热能，通过辐射传热和对流传热，达到钢锭退火的最高温度，并经过一段时间的保温后，烧成制品随窑车进入冷却段后被缓慢冷却，冷却至550℃出窑，完成整个钢锭退火过程。

B 结构设计

本隧道窑采用天然气供热全高纯硅酸铝纤维结构。整体平面为矩形布局，由窑本体区、摆渡区（2个）、回车道及装卸料区三部分组成。

(1) 窑本体区：由隧道窑本体组成，隧道窑设计为预热段、加热段、冷却段，各段之间严格区分，分工明确。装好钢锭的窑车由30t液压推车机推入隧道窑依次经过预热段、加热段和冷却段完成热处理工艺。两端设电动升降炉门，复合密封，轻型结构。

(2) 摆渡区：摆渡区分为两个，分为进料端摆渡区和出料端摆渡区，分别由自拖式横移车组成。

(3) 回车道及装卸料区：与窑本体平行，由回车轨道和30t液压推钢机构和5t卷扬机组成，此种设计能够保证卷扬机只需一个一个地单独牵引窑车，避免了从窑车下面穿钢丝绳去牵引另外一个窑车。

每个窑车的有效面积为 $1.6(长) \times 2.0(宽) = 3.2m^2$，装载量为6t。

隧道窑总有效面积为 $40.6(L) \times 2.0(B) = 81.2m^2$。

本隧道窑各段的长度设计为：

(1) 预热段设有5个车位，有效长度 $L_1 = 8000+300 = 8300mm$；

(2) 加热段设有5个车位，有效长度 $L_2 = 8000mm$；

(3) 冷却段设有15个车位，有效长度 $L_3 = 24000+300 = 24300mm$。

窑体总长度：$L_总 = L_1 + L_2 + L_3 = 40600mm$。

窑体宽度：预热段 $B_1 = 2892mm$，加热段 $B_2 = 4052mm$，冷却段 $B_3 = 2892mm$。

C 砌体结构

下面介绍砌体结构。

(1) 采用整体高纯硅酸铝全纤维结构。该结构整体强度高、耐热耐高温、保温性能非常优越、蓄热损失非常小，高效节能。

(2) 预热段、加热段炉顶采用吊挂平炉顶结构，采用20号工字钢焊接6mm钢板，配合吊挂件和不锈钢锚固件吊挂厚度300mm优质高纯硅酸铝纤维块+60mm优质高纯硅酸铝纤维毯，总砌体厚度为360mm。冷却段炉顶采用20号工字钢焊接6mm钢板，配合吊挂件和不锈钢锚固件吊挂厚度150mm优质高纯硅酸铝纤维块，总砌体厚度为150mm。

(3) 预热段、加热段炉子侧墙采用20号工字钢焊接6mm钢板，预热段、加热段配合不锈钢锚固件错砌厚度300mm优质高纯硅酸铝纤维块+60mm优质高纯硅酸铝纤维毯，总砌体厚度为360mm。冷却段配合不锈钢锚固件错砌厚度150mm的优质高纯硅酸铝纤维块。

D 供热系统及热负荷分配

供热系统包括天然气管路、烧嘴及配套设施。烧嘴为天然气细流股高速脉冲烧嘴。

E 供风系统

隧道窑供风系统由高压助燃风机、外置式金属辐射换热器、空气管道等组成。空气预热温度约为150℃。为减少热空气沿管道温降散热，空气管道均须采取绝热保温措施。

F 炉体钢结构

炉体钢结构的设计，应能够承受炉子工作期间产生的热应力和机械应力。炉体钢结构是由炉顶钢结构、炉墙钢结构和平台、爬梯、栏杆组成的箱形框架结构，用以保护炉衬耐火材料,安装烧嘴、炉门,固定各种炉体附件。炉体钢结构主要由型钢和钢板组成。

G 窑车

a 窑车钢架

采用框架式结构。窑车钢架由 20 号工字钢、20 号槽钢复合焊接而成,窑车纵向、横向均为 20 号工字钢,四周采用 20 号槽钢组成圈梁。台车面上铺设 6mm 钢板。窑车之间的铸铁边框设有相互咬合的子母槽。该种结构的整体强度高,使用寿命长。

窑车数量:窑内 25 辆、窑外 10 辆(5 用 5 备),共计 35 辆。

b 窑车边框

窑车架上部四周设有窑车边框,包括窑车角框、窑车侧边框和窑车端边框。材质为 HT200。该种结构确保了窑车工作面的强度和耐热,具有整体强度高,使用寿命长的特点。

c 窑车砌体

在窑车护砖座内砌有保温层和耐火砖,自窑车底部钢板向上依次为硅酸铝纤维毡、轻质保温砖、耐火黏土砖、40mm 高纯硅酸铝纤维毯。高纯硅酸铝纤维毯平铺在窑车的上表面,起到柔性承重的作用。

d 双曲砂封

角框和窑车侧边框设有外延伸底边,作为侧砂封伸入火道面下部的炉墙凹槽内,成为第一道砂封。

窑车两侧侧面设有 Q235 砂封刀,成为第二道密封,双曲密封,密封效果好。

H 横移车

横移车 2 辆,车架由 20 号工字钢、20 号槽钢与 38kg/m 重轨复合焊接而成,不衬耐火材料。横移车的驱动采用自拖式结构,由减速机、电机、链轮、链条、传动轴组成。

(1) 减速机型号:XWD7.5-8-1/87;

(2) 配套电机为 7.5kW;

(3) 链条型号:40A-1X56;

(4) 主动轴链轮为 35 号钢机加工制作。

横移车架设在两条 38kg 钢轨上,钢轨和预埋件之间的焊接采用 506 焊条焊接。钢轨两端设有止轮器,使横移车能够很好地定位。两条钢轨之间设有电缆地沟,便于横移车往返移动时电缆行走。

I 窑车驱动机构

下面介绍窑车驱动机构。

(1) 本体区窑车的前进采用 30t 液压推车机,使窑车依次经过预热段、加热段和冷却段。液压推车机型号为 BX0510-30T,推力 $T = 30t$、推杆的直径 $\phi = 120mm$、行程 $L = 2500mm$。该机性能稳定、运行平稳、密封严密。

(2) 回车区同样采用 30t 液压推车机,把出炉窑车推到回车轨道上,然后由 5t 卷扬机依次牵引行走。两台推车机采用同样型号,互为备用。

J 窑车行走机构

窑车行走机构采用轮式结构。主要由车轮底座、隔离环、铸钢车轮、铜套、车轴、油杯及轴承挡板等组成。

窑车铺轨采用 2 根 38kg/m 重轨，轨道上设有止轮器，止轮器具有可靠的防碰撞功能。轨道上设有与炉门连锁的限位装置，通过计算机控制，只有当电动炉门上升到最高位置时，窑车才能启动。

K 炉门升降机构

设两套电动升降炉门，轻质全高纯硅酸铝纤维结构，内衬厚度 60mm 优质高纯硅酸铝纤维毯+300mm 高纯硅酸铝纤维块，同时设有自锁紧装置。

炉门两侧和炉门上部均设有炉门侧边框和炉门上边框。炉门边框均固定在炉体钢结构上，材质为 HT200。电动升降炉门采用圆环链、滑轮组、电动葫芦等组成。

L 排烟系统

a 烟道

改变传统的排烟方式，在预热段端部设置扩张烟道，炉顶和两侧炉墙扩张，使隧道窑内逆行流动的烟气在这里迅速降低流速，从炉顶排烟管进入外置式金属辐射换热器，与冷空气进行热交换后由变频引风机强制排烟。合理的烟道截面积和烟囱高度能有效地将烟气排走，避免炉门冒火，恶化操作环境。

b 烟囱

钢制结构，螺旋焊管制作，$\phi = 426mm$、$H = 14m$，外表涂防锈漆加以防护，设揽风绳或与车间框架固定。

计算机控制系统根据检测到炉膛压力信号和设定炉膛压力标准值自动调节变频引风机，使炉膛内保持 8~15Pa 的微正压。

M 自动化控制系统

采用计算机控制系统。与常规仪表相比，计算机控制系统功能强大，投资少，成本低，设备故障率低，维护简单，操作人员劳动强度小。

4.5.2.3 隧道窑优缺点

A 隧道窑优点

隧道窑优点有：

(1) 生产连续化，周期短，产量大，质量高。

(2) 利用逆流原理工作，因此热利用率高，燃料经济，因为热量的保持和余热的利用都很良好，所以燃料很节省，较倒焰窑可以节省燃料 50%~60%。

(3) 烧成时间减短，相比普通大窑由装窑到出空需要 3~5 天，而隧道窑约有 20h 就可以完成。

(4) 节省劳力。不但烧成时操作简便，而且装窑和出窑的操作都在窑外进行，也很便利，改善了操作人员的劳动条件，减轻了劳动强度。

(5) 提高质量。预热带、烧成带、冷却带三部分的温度，常常保持一定的范围，容易掌握其烧成规律，因此质量也较好，破损率也少。

(6) 窑和窑具都耐久。因为窑内不受急冷急热的影响，所以窑体使用寿命长，一般 5~7 年才修理一次。

B 隧道窑缺点

隧道窑缺点有：

（1）隧道窑建造所需材料和设备较多，因此一次投资较大。

（2）因隧道窑是连续式窑，所以温度制度不宜随意变动，一般只适用大批量的生产和对加热或热处理制度要求基本相同的制品，灵活性较差。

4.5.3 环形加热炉

4.5.3.1 环形加热炉特点

环形炉属于连续炉，由环形炉膛和回转炉底构成。多用于钢材锻造和轧前的钢坯加热，也可用作热处理加热。一般要求加热温度比较均匀的坯料和无法在其他机械化炉底加热的展异形坯，如管坯加热，车轮和轮箍坯的加热与热处理，模锻前异形坯加热，钢锭锻前加热等。环形炉具有以下特点：

（1）炉膛结构一般分为 4~5 个区段，离炉烟气比间断式炉低，因而炉子的热量利用率较高。

（2）由于间隔布料和回转炉底的作用，钢坯在炉内的加热速度快，因而可减少金属的氧化和脱碳，使料坯加热温度均匀。但与此相应，因间隔布料以及装出料门间不能布料，与其他连续式炉相比其炉子生产效率低，一般炉子生产率为 150~250kg/(m²·h)。

（3）由于炉底回转，可避免一般推钢式连续炉当炉底较长时所出现的拱钢粘钢现象。设备发生故障或停炉时炉内料坯取出方便，不易发生过烧现象，氧化铁皮少。能适应不同形状和尺寸的钢坯加热，能一炉多用。但在相同生产能力情况下，比推钢式连续炉相应需要较大的炉底面积，因而设备投资高。

（4）在加热过程中钢坯不沿炉底滑动，使炉底磨损少，但氧化皮易掉入炉底环缝内，设计中需考虑除氧化铁皮和维修措施。

（5）环形炉的装、出料炉门处于相邻位置，优点是操作灵活，便于装出料机械化，缺点是高温加热段与炉尾排气端接近，易造成气流短路，使部分高温段气流直接流入烟道。

（6）环形炉适于燃用各种煤气或各种燃料油，但燃用低热值煤气时必须对空气、煤气进行预热。

（7）环形炉的炉底转动需采用液压或机械传动机构，投资费用较高。

4.5.3.2 设计计算

A 加热时间

一般采用经验指标计算，直径为 70~150mm 的料坯，推荐的单位加热时间为 4.5~5min/cm。加热碳素钢和低合金钢，直径在 100~250mm 范围内时按下式计算 $\tau(\min)$：

$$\tau = (4.5 + 0.05d)d \qquad (4-3)$$

式中，d 为钢坯或钢锭直径，cm。

推荐圆管坯单位加热时间为 5.5~6.5min/cm，普通钢取 5.5~5.7min/cm，合金钢取 6.0~6.5min/cm。

高合金钢与碳钢加热时间比见表 4-3。

表 4-3　高合金钢与碳钢加热时间比

钢　种	加热时间比
12CrMo	1.07
40Cr, 30CrMnSiA	1.2～1.4
38CrMoAl, Cr5Mo1V	
1Cr18Ni9Ti, 1Cr17Mo	1.8～2.4

B　炉膛尺寸的确定

环形炉炉底的中心直径称为炉底中环直径，通常以中环直径代表环形炉的规格。由装料炉门中心线，沿炉底转动方向到出料门中心线的炉底中环圆周部分的弧长为炉底有效长度。

$$中径 D = 360 G \tau X \div [ng\pi(360 - \beta)] \tag{4-4}$$

式中　G ——炉子最大生产力，kg/h；

　　　τ ——钢坯在炉内的加热炉时间，h；

　　　X ——钢坯在炉底上的中心距，m，双排布料时取两排的平均间距，三排布料时取中间一排的间距；

　　　n ——沿炉底径向布料排数；

　　　g ——单根钢坯质量，kg；

　　　π ——圆周率，3.1415926；

　　　β ——装出料门中心夹角，为各排钢坯中心夹角的整倍数，一般在 20°～30° 范围内。

C　炉底宽度

环宽，为炉膛内外可见距离。炉底宽度 B 可按下式计算：

$$B = nl + (n + 1)S \tag{4-5}$$

式中　n ——布料排数；

　　　l ——钢坯长度，m；

　　　S ——钢坯端头与炉墙之间或钢坯端头之间的距离，m，钢坯直径不大于 200mm 时，取 $S = 0.15～0.25$m。

4.5.3.3　炉子供热分配

为了提高炉子热效率，一般在预热段内不布置烧嘴，而在靠近加热段出料端的内外环墙上交错布置直火焰烧嘴或炉顶上布置平焰烧嘴，只有当强化操作或因煤气发热量很低而提高离炉烟气温度以获得高的空气、煤气预热温度时，可在靠近加热段的预热段内装设 1～2 个烧嘴。

为促使炉气与钢坯成逆流方向流动并避免冲刷对面炉墙，一般内、外环墙上的烧嘴应按炉子半径逆向炉底运动相反方向安装成一定角度。一般外环墙上烧嘴中心线与炉子半径夹角为 20°～40°；内环墙上烧嘴中心线与炉子半径夹角为 0°～30°（靠近出料门处的烧嘴为了封闭炉气，取夹角为 0°）；炉底窄时，所取夹角应大。

为防止出料门处炉温降低过大并避免冷空气吸入，应在靠近出料门处的外环墙上装设一个向出料门方向倾斜的火封烧嘴；或在炉顶上装一个平焰烧嘴，也能起到一定火封作用。中环直径 6~12m，环宽 1~2m 的环形炉，其内、外环墙烧嘴数量的分配比一般为 1∶2~1∶3；中环直径小于 6m 的环形炉，内环墙上可不装设烧嘴，必要时在靠近出料门处按径向装设一个起火封作用的烧嘴。

采用平焰烧嘴时，要将烧嘴安装在炉顶上，在各区段内按供热负荷大小选择烧嘴能力及个数，而烧嘴布置则从出料端向后逐渐由密到疏。

4.5.3.4 炉型结构

A 炉内隔墙的设置

规格较大的环形炉，加热段与预热段间的隔墙可以取消，用压低预热段炉顶高度的办法来划分炉膛区段更为合理。图 4-36 ~ 图 4-38 为石家庄某厂 20MN 快锻机配套环形加热炉。

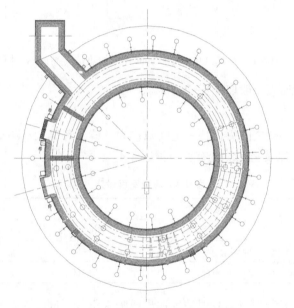

图 4-36 φ12000mm 环形加热炉炉体图 （一）

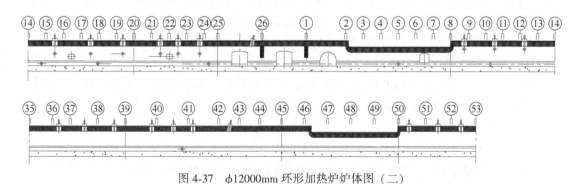

图 4-37 φ12000mm 环形加热炉炉体图 （二）

B 排烟口的设置

环形炉的排烟口一般设在预热段靠近装料门处，环宽小于 2m 时，多采用外环墙单侧排烟，当加热合金钢时要求降低预热段温度时，需在加热段与预热段之间设置中间排烟

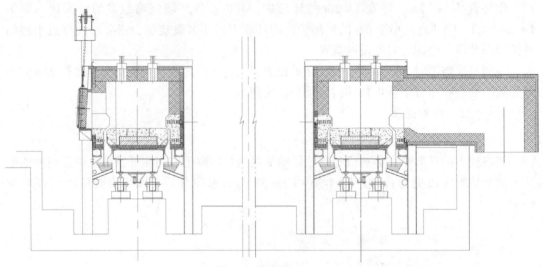

图 4-38 10t/h 天然气供热 φ12000mm 环形加热炉（高速钢、模具钢）

口，排烟口内的排烟速度一般取 $1.5 \sim 2.5 \text{m/s}$。

C 环缝及水封装置

转炉炉底与内外环墙之间需保持一定间隙称为环缝，环缝大小与炉子直径、砌体材料性质（热膨胀系数）以及施工质量有关，见表 4-4。

表 4-4 环缝宽度设定

中环直径 × 环宽 /mm × mm	环缝宽度/mm	
	内 环	外 环
> φ6000 × (1200 ~ 2000)	60~80	80~100
> φ(3000 ~ 6000) × (812 ~ 1200)	40~60	60~80

环缝下部应设水封装置以防高温炉气逸出或吸入空气，同时对炉底金属构件亦能起到冷却作用。水封槽固定在炉架支柱上，水封刀分别固定在炉底及内外环墙底板上。为便于清理落入槽内的氧化皮与其他脏物，水封槽底面应向外倾斜，槽下设有几个出渣斗。有的水封刀上带有几个刮板，将落入槽中的杂物集中于渣斗处定期取出。水封刀插入水中60~70mm，水封槽的进水管沿环形水封刀的切线方向安装，下水管设在水封槽上缘 25mm 以下的高度，可防止下水管堵塞或因水槽高度有误差而使水从槽上溢出（水封槽用锅炉板或船用板，水封刀用 1Cr13 材质）。

D 炉底传动

环形炉炉底支撑在固定于炉底基座的滚道上，平面形轨圈装在转动的炉底上，也可把滚轮装在转动的炉底上，而将转圈固定在炉底基座上。支撑定心装置按弧长计算的间距一般 2~3m，传动机构可分为机械传动和液压传动。机械传动又分锥齿圈传动、钝齿销传动和摩擦轮传动。液压传动又分为液压缸传动和液压马达齿轮传动。

E 装出料方式

a 固定架式装、出料机

固定架式装、出料机的机架固定在炉前地面上，一台机构专供炉口的装料或出料用。机架上设有轨道，装有夹料杆的小车沿轨道前后移动，夹料杆（俗称机械手）上下动作和夹钳的开闭靠液压或气动装置驱动，液压动作平稳，但速度慢，高温作用下易漏油；气动动作快，但欠平稳。当炉子产量高，装、出料频繁情况下多采用气缸驱动。

b 活动式装、出料机

一种是单独用于装料或出料的落地式装、出料机，车在炉门前轨道上前进或后退，车上带有能够升降和开闭的夹钳，此种机构比较简单，操作灵便，能远距离操作，目前多被采用。另一种是大、小两车复合运动作用机械手，即大车在地面或空中轨道上行走，带有夹钳杆的小车既能在大车上前后移动，又能自身回转以完成装料、出料和送料动作，此种机构虽能多用，但结构庞大，造价高，操作欠安全。

参 考 文 献

[1] 周明，谢志雄. 连铸坯热轧工艺及控制 [J]. 工业炉，2005，27 (4)：23~25.

[2] 杨素军，诸双学. 武钢高线生产线设计 [J]. 江西冶金，2002，22 (4).

[3] 崔海伟. 棒材高速上冷床技术 [J]. 轧钢，2014，31 (4)：57.

[4] Zanoni A，Salvador G. EWR 无头轧制和工字轮轮式卷取机组 [J]. 钢铁，2004，39 (5)：47.

[5] 李军，杨家勇，程知松. 双预切技术在 φ12 螺纹钢四切分中的应用 [J]. 轧钢，2012，29 (4)：60~63.

[6] 李子文，肖国栋，姜振峰，等. 全连续棒材无孔型轧制技术的开发与应用 [J]. 轧钢，2006 (3).

[7] 刘相华，曹燕，刘鑫，等. 棒线材免加热工艺中的铸坯提温与保温技术 [J]. 轧钢，2016 (3).

[8] 吴伟，蔡庆武，等. 耐腐蚀复合钢筋的生产工艺和技术 [J]. 轧钢，2015，32 (增刊 1).

[9] 达涅利宣传资料.

[10] 包连，勤延飞. 高速线材达涅利双模块精轧机简述 [J]. 新疆钢铁，2003 (2).

[11] 曹燕平，陈杰. 平/立可转换轧机的结构及其选用 [J]. 冶金设备，2014 年特刊 (1).

[12] 霍建军，李粟宇，刘军会，等. 加勒特卷取机 [J]. 河北冶金，2005 (5).

[13] 程知松，张立杰，郝令培，等. 一种新型精整设备在大棒材生产线上的应用 [J]. 冶金设备，2007 (5)：56~58.

[14] 苏俭华，程知松，徐言东. 高速线材集卷收集设备设计选型 [J]. 山西冶金，2014，37 (3)：7~11.

[15] 刘金龙，董红卫，栾振珠. 棒材智能光电自动计数分钢系统的开发 [J]. 轧钢，2015，32 (增刊 1).

[16] 苏俭华，程知松，王张华，等. 立式短应力线轧机轧辊轴向窜动原因分析及改进思路 [J]. 轧钢，2015 (4).

[17] 程知松，苏俭华，等. 棒线材生产线上的立式闭口轧机高度优化设计 [J]. 冶金设备，2016，S2 (特刊).

[18] 黄曙明，陈建华. 不锈钢线棒材的热轧生产 [J]. 江苏冶金，2002，30 (5)：52~55.

[19] 王占学. 控制轧制与控制冷却 [M]. 北京：冶金工业出版社，1988.

[20] 黄炜. 气雾冷却器在宣钢高速线材厂的应用 [J]. 冶金自动化，2013SI：75~78.

[21] 方针正，马靳江，牛强. 高速线材轧后控制冷却工艺的分析 [J]. 轧钢，2015，32 (3)，55~59.

[22] 曹秀岭，翟振华. 帘线钢丝铅浴淬火与水浴淬火组织性能对比 [J]. 金属制品，2010 (4)，39~42.

[23] 刘建恒. 特殊钢棒线材轧制工艺技术的发展 [J]. 上海钢研，2005 (2)：3~7.

[24] Malmgren N G，刘希阳. 线材控制冷却的最新发展——亚声波冷却 [J]. 国外钢铁，1992 (1)：55~59.

[25] 程知松. 棒材生产线及穿水冷却系统 [J]. 金属世界，2010 (5).

[26] 程知松. 特殊钢棒材控轧控冷工艺设计分析 [J]. 轧钢，2015，6 (增刊).

[27] 《钢铁厂工业炉设计参考资料》编写组. 钢铁厂工业炉设计参考资料 (上册) [M]. 北京：冶金工业出版社，1979.

[28] 《钢铁厂工业炉设计参考资料》编写组. 钢铁厂工业炉设计参考资料 (下册) [M]. 北京：冶金工业出版社，1979.

[29] 王秉铨. 工业炉设计手册 [M]. 2 版. 北京：机械工业出版社，2006.

[30] 《小型型钢连轧生产工艺与设备》编写组. 小型型钢连轧生产工艺与设备 [M]. 北京：冶金工业出版社，1999.

[31] 倪学梓，等. 冶金炉设计与计算 [M]. 北京：中国工业出版社，1964.

[32] 袁宝歧，等. 加热炉原理与设计 [M]. 北京：航空工业出版社，1989.

[33] 强十涌，乔德庸，李曼云. 高速轧机线材生产 [M]. 2 版. 北京：冶金工业出版社，2009.